普通高等教育"十一五"国家级规划教材

数据库原理与应用

肖　锋　王建国　主编

苏小会　温　超　王学通　副主编

科学出版社

北　京

内 容 简 介

本书根据应用型人才培养的特点，结合教学改革和应用实践编写而成。本书围绕数据库的设计与实现，系统全面地介绍了数据库系统的基本概念、基本原理、基本方法与应用技术。全书共分 3 篇：第 1 篇为数据库原理部分；第 2 篇为数据库实现部分；第 3 篇为数据库技术发展部分。

本书可作为高等院校或者高职高专数据库课程的教材，也可供数据库研发人员参考。

图书在版编目（CIP）数据

数据库原理与应用/肖锋，王建国主编．—北京：科学出版社，2009
（普通高等教育"十一五"国家级规划教材）
ISBN 978-7-03-023436-0

Ⅰ．数⋯　　Ⅱ.①肖⋯②王⋯　　Ⅲ.数据库系统-高等院校-教材
Ⅳ.TP311.13

中国版本图书馆 CIP 数据核字（2008）第 182984 号

责任编辑：李太铼 / 责任校对：刘彦妮
责任印制：吕春珉 / 封面设计：耕者设计工作室

科 学 出 版 社 出版
北京东黄城根北街 16 号
邮政编码：100717
http://www.sciencep.com

铭浩彩色印装有限公司 印刷
科学出版社发行　　各地新华书店经销
*

2009 年 2 月第 一 版	开本：787×1092 1/16
2009 年 2 月第一次印刷	印张：16 1/2
印数：1—3 000	字数：350 000

定价：26.00 元
（如有印装质量问题，我社负责调换〈环伟〉）

销售部电话 010-62134988　编辑部电话 010-62135763-8220

前　言

数据库技术是信息科学的核心技术和重要基础，数据库技术及其应用也正以日新月异的速度发展。因此，作为现代大学生，学习和掌握数据库知识是非常必要的。

本书按照数据库课程在大学中的教学大纲要求进行编写，并以 SQL Server 2000 中文版作为背景，通过大量实例介绍数据库系统有关原理与应用实践。

本书由三部分组成，第 1 篇（第 1～6 章）介绍数据库系统的基本概念和基本理论，具体内容包括数据管理的发展过程、数据库系统的组成、关系代数、关系规范化理论、并发控制与查询优化、数据库的设计以及数据库的保护等。第 2 篇（第 7～11 章）主要介绍 SQL Server 2000 的功能和使用方法，具体内容包括安装和配置 SQL Server 2000、关系数据库标准语言 SQL 语句的使用、在 SQL Server 环境中创建数据库和表、存储过程、安全管理以及备份和恢复数据库。第 3 篇（即第 12 章）介绍了数据库技术的发展动态，包括面向对象数据库系统、分布式数据库、主动数据库、多媒体数据库以及数据挖掘等。

本书由肖锋编写第 2～6 章，并对全书进行统稿；王建国编写第 11 和 12 章；苏小会编写第 9 章和 10 章；温超编写第 1 章和第 7 章；王学通编写第 8 章。为了便于教师使用本书进行教学，我们为本书制作了电子课件，读者可向作者索取或者在 www.abook.cn 网站查询并下载。作者的电子邮箱：xffriends@163.com。

本书是作者多年从事数据库教学经验和感受的总结。本书的出版得到了科学出版社的大力帮助和支持，在此表示诚挚地感谢。

由于时间仓促，加之作者水平所限，书中难免有不妥之处，望广大同仁给予批评指正。

目 录

第 1 篇　数据库原理

第 2 篇　SQL Server 2000 数据库应用

第3篇　数据库技术发展

第 1 篇

数据库原理

第 1 章 数据库系统概述

📖 **本章要点**

1. 理解数据和信息的概念及其区别。

2. 了解数据库管理技术发展的各个阶段及每个阶段的特点,其中重点是数据库系统阶段。

3. 理解数据库中数据模型的概念。

4. 理解掌握三种模式结构、两层映像结构和数据独立性。

数据库技术始于 20 世纪 60 年代,经历了最初的人工管理、基于文件管理的初级系统阶段、20 世纪 60～70 年代流行的层次系统和网状系统,而现在广泛使用的是关系数据库系统。随着信息管理水平的不断提高,信息资源已经成为企业重要的财富和资源,用于管理信息的数据库技术也得到了很大的发展,其应用领域也越来越广泛。数据库应用也从简单的事务管理扩展到各个应用领域,如工程设计的工程数据库、Internet 的 Web 数据库、决策支持的数据仓库技术、多媒体技术的多媒体数据库等,但应用最广泛的还是在基于事务管理的各类信息系统领域。目前,数据库的建设规模、数据库中信息量的大小已经成为企业信息化程度的重要标志。

本章首先介绍数据与信息以及两者的区别,回顾数据库管理技术的发展,然后介绍数据库技术的基本术语,并在此基础上介绍数据库技术的研究领域。

1.1 数   据

1.1.1 数据与信息

信息是关于客观事实的可通信的知识。它是关于现实世界事物的存在方式或运动状态的反映的综合，具体说，是一种被加工为特定形式的数据，但这种数据形式对接收者来说是有意义的，而且对当前和将来的决策具有明显的或实际的价值。

首先，信息是客观世界各种事物变化和特征的反映。客观世界中任何事物都在不停地运动和变化，呈现出不同的状态和特征。信息的范围极广，例如，气温变化属于自然信息，遗传密码属于生物信息，企业报表属于管理信息。其次，信息是可以通信的。由于人们通过感观直接获得周围的信息极为有限，因此，大量的信息需要通过传输工具获得。再者，信息可以形成知识。人们正是通过获得信息来认识事物、区别事物和改造世界的。

凡事计算机中用来描述事物的记录统称为数据。注意，这里所说的数据不仅是指数字，还包括文字、图形、图像、动画、声音等。数据实际上是记录下来的被鉴别的符号，它本身并没有意义；信息是对数据的解释，是对数据语义的解释；数据经过处理过后仍然是数据，只有经过解释才有意义，才能称为信息。可以说，信息是经过加工，并对客观世界产生影响的数据。数据与信息的对应因具体环境而异，同一信息可用不同数据表示，同一数据也可有不同的解释。

例如，在大学内，同样是一个学生记录，教务处所需要提取的信息主要是学生的来源、入学成绩、在校成绩、离校成绩等，以便分析教务工作和学生培养情况；学生处则不同，它所需要的是学生的家庭状况、表现情况、奖惩记录等。

综上所述，数据和信息是两个互相联系、互相依存又相互区别的概念。信息是加工处理后的数据，是数据所表达的内容，而数据则是信息的表达形式。它们的关系如图1.1所示。

将数据转换为信息的过程称为处理，即实施一系列逻辑上相关的任务，以完成某项预定的输出。

在某些情况下，对数据的组织和处理是手工完成的，在另一些情况下，则是利用计算机进行处理。例如，管理人员可以用手工计算每个销售人员的月销售额，也可以用计算机来计算。重要的不是数据的来源，也不是处理数据的方式，而是处理后的结果是否有价值。

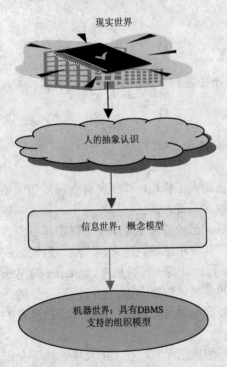

图1.1　将数据加工为信息的过程

1.1.2　数据密集型应用的特点

数据密集型的应用即是以数据为中心的应用，它具有如下三个特点。

1. 涉及的数据量大

以银行的信息管理为例，如果要将全部信息保存起来，则数据量是非常大的，这些大量的数据需要保存在辅助存储设备上，并需要有高效的处理方法。

2. 数据一般长期保存

需要长期保存的数据称为持久性数据。例如，图书馆、保险公司、银行等的信息，必须要持久地保存，这些数据就是持久性数据。持久性数据是有价值的，人们可以通过对积累的数据进行分析，制定出合适的方针和决策。例如，通过分析一段时间内图书借出的次数，可以帮助图书管理人员决定下次购书的种类和数量。这就是我们常说的辅助决策支持功能。

3. 数据共享

在数据密集型应用中，数据一般不是某个用户专有的，而是可被多个用户使用，而且还必须允许多个用户同时使用这些数据。如，火车订票系统，有很多订票点，我们不可能在一个订票点工作时，不允许其他订票点工作。

如何很好地管理这种大量的、持久的、共享的数据是计算机技术领域中一个重要的技术和研究课题。

1.2　数据管理技术的发展

数据处理是指从某些已知的数据出发，推导加工出一些新的数据，即对各种数据进行收集、存储、加工和传播的一系列活动的综合。其目的是从大量的原始的数据中抽取、推导出人们有价值的信息，以便作为行动和决策的依据。

数据管理是指如何对数据进行分类、组织、储存、检索及维护。这部分操作是数据处理业务的基本环节，也是任何数据处理业务中必不可少的部分。

数据处理是与数据管理相联系的，数据管理技术的优劣，将直接影响数据处理的效率。

研制计算机的初衷是利用计算机进行复杂的科学计算，在应用需求的推动下，在计算机硬件、软件发展的基础上，数据管理技术不断完善、发展，经历了人工管理阶段、文件系统阶段和数据库阶段。

1.2.1　人工管理阶段

在人工管理阶段（20 世纪 50 年代中期以前），计算机主要用于科学计算，其他工作还没有展开。外部存储器只有磁带、卡片和纸带等，还没有磁盘等字节存取存储设备。软件只有汇编语言，尚无数据管理方面的软件。数据处理的方式基本上是批处理。这些决定了当时的数据管理只能依赖人工来进行。

人工管理阶段的数据管理有以下弊端。

1. 数据不保存在计算机内

由于当时的计算机主要用于科学计算，一般不需要将数据进行保存，只是在计算某一问题时将数据和程序输入，计算完就退出，没有将数据长期保存的必要，不仅对用户数据如此处置，对系统软件有时也是这样的。

2. 没有专用的软件对数据进行管理

数据需要应用程序自己管理，因此，应用程序的设计者不仅要考虑数据的逻辑结构，还要考虑数据的物理结构，比如：存储结构、存取方法、输入/输出方式等。一旦存储结构发生变化，应用程序也要作相应的修改，程序员的负担非常重，数据的独立性特别差。

3. 没有文件的概念

该阶段只有程序（program）的概念，无文件（file）的概念。数据的组织方式必须由程序员自行设计与安排。

4. 数据面向应用、程序

数据是面向应用的，即一组数据对应一个程序。如果多个程序使用相同的数据，必须各自定义，不能共享。所以程序和程序之间存在大量的数据冗余。

人工管理阶段的特征如图 1.2 所示。

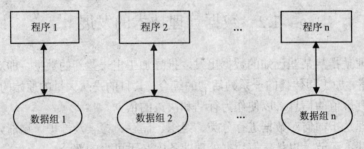

图 1.2   人工管理阶段的特征

1.2.2   文件管理阶段

在文件管理阶段（20 世纪 50 年代后期至 60 年代中期），计算机不仅用于科学计算，还用于信息管理。随着数据量的增加，数据的存储、检索和维护问题成为紧迫的需要，数据结构和数据管理技术迅速发展起来。此时，外部存储器已有磁盘、磁鼓等直接存取存储设备。软件领域出现了高级语言和操作系统，操作系统中的文件系统是专门管理外存的数据管理软件。数据处理的方式有批处理，也有联机实时处理。

在文件管理阶段，数据以"文件"形式可长期保存在外部存储器的磁盘上，用户可以反复对文件进行查询、修改、插入和删除等操作。数据被存储在多个不同的文件中，人们编写不同的应用程序来记录从适当的文件中取出或加入到适当的文件中。

随着数据管理规模的扩大，数据量急剧增加，文件管理系统阶段的数据管理有以下弊端。

1. 数据共享性差，冗余度大

在文件管理系统中，一个文件基本上对应于一个应用程序，当不同的应用程序具有相同的数据时，也必须建立各自的文件，而不能共享相同的数据。因此，数据的冗余度大，浪费存储空间，同时由于相同数据的重复存储、各自管理，给数据的修改和维护带来了困难，更为严重的是容易造成数据的不一致性。

2. 数据孤立，数据间的联系弱

文件管理系统中，文件与文件之间是彼此孤立、毫不相干的，文件之间的联系必须通过程序来实现。大家知道，数据之间的联系是实际需求当中所要求的很自然的联系，单文件系统本身不具备自动实现这些联系的功能，所以必须通过应用程序来保证这些联系，也就是说，必须编写代码来 0 手工保证这些联系。这样不但增加了编写代码的工作量和复杂度，而且当联系很复杂时，也难以保证其正确性。因此，文件系统不能反映现实世界事物间的联系。

3. 安全性问题

在文件管理系统中，很难控制某个人对文件的操作，比如：控制某个人只能读和修改文件，不能删除文件，或者不能读或修改文件中的某个或某些字段。在实际应用中，数据的安全性无疑是非常重要并且不可缺少的。在银行系统中，不允许一般用户修改其存款余额；在学生选课情况管理系统中，也不允许学生修改他的考试成绩等。

4. 并发访问异常

在现代计算机系统中，为了有效地利用计算机资源，系统一般允许多个应用程序并发运行。例如，某个用户打开了一个 Excel 文件，如果第二个用户在第一个用户没有关闭文件之前就想打开此文件，那么他只能以只读的方式打开此文件，而不能在第一个用户打开文件的同时对此文件进行修改。再如，如果我们用 C 语言编写一个修改某文件内容的程序，其过程是先以写的方式打开文件，然后写入新的内容，最后关闭文件。在文件关闭之前，无论是在其他程序中还是在同一个程序中都是不能再打开此文件的，这就是文件系统不支持多个用户对数据的并发访问。

随着人们对数据需求的增加以及计算机科学技术的不断反展，对数据进行有效、科学、正确、方便的管理就成为人们的迫切需求，针对人工管理阶段、文件管理系统的这些缺陷，为解决多用户、多应用共享数据的需求，使数据为尽可能多的应用服务，出现了数据库技术和统一管理数据的专门软件系统——数据库管理系统。

1.2.3　数据库管理阶段

20 世纪 60 年代后期，计算机应用于管理的规模更加庞大，数据量急剧增加；硬件方面出现了大容量磁盘，使计算机联机存取大量数据成为可能；硬件价格下降，而软件价格上升，使开发和维护系统软件的成本增加；文件系统的数据管理方法已无法适应开发应用系统的需要。为解决多用户、多个应用程序共享数据的需求，出现了统一管理数据的专门软件系统，即数据库管理系统。

数据库系统具有以下特点。

1. 数据的结构化

在文件系统阶段，只考虑了同一文件内部数据项之间的联系，而不同文件的数据是没有联系的，这样的文件是有局限的，不能反映现实世界各种事物之间复杂的联系。在数据库系统中，按照某种数据模型，不仅描述数据本身，还要描述数据之间的联系，将各种数据与联系组织到一个结构化的数据库中，可很好地表示数据本身与数据之间的有机关联。

例如，在学校的管理系统中，不同的部门有不同的要求，人事、医疗、教务等部门分别了解学生的人事情况、医疗保健情况、选课情况等。传统的文件中，不同的应用要使用不同的文件。比较简单的文件形式是等长、同格式记录的集合。比如，学生的人事记录文件，可采用图 1.3 所示的记录格式。而学生的选课文件则可以采用图 1.4 所示的记录格式。

学号	姓名	性别	出生年月	系别	政治面貌	籍贯	家庭	成绩

图 1.3　学生人事记录

学号	姓名	性别	出生年月	系别	课程号	成绩

图 1.4　学生选课记录

由图 1.3 和图 1.4 可见，首先，每个学生的情况不同，其家庭成员、简历、选课的数据量有多有少，如果采用等长记录格式存储学生数据，只能按数据量最大的学生记录来安排存储，这样会造成极大的浪费，如果采用变长记录来存储，又不便于管理；其次，无论是人事记录还是选课记录文件，每个文件记录的数据项都包括了学号、姓名、性别和出生年月等，造成了大量的数据冗余重复存储。

采用数据库方式，数据库系统不仅描述数据本身，还描述数据之间的联系，从整体的角度来组织数据，综合考虑各种应用，有效地解决了上述问题。数据组织方式如图 1.5 所示。

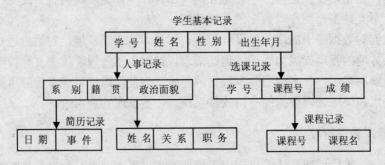

图 1.5　结构化的学生记录

2. 实现数据共享

由图 1.5 设计的数据结构可见，人事部门可以了解学生的人事情况，教务部门也可以了解学生的选课情况，这些数据可以供多个部门使用，实现了数据共享。各个部门的数据基本上没有重复存储，数据的冗余量较小。

数据能够共享，这是数据库系统阶段的最大改进，数据不再面向某个应用程序，而是面向整个系统，所有用户可同时存取库中的数据，这样减少了不必要的数据冗余，节约了存储空间，同时也避免了数据之间的不一致性；同时，也容易增加新的应用，这使得数据库系统弹性增大，易于扩充，可以适用各种用户的要求。

3. 数据的独立性强

数据的独立性是指逻辑独立性和物理独立性。

数据的逻辑独立性是指当数据的总体逻辑结构改变时，数据的局部逻辑结构不变，由于应用程序是依据数据的局部逻辑结构编写的，所以应用程序不必修改，从而保证了数据与程序间的逻辑独立性。例如，在原有的记录类型之间增加新的联系，或在某些记录类型中增加新的数据项，均可确保数据的逻辑独立性。

数据的物理独立性是指当数据的存储结构改变时，数据的逻辑结构不变，从而应用程序也不必改变。例如，改变存储设备和增加新的存储设备，或改变数据的存储组织方式，均可确保数据的物理独立性。

数据独立性是利用数据库管理系统的二级映像功能来保证的，有关知识将在后面讨论。

数据与程序的独立，把数据的定义从程序中分离出去，加上数据的存取又由 DBMS 负责，从而简化了应用程序的编制，大大减少了应用程序的维护和修改。

4. 有统一的数据控制功能

数据库为多个用户和应用程序所共享，对数据的存取往往是并发的，即多个用户可以同时存取数据库中的数据，甚至可以同时存取数据库中的同一个数据，为确保数据库数据的正确有效和数据库系统的有效运行，数据库管理系统提供下述四方面的数据控制功能。

1）数据的安全性（security）控制。防止不合法使用数据造成数据的泄露和破坏，保证数据的安全和机密。例如，系统提供口令检查或其他手段来验证用户身份，防止非法用户使用系统；也可以对数据的存取权限进行限制，只有通过检查后才能执行相应的操作。

2）数据的完整性(integrity)控制。系统通过设置一些完整性规则以确保数据的正确性、有效性和相容性。

正确性是指数据的合法性，如年龄属于数值型数据，只能含 0，1，…，9，不能含字母或特殊符号。

有效性是指数据是否在其定义的有效范围，如月份只能用 1～12 之间的正整数表示。

相容性是指表示同一事实的两个数据应相同，否则就不相容，如一个人不能有两个性别。

3）并发（concurrency）控制。多用户同时存取或修改数据库时，防止因相互干扰而提供给用户不正确的数据，并使数据库受到破坏。比如，在学生选课系统中，某门课程只剩下最后一个名额，但有两个学生在两台选课终端上同时发出了选修这门课程的请求，必须采取某种措施，确保两名学生不能同时拥有这最后的一个名额。

4）数据恢复（recovery）。当数据库被破坏或数据不可靠时，系统有能力将数据库从错误状态恢复到最近某一时刻的正确状态。

1.3 有关数据库的基本术语

1.3.1 数据

数据是用来记录信息的可识别的符号，是信息的具体表现形式。数据的概念在数据处理领域中已大大地拓宽了，其表现形式不仅包括数字和文字，还包括图形、图像、声音等。同时，当我们用学号、姓名、年龄、系别这几个特征来描述学生时，如（99001，李兵，20，电子系）这一个记录也是一个学生的数据，这些数据可以记录在纸上，也可记录在各种存储器中。

1.3.2 数据库

数据库是按照一定的数据模型组织的，长期储存在计算机内，可为多个用户共享的数据的聚集。它应该具有如下性质：用综合的方法组织数据，具有较小的数据冗余，可供多个用户共享，具有较高的数据独立性，具有安全控制机制，能够保证数据的安全、可靠，允许并发地使用数据库，能有效、及时地处理数据，并能保证数据的一致性和完整性。

数据库特点如下：

1）集成性。把某特定应用环境中的各种应用相关的数据及其数据之间的联系全部集中并按照一定的结构形式进行存储，或者说，把数据库看作若干个单个性质不同的数据文件的联合和统一的数据整体。

2）共享性。数据库中的数据可为多个不同的用户所共享，即多个不同的用户，使用多种不同的语言，为了不同的应用目的，而同时存取数据库，甚至同时存取同一块数据。

1.3.3 数据库管理系统

数据库管理系统（DBMS）是位于用户与操作系统（OS）之间的一个数据管理软件，它为用户或应用程序提供访问数据库（DB）的方法，在建立、运用和维护数据库时由数据库管理系统统一管理、统一控制。数据库管理系统使用户能方便地定义数据和操纵数据，并能够保证数据的安全性、完整性、多用户对数据的并发使用及发生故障后的系统恢复。DBMS 总是基于某种数据模型，可以分为层次型、网状型、关系型和面向对象型等。

1.3.4 数据库系统

数据库系统指在计算机系统中引入数据库后构成的系统，一般由数据库、数据库管理系统（及其开发工具）、应用系统、数据库管理员和用户构成。下面分别介绍这几部分的内容。

1. 硬件平台和数据库

由于数据库系统的数据量都很大，加之 DBMS 丰富的功能使得自身的规模也很大，因此，整个数据库系统对硬件资源提出了较高的要求。

1）要有足够大的内存存放操作系统、DBMS 的核心模块、数据缓冲区和应用程序。

2）有足够大的磁盘等直接存取设备存放数据库，同时要有足够的磁盘做数据备份。

3）要求系统有较高的通道能力，以提高数据传送率。

2. 软件

数据库系统的软件主要包括：

1）DBMS。DBMS 是为数据库的建立、使用和维护配置的软件。

2）支持 DBMS 运行的操作系统。

3）以 DBMS 为核心的应用开发工具。

应用开发工具是系统为应用开发人员和最终用户提供高效率、多功能的应用生成器、高级程序设计语言等各种软件工具。它们为数据库系统的开发和应用提供了良好的环境。

4）为特定应用环境开发的数据库应用系统。

3. 用户

用户指使用数据库的人，即对数据库的存储、维护和检索等进行操作。用户分为如下三类：

1）第一类用户为终端用户（end user）。主要是使用数据库的各级管理人员、工程技术人员、科研人员，一般为非计算机专业人员。

2）第二类用户为应用程序员（application programmer）。负责为终端用户设计和编制应用程序，以便终端用户对数据库进行存取操作。

3）第三类用户为数据库管理员（database administrator，DBA）。DBA 是指全面负责数据库系统的"管理、维护和正常使用的"人员，其职责如下：

① 参与数据库设计的全过程，决定数据库的结构和内容。

② 定义数据的安全性和完整性，负责分配用户对数据库的使用权限和口令管理。

③ 监督控制数据库的使用和运行，改进和重新构造数据库系统。当数据库受到破坏时，应负责恢复数据库；当数据库的结构需要改变时，完成对数据结构的修改。

DBA 不仅要有较高的技术专长和较深的资历，还应具有了解和阐明管理要求的能力。特别对于大型数据库系统，DBA 极为重要。对于常见的微机数据库系统，通常只有一个用户，常常不设 DBA，DBA 的职责由应用程序员或终端用户代替。

1.4　数　据　模　型

1.4.1　数据模型概述

对于模型，特别是具体的模型，人们并不陌生。一张地图、一架航模飞机、一组建筑设计沙盘等都是具体的模型。人们从模型可以联想到现实生活中的事物。模型是对事物、对象等现实世界中客观事物的模拟和抽象表达，是理解客观事物的思维工具。数据模型也是一个模型，它是现实世界数据特征的抽象。

数据库是某个公司、企业或部门所涉及的相关数据的综合，它不仅要反映数据本身的内容，而且要反映数据之间的联系。由于计算机不可能直接处理现实世界中的具体事物，因此，必须把现实世界中的具体事物转换成计算机能够处理的对象。在数据库中用数据模型这个工具来抽象、表示和处理现实世界中的数据和信息。通俗地讲，数据模型就是对现实世界数据的模拟。

现有的数据库系统都是基于某种数据模型的，因此，了解数据模型的基本概念是必要的，是学习数据库的基础。

数据模型是人们对现实世界的数据特征的抽象，是一种对客观事物抽象化的表现形式，它应满足三方面的要求：第一，数据模型要求较真实地模拟现实世界；第二，数据模型要容易为人理解；第三，数据模型要便于在计算机上实现。即它要满足真实性、易理解、易实现三方面的要求。

由于用一种模型同时很好地满足这三个方面的要求比较困难，因此，在数据库系统的使用过程中可以针对不同的使用对象和应用目的采用不同的数据模型。不同的数据模型实际上是提供给我们模型化数据和信息的不同工具。根据模型应用的不同，可以将这些模型分为两大类：概念模型和数据模型。它们分别属于两个不同的层次。

概念模型亦称信息模型，按用户的观点对数据和信息建模，这类模型主要用于数据库的设计，与具体的数据库关系系统无关。

数据模型是按计算机的观点对数据和信息建模，包括层次模型、网状模型、关系模型等，主要用于数据库管理系统（DBMS）的实现，与所使用的 DBMS 的种类有关。

为了把现实世界中的具体事物抽象、组织为某一 DBMS 支持的数据模型，人们通常首先将现实世界抽象为信息世界，然后再将信息世界转换为机器世界。也就是说，首先把现实世界中的客观事物抽象为某一种信息结构，这种信息结构并不依赖于具体的计算机系统，也不与具体的 DBMS 有关，而是概念级的模型，也就是我们所说的概念模型；然后再把概念模型转换为计算机上支持的 DBMS 支持的数据模型。注意，从现实世界到概念模型使用的是"抽象"技术，从概念模型到数据模型使用的是"转换"，即先有概念模型，然后再有数据模型。这个过程如图 1.6 所示。

图 1.6　现实世界中客观对象的抽象过程

1.4.2　数据模型的组成要素

数据模型通常由数据结构、数据操作和完整性约束三要素组成。

数据结构是对系统静态特性的描述，是所研究对象的集合。它们包括两类，一类是与数据类型、内容、性质有关的对象，如网状模型中的数据项、记录，关系模型中的域、属性、关系等；另一类是与数据之间联系有关的对象，例如，网状模型中的联系。数据结构反映了数据类型的基本特征，是刻画一个数据模型性质最重要的方面。因此，人们通常按照数据结构的类型命名数据模型。传统的有层次模型、网状模型、关系模型。

数据操作是对系统动态特性的描述，是对各种对象实例允许执行的操作的集合。数据操作主要分更新和检索两大类，更新包括插入、删除、修改。更新和检索统称为增、删、改、查。数据模型必须定义这些操作的确切含义、操作符号、操作规则（如优先级）以及实现操作的语言。

数据的约束条件是一组完整性规则的集合，由 DBMS 支持。完整性规则是给定的数据模型中数据及其联系所具有的制约和依存规则，用以限定符合数据模型的数据库状态以及状态的变化，其目的是保证数据的正确性、有效性和相容性。在关系模型中，任何关系必须满足实体完整性和参照完整性两个条件。此外，数据模型还应该提供定义完整性约束条件的机制，以反映具体应用所涉及的数据必须遵守的特定的语义约束条件。例如：在数据库中，规定性别只能由男或女两项；在学校的数据库中，课程的学分一般是大于 0 的整数值，学生的考试成绩一般在 0～100 之间等，这些都是对某个列的数据的取值范围进行了限制，其目的是在数据库中存储正确的、有意义的数据。

1.5　数据库系统的体系结构

数据库系统的体系结构从不同的角度可有不同的划分方式。从数据库关系系统的角度来看，数据库系统通常采用三级模式结构，从外到内依次为外模式、模式和内模式。

数据库的三层结构是数据的三个抽象级别，用户只要抽象地处理数据，而不必关心数据在计算机中如何表示和存储。为了实现三个抽象级别的联系和转换，数据库管理系统在三层结构之间提供了两层映像："外模式／模式"映像和"模式／内模式"映像。

1.5.1　数据库系统的三级模式结构

1. 外模式

外模式（external schema）又称为用户模式，是数据库用户和数据库系统的接口，是数据库用户的数据视图，是数据库用户可以看见和使用的局部数据的逻辑结构和特征的描述，是与某一应用有关的数据的逻辑表示。

一个数据库通常都有多个外模式。一个应用程序只能使用一个外模式，但同一外模式可为多个应用程序所用。不同用户需求不同，看待数据的方式也可以不同，对数据保密的要求也可以不同，使用的程序设计语言也可以不同，因此，不同用户的外模式的描述可以是不同的。

例如，民航售票系统包括处理航班程序和处理旅客程序。程序的使用人员不必知道关于人事档案、丢失的行李、飞行员的航行分配等信息；调度员可能需要知道关于航班、飞机和人事档案等信息（如哪些飞行员有资格驾驶 747），但不必知道雇员的工资、旅客等信息。所以可以为订票部门建立一个数据库视图，为调度部门建立另一个完全不同的数据库。

外模式是保证数据库安全的重要措施。每个用户只能看见和访问所对应的外模式中的数据，而数据库中的其他数据均不可见。用户使用数据操纵语言的语句对数据库进行操作，实际上就是对外模式的外部记录进行操作。用户对数据库的操作，只能与外模式发生联系，按照外模式的结构存储和操纵数据，不必关心模式。

2. 模式

模式（schema）又称为逻辑模式或者概念模式，是所有数据库用户的公共数据视图，是对数据库中全部数据的逻辑结构和特征的描述。

一个数据库只有一个模式，其中概念模式可以用实体—联系模型来描述，逻辑模式以某种数据模型（比如关系模型）为基础，综合考虑所有用户的需求，并将其形成全局逻辑结构。模式不但要描述数据库数据的逻辑结构，还要描述数据之间的联系、数据的完整性、安全性要求。

3. 内模式

内模式（internal schema）又称为存储模式，是数据库物理结构和存储方式的描述，是数据在数据库内部的表示方式。定义所有内部记录类型、索引和文件的组织方式，以及数据控制方面的细节。

一个数据库只有一个内模式。内模式描述记录的存储方式、索引的组织方式、数据是否进行压缩、是否加密等。内模式并不涉及物理记录，也不涉及硬件设备。

通常，我们不关心内模式的具体技术实现，而是从一般组织的观点（即概念模式）或用户的观点（外模式）来讨论数据库的描述。

在三层模式结构中，数据库模式是数据库的核心和关键，外模式通常是模式的子集。数据按外模式的描述提供给用户，按内模式的描述存储在硬盘上，而模式介于外、内模式之间，既不涉及外部的访问，也不涉及内部的存储，从而起到隔离作用，有利于保持数据的独立性，内模式依赖于全局逻辑结构，但可以独立于具体的存储设备。由此可见，数据库系统的三级模式是对数据的三个抽象级别，它把数据的具体组织留给了数据库管理系统去管理，使用户能逻辑地、抽象地处理数据，而不必关心数据在计算机中的具体表示方式与存储方式。

1.5.2　两层映像功能

为了实现三级模式结构，DBMS 在三层结构之间提供了两层映像：外模式／模式映像和模式/内模式映像。

所谓映像，就是一种对应规则，说明映像双方如何进行转换。三级模式间的两层映像保证数据具有较高的逻辑独立性和物理独立性。

1. 外模式/模式

外模式/模式映像定义了各外模式和模式之间的对应关系，它把描述局部逻辑结构的外模式与描述全局逻辑结构的模式联系起来。当模式改变时，数据库管理员只要对各个外模式/模式映像作相应的改变，使外模式保持不变，则以外模式为依据的应用程序不受影响，从而保证了数据与程序之间的逻辑独立性，也就是数据的逻辑独立性。

逻辑独立性指当总体逻辑结构改变时，通过对映像的相应改变而保持局部逻辑结构不变，从而应用程序也可以不必改变。

2. 模式/内模式

模式/内模式映像定义全局的逻辑结构与描述物理结构的内模式的对应关系。模式/内模式是唯一的，当内模式改变时，比如，存储设备或存储方式有所改变，只要模式/内模式映像作相应的改变，使模式保持不变，则应用程序就不受影响，从而保证了数据与程序之间的物理独立性。

物理独立性指当数据的存储结构改变时，数据的逻辑结构可以不变，从而应用程序也不必改变。

小　　结

本章首先介绍了数据和信息之间的关系，然后介绍了数据管理的发展经历了人工管理阶段、文件管理阶段和数据库系统阶段，最后讲述了数据库中的一些重要的术语概念。

本章同时也介绍了数据模型的概念。数据模型是人们对现实世界的数据特征的抽象。数据模型应满足三个要求：真实性、易理解和易实现。数据模型由三部分组成，称为三要素：数据结构、数据操作和完整性约束。

从内部体系结构的角度来分，数据库管理系统可以划分为三级模式，三层模式间系统自动提供了二级映像功能。三级模式分别为：内模式、模式和外模式。二级映像分别是模式和内模式间的映像和外模式与模式间的映像，这两级映像是数据的逻辑独立性和物理独立性的关键。

学习这一章应该把注意力放在基本概念和基本知识方面，为进一步学习下面章节打好基础。如果刚开始学习数据库，有些概念不好理解，可在学习后面章节后再回来了解和掌握这些概念。

习　　题

一、选择题

1. _____是按照一定的数据模型组织的，长期储存在计算机内，可为多个用户共享的数据的聚集。

　　A. 数据库相同　　　　　　　　　B. 关系数据库

　　C. 数据库　　　　　　　　　　　D. 数据库管理系统

2. DBMS 是_____。

　　A. 数据库　　　　　　　　　　　B. 数据库管理系统

　　C. 数据库应用软件　　　　　　　D. 数据库管理

3. 数据库三级模式体系结构的划分，有利于保持数据库的_____。

　　A. 数据独立性　　　　　　　　　B. 数据安全性

　　C．结构规范化　　　　　　　　D．操作可行性
4．在数据库的三级结构中，内模式有＿＿＿＿＿＿。
　　A．1 个　　　　　　　B．2 个　　　　　　C．3 个　　　　　　D．任意多个
5．下面列出的条目中，数据库技术的主要特点有＿＿＿＿＿＿。
　　A．数据的结构化　　　　　　　B．数据的冗余度小
　　C．较高的数据独立性　　　　　D．程序的标准化
6．下面所列出的条目中，数据库管理系统的基本功能有＿＿＿＿＿＿。
　　A．数据库定义　　　　　　　　B．数据库的建立和维护
　　C．数据库的存取　　　　　　　D．数据库和网络中其他软件系统的通信

二、简答题

1．什么是数据？什么是信息？两者有什么联系和区别？
2．比较文件系统和数据库系统，并指出其在管理数据方面的主要区别。
3．数据库系统由哪几部分组成？每一个部分在数据库系统中的作用是什么？
4．解释下列术语。

| 数据 | 数据库 | 数据库管理系统 | 数据库系统 |
| 数据模型 | 模式 | 内模式 | 外模式 |

5．试述数据模型的概念、数据模型的作用和数据模型的三个要素。
6．数据库系统对计算机硬件和软件的要求是什么？
7．什么是数据的独立性？数据库系统是如何实现数据独立性的？

第 2 章　关系数据库系统

1. 掌握概念模型，并可以通过 E-R 图进行数据库的建模。
2. 理解三种常用的数据模型中的层次模型和网状模型，重点掌握关系模型。
3. 理解掌握关系数据库系统三种关系完整性，即实体完整性、参照完整性和用户定义的完整性。
4. 熟练掌握关系代数的使用。

　　数据库系统的核心是数据库。由于数据库是根据数据模型建立的，因而，数据模型是数据库系统的基础。要为一个数据库建立数据模型，首先要深入到信息的现实世界进行系统需求分析，用概念模型真实、全面地描述现实世界中的管理对象及联系，然后通过一定的方法将概念模型转换为数据模型。

　　介绍数据库的体系结构主要是为了使读者了解在数据库系统中采用的客户程序/服务器体系结构，有助于后续章节的学习。

2.1　概念模型与数据库的建模

　　由图 1.6 可以看出，概念模型是现实世界到机器世界的一个中间层次。

　　所谓概念模型，是指抽象现实系统中有应用价值的元素及其关联关系，反映现实系统中有价值的信息结构。

　　概念模型用于信息世界的建模，是现实世界到信息世界的第一层抽象，是数据库设计人员进行数据库设计的工具，也是数据库设计人员和用户之间进行交流的工具。因此，该模型一方面应该具有较强的语义表达能力，能够方便、直接地表达应用中各种语义知识；另一方面，它还应该简单、清晰、易于被用户理解。

　　概念模型是面向用户、面向现实世界的数据模型，它与具体的 DBMS 无关。在数据库的设计阶段，采用概念模型，其主要是把主要精力放在了解现实世界的客观事物以及事物的联系上，而把涉及 DBMS 的一些问题放在设计的后面阶段考虑。

　　常用的概念模型是实体-联系（entity-relationship）模型，也称 E-R 图。

2.1.1　实体-联系模型

　　1976 年，P.P.S.Chen 提出了实体-联系方法，该方法用 E-R 图来描述现实世界的概念模型，E-R 方法也称为 E-R 模型。由于该方法简单、实用，因此，得到了广泛的应用，也是目前描述信息结构最常用的方法。在实体-联系模型中，主要涉及以下概念。

1. 实体

客观存在可以相互区别的事物称为实体。实体可以是具体的人、事、物，也可以是抽象的概念或联系。例如：可以触及的客观对象仓库、器件、职工等是实体，客观存在的抽象事件订货、演出、足球赛等也是实体，老师与系存在工作关系也是实体。

性质相同的同类实体的集合称为实体集。例如：全体教师实体集。

2. 属性

每个实体都具有一定的特征和性质，这样，我们才能根据实体的特征来区分一个个实体。属性就是实体所具有的某一个特性，或者说描述实体或者联系的性质或特征的数据项。每一个属性有一个值域，其类型可以是整数型、实数型、字符串型等。

例如：职工的工号、姓名、性别、联系电话等都是职工实体的特征，这些特征就构成了职工实体的属性。实体所具有的属性的个数是由用户对信息的需求所决定的。例如：我们需要知道职工的配偶的情况时，可以在职工实体中加一个"配偶"属性。

3. 联系

现实世界中，事物内部以及事物之间是有联系的，这些联系在信息世界中反映为实体内部的联系和实体之间的联系。实体内部的联系通常是指组成实体的各属性之间的联系，实体之间的联系通常是指实体与实体之间不同实体之间的联系。

与一个联系有关的实体集个数，称为联系的元数。二元联系即两个实体之间有以下三种类型。

（1）一对一联系

如果实体集 E1 中每个实体至多和实体集 E2 中的一个实体有联系，反之亦然，那么实体集 E1 和 E2 的联系称为"一对一联系"，记为"1：1"。

例如：国家元首和国家的关系，就是一对一的关系。因为一个国家只能有一位国家元首，而一个人也只能成为一个国家的元首。

在关系数据库中，一对一的联系表现为一个表中的每一个记录只与相关表中的一个记录相关联。

（2）一对多联系

如果实体集 E1 中每个实体可以与实体集 E2 中任意个（零个或多个）实体间有联系，而 E2 中每个实体至多和 E1 中一个实体有联系，那么称 E1 对 E2 的联系是"一对多联系"，记为"1：N"。

例如：一个部门有多名职工，而一名职工只在一个部门就职，即只占一个部门的编制，部门与职工则存在一对多的关系。再者，一个学生只能在一个系里注册，而一个系有多个学生，系和学生也是一对多的联系。

在关系数据库中，一对多的联系表现为一个表中的每一个记录与相关表中的多个记录相关联。

（3）多对多联系

如果实体集 E1 中每个实体可以与实体集 E2 中任意个（零个或多个）实体有联系，

反之亦然，那么称 E1 和 E2 的联系是"多对多联系"，记为"M：N"。

例如：一个学生可以选修多门课程，一个课程由多个学生选修。因此，学生和课程间存在多对多的联系。图书和读者之间也是多对多的联系，因为一位读者可以借阅若干本图书，同一本书可以相继被多个读者借阅。

在关系数据库中，多对多的联系表现为一个表中的多个记录在相关表中同样有多个记录与其匹配。即表 A 的一个记录在表 B 中可以对应多个记录，而表 B 的一条记录在表 A 中也可以对应多个记录。例如：在一张订单中可以包括多项商品，因此，对于订单表中的每个记录，在商品表中可以有多个记录与之对应。同样，每项商品也可以出现在许多订单中，因此，对于商品表中的每个记录，在订单表中也有多个记录与之对应。

一对多是最普遍的联系。可以把一对一的联系看作是一对多联系的一个特殊情况。同样，一对多又是多对多联系的特例。

实体之间的联系类型并不取决于实体本身，而是取决于现实世界的管理方法，或者说取决于语义，即同样两个实体，如果有不同的语义，则可以得到不同的联系类型。以仓库和器件两个实体之间的关联为例：

如果规定一个仓库只能存放一种器件，并且一种器件只能存放在一个仓库，这时仓库和器件之间的联系是一对一的。

如果规定一个仓库可以存放多种器件，但是一种器件只能存放在一个仓库，这时仓库和器件之间的联系是一对多的。

如果规定一个仓库可以存放多种器件，同时一种器件可以存放在多个仓库，这时仓库和器件之间的联系是多对多的。

2.1.2　实体–联系模型的表示方法

E-R 模型提供了表示实体型、属性和联系的方法。

实体型：用矩形表示，矩形框内写明实体名。

属性：用椭圆形表示，并用无向边将其与相应的实体连接起来。

联系：用菱形表示，菱形框内写明联系名，并用无向边分别与有关实体连接起来，同时在无向边旁标上联系的类型（1：1、1：n 或 n：m）。

需要注意的是：联系本身也可能有属性。如果一个联系有属性，则这些属性也要用无向边与该联系连接起来。

设计 E-R 图的过程如下：

1）确定实体类型。

2）确定实体类型的属性。

3）确定联系类型及其属性。

4）把实体类型和联系类型组合成 E-R 图。

5）加上实体和联系的属性，并确定实体类型的码。

下面以一个例子说明 E-R 图的表示方法。

在物资管理中，一个供应商为多个项目供应多种零件，一种零件只能保存在一个仓库中，一个仓库中可保存多种零件，一个仓库有多名员工值班，由一个员工负责管理。画出该物资管理系统的 E-R 图，如图 2.1 所示。

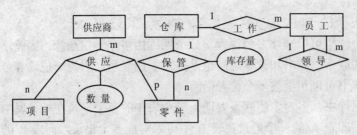

图 2.1　物资管理 E-R 图

2.1.3　数据库建模

要设计一个数据库,首先要分析数据库中将要存放什么信息,这些信息彼此之间有什么联系,从而确定数据库的结构。数据库的结构也称为数据库模式,因此,这个过程就称为数据库建模。数据库模式通常用某种表示方法加以说明。在实际的应用过程中,我们常用 E-R 模型进行数据库的建模,即对事物进行需求分析,然后对收集到的数据进行分类、组织,形成实体、实体的属性,确定实体之间的联系类型,设计 E-R 图。具体内容在第 5 章讲述。

2.2　常用的数据模型

目前,数据库领域中常用的数据模型有三种,它们是:层次模型、网状模型、关系模型。

一般将层次模型和网状模型统称为非关系模型。

非关系模型的数据库系统在 20 世纪 70~80 年代非常流行。现在已逐步被关系模型的数据库所取代。

关系模型对数据库的理论和实践产生很大的影响,成为当今最流行的数据库模型。本书重点介绍关系数据库的基本概念和使用,为使读者对数据模型有一个全面的认识,进而深刻地理解关系模型,这里先对层次模型和网状模型作简单的介绍,然后详细地介绍关系数据模型。

2.2.1　层次数据模型

用树状结构表示实体及实体间的联系的模型称为层次模型。在这种模型中,数据被组织成由“根”开始的“树”,每个实体由根开始沿着不同的分支放在不同的层次上,如果不再向下分支,那么此分支序列中最后的结点称为“叶”。上级结点与下级结点之间为一对多的联系。如图 2.2、图 2.3 所示,给出了简单的层次模型。

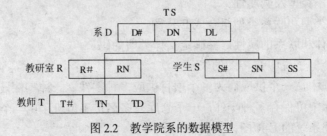

图 2.2　教学院系的数据模型

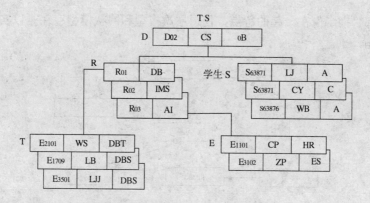

图 2.3 教学院系数据库的一个实例

树的每一个结点代表一个实体。层次模型实际上是由若干个代表实体之间一对多联系的基本层次联系组成的一棵树，层次模型可以直接、方便地表示一对多的联系，但有以下两点限制：

1）有且仅有一个结点无父结点，这个结点即为树的根。

2）其他结点有且仅有一个父结点。

在插入时，不能插入无双亲的子结点，如新来的教师未分配教研室时，则无法插入到数据库中，没有一个子女记录值能够脱离双亲记录值而独立存在。

在删除时，如删除双亲结点，则其子女结点也会被一起删除。如删除某个教研室，则它的所有教师也会被删除。

在更新时，应更新所有相应的记录，以保证数据的一致性。

支持层次数据模型的 DBMS 称为层次数据库管理系统。

层次模型有两个缺点：一是只能表示 1∶N 联系，虽然系统有多种辅助手段实现 M:N 联系，但较复杂，用户不易掌握；二是由于层次顺序的严格和复杂，引起数据的查询和更新操作很复杂，因此，应用程序的编写也比较复杂。

2.2.2　网状数据模型

现实世界中实体间的联系更多的是非层次关系。用有向图结构表示实体类型及实体间联系的数据模型称为网状模型。网中的每一个结点代表一个实体类型，网状模型突破了层次模型的两点限制：允许结点有多于一个的父结点；可以有一个以上的结点没有父结点。因此，网状模型可以方便地表示类型间的联系。

图 2.4 给出了一个简单的网状模型。每一个联系都代表实体之间一对多的联系，系统用单向或双向环形链接指针来具体实现这种联系。如果课程和选课人数较多，链接将变得相当复杂。网状模型的主要优点是表示多对多的联系有很大的灵活性，这种灵活性是以数据结构复杂为代价的。

支持网状数据模型的 DBMS 称为网状数据库管理系统，在这种系统中建立网状数据库。网状模型和层次模型在本质上是一致的。从逻辑上看，它们都是用结点表示实体，用有向边（箭头）表示实体间的联系，实体和联系用不同的方法来表示；从物理上看，每一个结点都是一个存储记录，用链接指针来实现记录之间的联系。这种用指针将所有的数据记录都"捆绑"在一起的特点，使得层次模型和网状模型存在难以实现系统修改与扩充等缺陷。

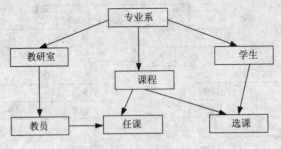

图 2.4　网状模型示例

2.2.3　关系数据模型

关系模型是三种模型中最重要的一种数据模型。关系数据库系统采用了关系模型作为数据的组织方式,现在流行的数据库系统大都是基于关系模型的关系数据库系统。1970年, IBM 公司 E.F.Codd 的多篇论文提出关系数据库理论。自 20 世纪 80 年代以来,计算机厂商新推出的数据库管理系统几乎都是支持关系模型的,数据库领域当前的研究工作都是以关系方法为基础的。

关系模型由关系数据结构、关系操作集合和关系完整性约束三部分组成。

1.　关系数据结构

关系模型源于数学,它用二维表来组织数据,而这个二维表在关系数据库中就称为关系。关系数据库就是表或者说是关系的集合。关系模型就是用二维表格结构来表示实体及实体之间联系的模型。

在关系模型中,用户感觉数据库就是一张张表。在关系系统中,表是逻辑结构而不是物理结构。表 2.1 所示的是学生基本信息的关系模型。

表 2.1　学生基本信息表

学号	姓名	性别	年龄	籍贯
996210	王耀	男	19	陕西
996211	李娟	女	18	上海
996212	王超	男	19	北京

我们再来看一个例子, 有三个二维表, 表 2.2 仅显示的是数据库表的结构, 表中的数据未给出。

表 2.2　教师授课信息表

教师号	姓名	性别	年龄	职称

教师信息

课程号	课程名称	课时数		教师号	课程号

课程信息　　　　　　　　　　　　　　　授课信息

表 2.2 中，我们可以很容易看出表之间有联系。教师关系和授课关系有公共的属性
"教师号"，则表明这两个关系有联系。而课程关系和授课关系有公共的属性 "课程号"，
则表明这两个关系也有联系。至于元组之间的联系，则与具体的数据有关。只有在公共
属性上具有相同属性值的元组之间才有联系。

由以上可以看出，在一个关系中可以存放以下两类信息：

1) 描述实体本身的信息。

2) 描述实体（关系）之间的联系的信息。

在层次模型和网状模型中，把有联系的实体（元组）用指针链接起来，实体之间的
联系是通过指针来实现的。而关系模型则采用不同的思想，即用二维表来表示实体与实
体之间的联系，这就是关系模型的本质所在。

所以，在建立关系模型时，只要把所有的实体及其属性用表来表示，同时把实体之
间的联系也用表来表示，就可以得到一个关系模型。

2. 关系操作

关系操作就关系模型而言，给出了关系操作的能力。

关系数据模型中的操作包括：

1) 传统的集合运算包括并（union）、交（intersection）、差（difference）和广义笛卡
儿积（extended Cartesian product）。

2) 专门的关系运算包括选择（select）、投影（project）、连接（join）和除（divide）。

3) 有关的数据操作包括查询（query）、插入（insert）、删除（delete）和修改（update）。

关系模型的操作对象是集合，而不是行。也就是说，操作的数据以及操作的结果都
是完整的表（只包含一行数据的表，甚至不包含任何数据的空表），而非关系型数据库系
统中典型的操作是一次一行或一次一个记录。因此，集合处理能力是关系系统区别于其
他系统的一个重要特征。

关系操作是通过关系语言实现的，关系语言的特点是高度非过程化。所谓非过程化，
是指：

1) 用户不必关心数据的存取路径和存取过程，而只需要提出数据请求，数据库管
理系统就会自动完成用户请求的操作。

2) 用户也没有必要编写程序代码来实现数据的重复操作。

3. 关系完整性约束

在数据库中，数据完整性是指保证数据正确的特性。它包括两方面的内容：

1) 与现实世界中应用需求的数据的相容性和正确性。

2) 数据库内数据之间的相容性和正确性。

例如，学生的学号必须是唯一的，学生的性别只能是 "男" 或 "女"，学生所选的
课程必须是已经开设的课程等。因此，数据库是否具有数据库完整性特征关系到数据库
系统能否真实地反映现实世界的情况，数据完整性是数据库的一个重要的内容。

在关系数据模型中，一般将数据完整性分为三类，即实体完整性、参照完整性约束
和用户定义完整性。其中关系模型必须满足实体完整性和参照完整性约束，是系统级的

约束，而用户定义完整性的主要内容是限制属性取值的域完整性，这属于应用级的约束。这三类完整性约束条件由 DBMS 来保证，而非应用程序保证。

有关完整性约束的问题将在 2.4 节中详细讨论。

4. 关系模型与非关系模型比较

与非关系模型相比，关系数据模型具有如下特点。

（1）关系数据模型建立在严格的数学基础之上

关系及其系统的设计和优化都是建立在严格数学概念的基础上，有严格的设计理论，因而容易实现，且性能好。

（2）关系数据模型的存取路径对用户隐藏

用户根据数据的逻辑模式和子模式进行数据操作，而不必关心数据的物理模式情况，无论是计算机的专业人员还是非计算机的专业人员使用起来，数据的独立性和安全保密性都很好。

（3）关系数据模型的概念单一，容易理解

关系数据库中，无论是实体还是联系，无论操作是原始数据、中间数据还是结果数据，描述一致，用关系表示，实体和联系都用关系描述，查询操作结果也是一个关系，保证了数据操作语言的一致性。这种单一的数据结构使数据操作方法统一，也使用户易懂易用。

（4）关系模型中的数据联系是靠数据冗余实现的

关系数据库中不可能完全消除数据冗余。由于数据冗余，使得关系的空间效率和时间效率都较低。

基于关系模型的优点，关系数据模型自诞生以来发展迅速，随着计算机与其他技术的发展，目前，关系数据库系统仍保持其主流数据库的地位。

2.3 关系数据模型的基本术语及形式化定义

在关系模型中，现实世界中的实体、实体与实体之间的联系都用关系来表示。关系模型源于数学，它有自己严格的定义和一些固有的术语。

为介绍方便，定义一个关系，亦即一个二维表，如表 2.3 所示。

表 2.3 学生关系表

学号	姓名	年龄	性别
010601	王小强	19	男
010602	李娜	19	女
010603	李海	20	男

2.3.1 关系模型的基本术语

1. 关系

关系（relation）就是二维表，二维表的名字就是关系的名字。表 2.3 的关系名就是

"学生"。

2. 属性

二维表中的列称为属性（attribute，或称为字段），每个属性有一个名字，称为属性名。二维表中对应一列的值称为属性值；二维表中列的个数称为关系的元数。如果一个二维表有 n 列，则称其为 n 元关系。表 2.3 所示的关系就是一个四元关系。

3. 值域

二维表中属性的取值范围称为值域（domain）。在表 2.3 中，"性别"列的取值只能为"男"和"女"两个值，这就是列的值域。

4. 元组

二维表中的行称为元组（tuple，或称为记录）。在表 2.3 中，元组有：

　　（010601，王小强，19，男）
　　（010602，李娜，19，女）
　　（010603，李海，20，男）

5. 分量

元组中的每一个属性值称为一个分量（component，或称为数据项），n 元关系的每个元组有 n 个分量。元组（010603，李海，20，男）有 4 个分量。

6. 候选码

若关系中的某一属性组的值能唯一地标识一个元组，则称该属性组为该关系的一个候选码（candidate key）。候选码又称为候选关键字或候选键。在一个关系上可以有多个候选码。

7. 主码

一个关系可能有多个候选码，则选定其中一个作为主码（primary key）。每个关系都有一个且仅有一个主码。主码又称为主键或主关键字，是表中的属性或属性组，即主码可以由一个属性组成，也可以由多个属性共同组成。

8. 主属性和非主属性

包含在任一候选码中的属性称为主属性（primary attribute）。不包含在任一候选码中的属性称为非主属性（non-primary attribute）。

9. 全码

关系模式的所有属性组构成此关系模式的唯一候选码，即全码。

2.3.2 关系数据结构及其形式化定义

关系模型是建立在集合代数基础之上的。本小节将从集合论的角度给出关系数据结构的形式化定义。

1. 关系的形式化定义

为了给出形式化的定义，首先定义笛卡儿积。

给定一组域 D_1, D_2, …, D_n, 这些域中可以有相同的, D_1, D_2, …, D_n 的笛卡儿集为:

$$D_1 \times D_2 \times \cdots \times D_n = \{(d_1, d_2, \cdots, d_n) | d_i \in D_i, i = 1, 2, \cdots, n\}$$

其中每一个元素称为一个 n 元组，元素中的每个值称为一个分量。

例 2.1 设 $D_1 = \{大，中，小\}$, $D_2 = \{红，绿\}$

$D_1 \times D_2 = \{(大，红), (大，绿), (中，红), (中，绿), (小，红), (小，绿)\}$

例 2.2 设 $D_1 = \{计算机软件专业，信息科学专业\}$

$D_2 = \{张珊，李海，王宏\}$

$D_3 = \{男，女\}$

则 $D_1 \times D_2 \times D_3$ 笛卡儿积如图 2.5 所示。

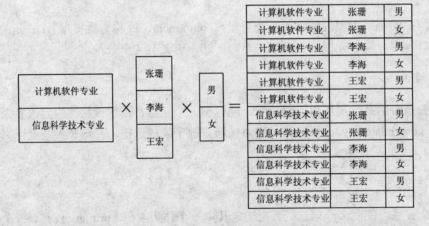

图 2.5 笛卡儿积

在图 2.5 中，笛卡儿积的任意一行数据就是一个元组，它的第一个分量来自 D_1，第二个分量来自 D_2，第三个分量来自 D_3。笛卡儿积就是所有这样的元组的集合。

根据笛卡儿积的定义，可以给出一个关系的形式化定义：笛卡儿积 D_1, D_2, …, D_n 的任意一个子集称为 D_1, D_2, …, D_n 上的一个 n 元关系。

2. 基本关系的性质

1）每一分量必须是不可分的最小数据项，即每个属性都是不可再分解的，这是关系数据库对关系的最基本的限定。

2）列的个数和每列的数据类型是固定的，即每一列中的分量是同类型的数据，来自同一个值域。

3）不同的列可以出自同一个值域，每一列称为属性，每个属性要给予不同的属性名。

4）列的顺序是无关紧要的，即列的次序可以任意交换，但一定是整体交换，属性名和属性值必须作为整列同时交换。

5）行的顺序是无关紧要的，即行的次序可以任意交换。

6）元组不可以重复，即在一个关系中任意两个元组不能完全一样。

2.3.3　关系模式

关系模式是对关系的描述，一个关系模式应当是一个五元组。它可以形式化地表示为：

R（U, D, DOM, F）

R 为关系名，U 为属性的集合，D 为属性的域，DOM 为属性向域的映像集合。F 为属性间数据的依赖关系集合。

关系模式通常可以简记为：R（U）或 $R(A_1, A_2, \cdots, A_N)$，其中 R 为关系名，A_1，A_2，$\cdots$，A_N 为属性名。而域名及属性向域的映像常常直接说明为属性的类型、长度。

在一个给定的应用领域中，所有实体及实体之间的联系的关系的集合构成一个关系数据库。

关系数据库也有型和值之分。关系数据库的型也称为关系数据库模式，是对关系数据库的描述，是关系模式的集合。关系数据库的值也称为关系数据库，是关系的集合。关系数据库模式与关系数据库通常统称为关系数据库。

2.4　关系完整性

完整性是数据模型的一个非常重要的方面。关系数据库从多个方面来保证数据的完整性。在创建数据库时，需要通过相关的措施来保证以后对数据库中的数据进行操纵时，数据是正确的、一致的。

完整性规则是对关系的某种约束条件，包括三类完整性约束：实体完整性、参照完整性和用户定义的完整性。其中实体完整性和参照完整性是关系模型必须满足的完整性约束条件，被称为是关系的两个不变性，应该由关系系统自动支持。

2.4.1　实体完整性

实体完整性（entity integrity）规则是指关系数据库中所有的表都必须有主码，而且主码值不能重复，构成主码的各属性值均不能取空值。

实体完整性规则保证关系中的每个元组都是可识别和唯一的。

因为若记录没有主码值，则此记录在表中一定是无意义的。我们知道，关系模型中的每一行记录都对应客观存在的一个实例或一个事实。比如，一个学号唯一地确定了一个学生。如果表中存在没有学号的学生记录，则此学生一定不属于正常管理范围内的学生。另外，如果表中存在主码值相等的两个或多个记录，则这两个或多个记录会对应一个实例。这包含两种情况，第一，若表中的其他属性值也完全相同，则这些记录就是重复的记录，存储重复的记录是无意义的；第二，若其他属性值不完全相同，则会出现语义矛盾，比如同一个学生（学号相同），而其名字不同或性别不同，这显然是不可能。

对于实体完整性规则，说明如下：

1）实体完整性规则是针对基本关系而言的。一个基本表通常对应现实世界的一个实体集。

2）现实世界中的实体是可区分的，即它们应该具有唯一性标识。相应地，关系模型中以主码作为唯一性标识。

3）主码中的属性（即主属性）不能取空值，不仅是主码整体，而且所有主属性均不能为空。反之，若主属性为空值，说明该实体不完整，即违背了实体完整性。空值用 NULL 表示。

关系数据库管理系统可以用主关键字实现实体完整性，这是由关系系统自动支持的。

2.4.2 参照完整性

参照完整性（referential integrity）也称为引用完整性。现实世界中的实体之间往往存在某种联系，在关系模型中实体及实体间的联系都是用关系来描述的。这样，自然就存在着关系与关系之间的引用。参照完整性规则就是定义外码与主码之间的引用规则。

定义：设 F 是基本关系 R 的一个或一组属性，但不是关系 R 的码，如果 F 与基本关系 S 的主码 Ks 相对应，则称 F 是基本关系 R 的外码（foreign key），并称基本关系 R 为参照关系（referencing relation），基本关系 S 为被参照关系（referenced relation）或目标关系（target relation）。关系 R 和 S 不一定是不同的关系。

例 2.3 设工厂数据库中有两个关系模式：

```
DEPT (D#, DNAME)
EMP (E#, ENAME, SALARY, D#)
```

车间模式 DEPT 的属性为车间编号、车间名，职工模式 EMP 的属性为工号、姓名、工资、所在车间的编号。每个模式的主键与外键已标出。在 EMP 中，由于 D# 不在主键中，因此 D# 值允许为空。在这里 DEPT 是被参照关系，EMP 是参照关系。

例 2.4 学生（学号，姓名，性别，专业号，年龄）

专业（专业号，专业名）

学生关系的"专业号"属性与专业关系的主码"专业号"相对应，因此，"专业号"属性是学生关系的外码。这里学生关系是参照关系，专业关系是被参照关系。

例 2.5 设数据库中有两个关系模式：

仓库（仓库号，城市，面积）

职工（仓库号，职工号，工资）

其关系以一个图示的形式给出，如图 2.6 所示。

参照完整性规则是指若属性（或属性组）F 是基本关系 R 的外码，它与基本关系 S 的主码 Ks 相对应（基本关系 R 和 S 不一定是不同的关系），则对于 R 中每个元组在 F 上的值必须为：或者取空值（F 的每个属性值均为空值）；或者等于 S 中某个元组的主码值。

学生关系中每个元组的"专业号"属性只能取下面两类：

1）空值，表示尚未给学生分配专业。

2）非空值，这时该值必须是专业关系中某个元组的"专业号"值，表示该学生不可能分配到一个不存在的专业中。即被参照关系"专业"中一定存在一个元组，它的主码值等于该参照关系"学生"中的外码值。

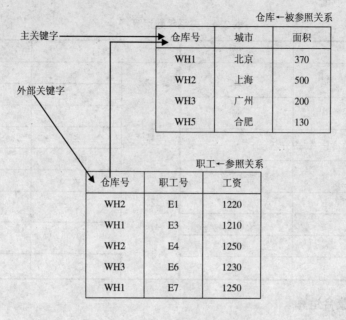

图 2.6　两个模式的参照关系

2.4.3　用户定义完整性

实体完整性和参照完整性适用于任何关系数据库系统。除此之外，不同的关系数据库系统根据其应用环境的不同，往往还需要一些特殊的约束条件。用户定义的完整性就是针对某一具体关系数据库的约束条件，它反映某一具体应用所涉及的数据必须满足的语义要求。关系模型应提供定义和检验这类完整性的机制，以便用统一的系统的方法处理它们，而不要由应用程序承担这一功能。

在用户定义完整性（user-defined integrity）中最常见的是限定属性的取值范围，即对值域的约束，所以在用户定义完整性中最常见的是域完整性约束。如选课关系中成绩不能为负数；某些数据的输入格式要有一些限制等。

2.5　关　系　代　数

关系代数是一种抽象的查询语言，用对关系的运算来表达查询，作为研究关系数据语言的数学工具。关系代数的运算对象是关系，运算结果亦为关系。

关系代数用到的运算符包括四类：集合运算符、专门的关系运算符、算术比较符和逻辑运算符。如表 2.4 所示。关系代数的运算按运算符的不同，主要分为传统的集合运算和专门的关系运算两类。

集合运算将关系看作是元组的集合，其运算是从关系的"水平"方向即行的角度来进行的。

专门的关系运算不仅涉及行，而且涉及列。

比较运算符和逻辑运算符是用来辅助专门的关系运算符进行操作的。

表 2.4　关系代数运算符

运算符		含义	运算符		含义
集合运算符	∪	并	比较运算符	>	大于
				≥	大于等于
	∩	交		<	小于
				≤	小于等于
	-	差		=	等于
	×	笛卡儿积		≠	不等于
专门的关系运算符	σ	选择	逻辑运算符	¬	非
	π	投影			
	⋈	连接		∧	与
	÷	除		∨	或

2.5.1　传统的集合运算

传统的集合运算是二目运算，包括四种运算：并、交、差、广义笛卡儿积。

设关系 R 和关系 S 具有相同的目 n（即两个关系都有 n 个属性），且相应的属性取自同一个域，则可以定义并、交、差以及广义笛卡儿积。具体说明如下。

1. 并

设关系 R 和 S 具有相同的关系模式，R 和 S 的并是由属于 R 或属于 S 的元组构成的集合，记为 R∪S。形式定义如下：

$$R \cup S \equiv \{t | t \in R \vee t \in S\}$$

t 是元组变量，R 和 S 的元数相同。

2. 交

关系 R 和 S 的交是由属于 R 又属于 S 的元组构成的集合，记为 R∩S，这里要求 R 和 S 定义在相同的关系模式上。形式定义如下：

$$R \cap S \equiv \{t | t \in R \wedge t \in S\}$$

t 是元组变量，R 和 S 的元数相同。

3. 差

设关系 R 和 S 具有相同的关系模式，R 和 S 的差是由属于 R 但不属于 S 的元组构成的集合，记为 R−S。形式定义如下：

$$R - S \equiv \{t | t \in R \wedge t \notin S\}$$

t 是元组变量，R 和 S 的元数相同。

由于R∩S=R−（R−S），或R∩S=S−（S−R），因此，交操作不是一个独立的操作。

4. 广义笛卡儿积

两个分别为n元和m元的关系R和S的广义笛卡儿积是一个(n+m)列的元组的集合。元组的前n列是关系R的一个元组，后m列是关系S的一个元组。若R有k1个元组，S有k2个元组，则关系R和关系S的广义笛卡儿积有k1×k2个元组。

$$R \times S = \{ \widehat{t_r t_s} | t_r \in R \wedge t_s \in S \}$$

图 2.7（a）、（b）分别为具有三个属性列的关系R、S，图 2.7（c）为R和S的差，图 2.7（d）为R和S的并，图 2.7（e）为R和S的交，图 2.7（f）为R和S的笛卡儿积。

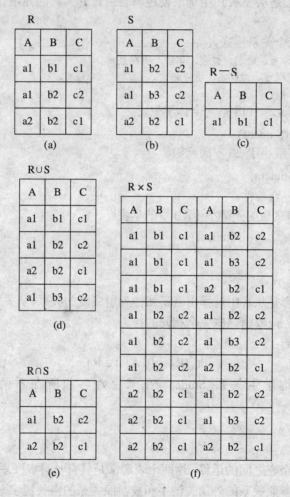

图 2.7 传统集合运算举例

2.5.2 专门的关系运算

专门的关系运算包括选择、投影、连接、除等。其中，第一个为一元操作，后三个为二元操作。

1. 选择

选择运算是从指定的关系中选择某些元组形成一个新的关系，被选择的元组是用满足某个逻辑条件来指定的。

选择运算表示为：

$$\sigma_F(R) = \{t \mid t \in R \wedge F(t) = \text{'真'}\}$$

其中，σ 是选择运算符，R 是关系名，t 是元组，F 表示选择条件，它是一个逻辑表达式，取逻辑值为"真"或"假"。

选择运算实际上是从关系 R 中选取使逻辑表达式 F 为真的元组。这是从行的角度进行的运算。

例 2.6　设有三个关系模式。

　　　Student（学号，姓名，性别，年龄，所在系）
　　　Course（课程号，课程名，学分）
　　　SC（学号，课程号，成绩）

例 2.7　查询信息系（IS 系）全体学生。

　　　$\sigma_{\text{Sdept='IS'}}(\text{Student})$

例 2.8　查询年龄小于 20 岁的元组。

　　　$\sigma_{\text{Sage}<20}(\text{Student})$

条件也可以是复合条件。

例 2.9　查询信息系的年龄小于 20 岁的学生

　　　$\sigma_{\text{Sage}<20 \wedge \text{Sdept='IS'}}(\text{Student})$

2. 投影

关系 R 上的投影是从 R 中选择出若干属性列组成新的关系。从关系中消除某些属性，就可能出现重复行，应取消这些完全相同的行。

投影运算表示为：

$$\pi_A(R) = \{t[A] \mid t \in R\}$$

例 2.10　查询学生关系 Student 在学生姓名和所在系两个属性上的投影 $\pi_{\text{Sname, Sdept}}(\text{Student})$。

3. 连接

连接运算是两个表之间的运算，这两个表通常是具有一对多联系的父子关系。所以，连接过程一般是由参照关系的外部关键字和被参照关系的主关键字来控制的，这样的属性通常也称为连接属性。连接运算是将满足两个表之间运算关系的记录连接成一条记录，所有这样的记录构成新的表（连接运算的结果）。连接运算也称为 θ 运算。

连接运算一般表示为：

$$R \underset{A\theta B}{\bowtie} S = \{\widehat{t_r t_s} \mid t_r \in R \wedge t_s \in S \wedge t_r[B]\theta t_s[B]\}$$

其中，A 和 B 分别是关系 R 和 S 上可比的属性组，θ 是比较运算符，连接运算从 R 和 S 的广义笛卡儿积 R×S 中选择（R 关系）在 A 上的值与（S 关系）在 B 属性组上的值满足比较运算符 θ 的元组。

连接运算中最重要也是最常用的连接有两个：一个是等值连接，一个是自然连接。

θ 为 "＝" 时的连接是等值连接，它是从关系 R 与关系 S 的广义笛卡儿积中选取 A、B 属性值相等的那些元组，即

$$R\underset{A=B}{\bowtie}S=\{\widehat{t_r t_s}|t_r\in R\wedge t_s[B]=t_s[B]\}$$

自然连接是一种特殊的连接，它要求两个关系中进行比较的分量必须是相同的属性组，并且在结果中要去掉相同的属性列。也就是说，若关系 R 和 S 具有相同的属性组 B，则自然连接可记为：

$$R\bowtie S=\{\widehat{t_r t_s}|t_r\in R\wedge t_s\in S\wedge t_r[B]\}$$

一般的连接运算是从行的角度进行运算，但自然连接还需要去掉相同的列，所以它是从行和列的角度进行运算。

根据以上所述，总结自然连接与等值连接的区别如下：

等值连接是从两个关系的笛卡儿积中选取两个属性值相等的列。自然连接是一种特殊的等值连接，它要求两个关系中进行比较的分量必须是相同的属性，并且在结果中把重复的属性列去掉。

例 2.11　如图 2.8 所示，有两个关系 R 和 S。

（a）查询关系 R 中属性 C 小于关系 S 中属性 E 的连接。

（b）查询关系 R 中属性 B 与关系 S 中属性 B 相等的等值连接。

（c）查询关系 R 中属性 B 与关系 S 中属性 B 相等的自然连接。

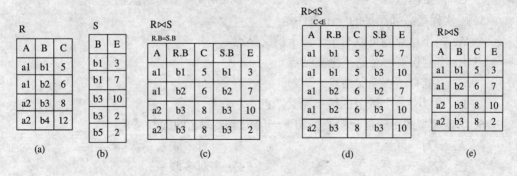

图 2.8　连接运算举例

小　结

概念模型是对现实世界信息的第一次抽象，它与具体的数据库管理系统无关，是用户与数据库设计人员的交流工具。因此，概念模型一般采用比较直观的模型，本章主要介绍的是应用广泛的实体—联系模型，即 E-R 模型。同时 E-R 模型也是数据库建模的常用工具。

本章介绍了目前数据库领域中常用的数据模型。简单介绍了非关系模型、层次数据模型和网状层次模型。重点介绍了关系数据模型。

关系数据库是目前应用最广泛的数据库管理系统。本章介绍了关系数据库的重要概念，包括关系数据结构、关系操作和关系完整性的约束，介绍了关系模型中实体完整性、参照完整性和用户定义完整性约束的概念。最后介绍了关系代数的运算，包括传统的集合运算——并、交、差和广义笛卡儿积，以及专门的关系运算——选择、投影、连接和除法。

习　　题

一、选择题

1. 数据库类型是根据_____划分的。

　　A. 文件形式　　　　　　　　　　B. 记录形式

　　C. 数据模型　　　　　　　　　　D. 存取数据的方法

2. 一台机器可以加工多种零件，每一种零件可以在多台机器上加工，机器和零件之间为_____的联系。

　　A. 1 对 1　　　　B. 1 对多　　　　C. 多对多　　　　D. 多对 1

3. 网状模型用_____实现数据之间的联系。

　　A. 实体间的公共属性　　　　　　B. 地址指针

　　C. 表　　　　　　　　　　　　　D. 关系

4. 实体与实体之间的联系有一对一、一对多和多对多三种，不能描述多对多联系的是_____。

　　A. 网状模型　　　　　　　　　　B. 层次模型

　　C. 关系模型　　　　　　　　　　D. 网状模型和层次模型

5. 层次模型必须满足的一个条件是_____。

　　A. 每个结点均可以有一个以上的父结点

　　B. 有且仅有一个结点无父结点

　　C. 不能有结点无父结点

　　D. 可以有一个以上的结点无父结点

6. 层次模型的上一层记录类型和下一层记录类型之间的联系是_____。

　　A. 一对一联系　　　　　　　　　B. 一对多联系

　　C. 多对一联系　　　　　　　　　D. 多对多联系

7. 用二维表结构表示实体以及实体间联系的数据模型称为_____。

　　A. 网状模型　　　　　　　　　　B. 层次模型

　　C. 关系模型　　　　　　　　　　D. 面向对象模型

8. 下面对于关系的叙述中，不正确的是_____。

　　A. 关系中的每个属性是不可分解的

　　B. 在关系中元组的顺序是无关紧要的

　　C. 任意的一个二维表都是一个关系

　　D. 每一个关系只有一种记录类型

9. 下面关于关系性质的说法，错误的是_____。

　　A. 表中的一行称为一个元组

　　B. 行与列交叉点不允许有多个值

　　C. 表中任意两行可能相同

　　D. 表中的一列称为一个属性

10. 在数据库系统中，空值是_____。

　　A. 0　　　　　　　　B. 空格　　　　　　　C. 空字符串　　　　　　D. 不确定

11. 设关系 R 和 S 的元组个数分别为 100 和 300 个，关系 W 是 R 和 S 的笛卡儿积，则 W 的元组个数是_____。

　　A. 30000　　　　　B. 400　　　　　　　C. 10000　　　　　　　D. 90000

12. 关系模式进行投影后，_____。

　　A. 元组个数等于投影前关系的元组数

　　B. 元组个数小于投影前关系的元组数

　　C. 元组个数小于或等于投影前关系的元组数

　　D. 元组个数大于或等于投影前关系的元组数

13. 在关系模型中，下列说法正确的是_____。

　　A. 关系中元组在组成主码的属性上可以有空值

　　B. 关系中元组在组成主码的属性上不能有空值

　　C. 主码值起不了唯一标识元组的作用

　　D. 关系中可引用不存在的实体

14. 说明下列术语之间的联系和区别。

　　（1）实体、实体集、属性、码、E/R 图

　　（2）关系、关系模式、关系数据库

　　（3）属性、分量、笛卡儿积、主属性、非主属性

　　（4）主码、候选码、全码、外码

二、简答题

1. 画出三个 E-R 图，要求实体之间具有一对一、一对多、多对多各种不同的联系。

2. 设计一个适合大学选课的数据库。该数据库应包括学生、系、教师、课程，哪个学生选了哪门课，哪个教师教哪门课，学生的成绩，一个系提供哪些课程等信息。用 E-R 图描述该数据库。

3. 计算机经销商设计一个数据库，要求包括生产厂商和产品的信息。生产厂商的信息包括名称、地址、电话；产品的信息包括生产商、品牌、型号、价格等。用 E-R 图描述该数据库，并指出键码。

4. 什么是关系模型的完整性规则？包括哪几个方面？试分别简述之。

5. 简述等值连接和自然连接的区别。

6. 参照完整性中的外码何时可以为空？何时不可以为空？

7. 设有三个关系

　　S（S#，SNAME，AGE，SEX）

　　SC（S#，C#，GRADE）

C（C#，CNAME，TEACHER）

试用关系代数表达式表示下列查询语句。

（1）检索 LIU 老师所授课程的课程号、课程名。

（2）检索年龄大于 23 岁的男学生的学号和姓名。

（3）检索学号为 S3 学生所学课程的课程名与任课教师名。

（4）检索至少选修 LIU 老师所授课程中一门课的女学生姓名。

（5）检索 WANG 同学不学的课程的课程号。

（6）检索至少选修两门课程的学生学号。

（7）检索全部学生都选修的课程的课程号与课程名。

（8）检索选修课程包含 LIU 老师所授课程的学生学号。

8. 有一个供应商、零件、工程项目数据库 SPJ，并有如下关系：

S（Sno，Sname，Status，City）分别表示：供应商代码、供应商名、供应商状态、供应商所在城市。

J（Jno，Jname，City）分别表示：工程号、过程名、工程项目所在城市。

P（Pno，Jname，Color，Weight）分别表示：零件代码、零件名称、零件颜色、零件的重量。

SPJ（Sno，Pno，Jno，Qty）表示供应的情况，由供应商代码、零件代码、工程号及数量组成。

试用关系代数表达式表示下列查询语句。

（1）求为 J1 工程提供零件的供应商的号码 Sno。

（2）求为 J1 工程供应 P1 的供应商的号码 Sno。

（3）求为 J1 工程供应"红"色零件的供应商的号码 Sno。

（4）求没有使用天津供应商生产的"红"色零件的工程号 Jno。

第3章 关系数据库设计理论

本章要点

1. 关系数据库的逻辑设计主要是设计关系模式，而深入理解函数依赖和键码的概念是设计和分解关系模式的基础。初步掌握计算属性的封闭集。

2. 关系模式的规范化、模式设计是本章的重点。了解数据冗余和更新异常产生的根源；理解关系模式规范化的方法；准确理解第一范式、第二范式、第三范式和 BC 范式的含义、联系与区别。

3. 熟练掌握模式分解的方法，能正确熟练地将一个关系模式分解成属于第三范式或 BC 范式的模式。

关系数据库的规范化理论最早是由关系数据库的创始人 E.F.Codd 提出的，后经许多专家学者对关系数据库理论作了深入的研究和发展，形成了一整套有关关系数据库设计的理论。在该理论出现以前，层次和网状数据库的设计只是遵循其模型本身固有的原则，而无具体的理论依据可言，因而带有盲目性，在以后的运行和使用中发生许多预想不到的问题。

在关系数据库系统中，关系模型包括一组关系模式，各个关系不是完全孤立的，数据库的设计比层次模型和网状模型更重要。如何设计一个合适的关系数据库系统，关键是关系数据库模式的设计，一个好的关系数据库模式应该包括多少关系模式，而每一个关系模式又应该包括哪些属性，如何将这些相互关联的关系模式组建成一个合适的关系模型，这些工作决定了整个系统运行的效率，也是系统成败的关键所在。所以，必须在关系数据库的规范化理论指导下逐步完成。本章是本书最难的部分之一，但对于应用设计十分有用。

3.1 问题的提出

在设计关系数据库模式时，特别是从 E-R 图设计直接向关系数据库模式转换时，很容易出现的问题是冗余性，即一个事实在多个元组中重复。而且，我们发现造成这种冗余性最常见的原因是，企图把一个对象的单值和多值特性包含在一个关系中。在下面的例子中，我们把学生的单值信息（如所在的系）和多值特性（如课程集）存储在一起的时候，就导致了信息冗余。

例如，要求设计学生数据库，其关系模式 SCD 如下：

SCD（SNO，SN，AGE，DEPT，MN，CNO，SCORE）

其中，SNO 表示学生学号，SN 表示学生姓名，AGE 表示学生年龄，DEPT 表示学生所在的系别，MN 表示系主任姓名，CNO 表示课程号，SCORE 表示课程成绩。

根据实际情况,这些数据有如下语义规定:

1) 一个系有若干个学生,但一个学生只属于一个系。

2) 一个系只有一名系主任,但一个系主任可以同时兼几个系的系主任。

3) 一个学生可以选修多门功课,每门课程可有若干学生选修。

4) 每个学生学习课程有一个成绩。

在此关系模式中填入一部分具体的数据,则可得到 SCD 关系模式的实例,如表 3.1 所示。

表 3.1 学生关系

SNO	SN	AGE	DEPT	MN	CNO	SOORE
S1	赵亦	17	计算机	刘伟	C1	90
S1	赵亦	17	计算机	刘伟	C2	85
S2	钱尔	18	信息	王平	C5	57
S2	钱尔	18	信息	王平	C6	80
S2	钱尔	18	信息	王平	C7	70
S2	钱尔	18	信息	王平	C5	70
S3	孙珊	20	信息	王平	C1	0
S3	孙珊	20	信息	王平	C2	70
S3	孙珊	20	信息	王平	C4	85
S4	李思	男	自动化	刘伟	C1	93

根据上述的语义规定,并分析以上关系中的数据,我们可以看出:(SNO,CNO) 属性的组合能唯一标识一个元组,所以(SNO,CNO)是该关系模式的主关系键。但在进行数据库的操作时,会出现以下几方面的问题。

(1) 数据冗余

每个系名和系主任的名字存储的次数等于该系的学生人数乘以每个学生选修的课程门数,同时学生的姓名、年龄也都要重复存储多次,数据的冗余度很大,浪费了存储空间。

(2) 插入异常

如果某个新系没有招生,尚无学生时,则系名和系主任的信息无法插入到数据库中。因为在这个关系模式中,(SNO,CNO)是主关系键。根据关系的实体完整性约束,主关系键的值不能为空,而这时没有学生,SNO 和 CNO 均无值,因此,不能进行插入操作。

另外,当某个学生尚未选课,即 CNO 未知,实体完整性约束还规定,主关系键的值不能部分为空,同样不能进行插入操作。

(3) 删除异常

某系学生全部毕业而没有招生时,删除全部学生的记录则系名、系主任也随之删除,而这个系依然存在,在数据库中却无法找到该系的信息。

另外,如果某个学生不再选修 C1 课程,本应该只删去 C1,但 C1 是主关系键的一部分。为保证实体完整性,必须将整个元组一起删掉,这样,有关该学生的其他信息也随之丢失。

（4）更新异常

如果学生改名，则该学生的所有记录都要逐一修改 SN。又如，某系更换系主任，则属于该系的学生记录都要修改 MN 的内容，稍有不慎，就有可能漏改某些记录，这就会造成数据的不一致性，从而破坏了数据的完整性。由于存在以上问题，我们说，SCD 是一个不好的关系模式。产生上述问题的原因，直观地说，是因为关系中包含的内容太多。那么，怎样才能得到一个好的关系模式呢？我们把关系模式 SCD 分解为下面三个结构简单的关系模式，如表 3.2～表 3.4 所示。

学生关系 S（SNO，SN ，AGE，DEPT）

选课关系 SC（SNO，CNO，SCORE）

院系关系 D（DEPT，MN）

表 3.2　学生关系 S

SNO	SN	AGE	DEPT
S1	赵亦	17	计算机
S2	钱尔	18	信息
S3	孙珊	20	信息
S4	李思	21	自动化

表 3.3　选课关系 SC

SNO	CNO	SCORE
S1	C1	90
S1	C2	85
S2	C5	57
S2	C6	80
S2	C7	70
S2	C5	70
S3	C1	0
S3	C2	70
S3	C4	85
S4	C1	93

表 3.4　院系关系 D

DEPT	MN
计算机	刘伟
信息	王平
自动化	刘伟

在以上三个关系模式中，实现了信息的某种程度的分离。

1）S 中存储学生基本信息，与所选课程及系主任无关。

2）D 中存储系的有关信息，与学生无关。

3）SC中存储学生选课的信息，而与所学生及系的有关信息无关。

与 SCD 相比，分解为三个关系模式后，数据的冗余度明显降低。

1）当新插入一个系时，只需要在关系 D 中添加一条记录。

2）当某个学生尚未选课，只要在关系 S 中添加一条学生记录，而与选课关系无关，这就避免了插入异常。

3）当一个系的学生全部毕业时，只需在 S 中删除该系的全部学生记录，而关系 D 中有关该系的信息仍然保留，从而不会引起删除异常。

4）同时，由于数据冗余度的降低，数据没有重复存储，也不会引起更新异常。经过上述分析，分解后的关系模式是一个好的关系数据库模式。从而得出结论，一个好的关系模式应该具备以下四个条件：

1）尽可能少的数据冗余。

2）没有插入异常。

3）没有删除异常。

4）没有更新异常。

但要注意，一个好的关系模式并不是在任何情况下都是最优的，比如，查询某个学生选修课程名及所在系的系主任时，要通过连接，而连接所需要的系统开销非常大，因此，要以实际设计的目标出发进行设计。具体的设计所涉及的问题我们在后面讨论。

如何按照一定的规范设计关系模式，将结构复杂的关系分解成结构简单的关系，从而把不好的关系数据库模式转变为好的关系数据库模式，这就是关系的规范化。规范化又可以根据不同的要求分成若干级别。我们要设计的关系模式中的各属性是相互依赖、相互制约的，这样才构成了一个结构严谨的整体。因此，在设计关系模式时，必须从语义上分析这些依赖关系。数据库模式的好坏和关系中各属性间的依赖关系有关，因此，我们先讨论属性间的依赖关系，然后再讨论关系规范化理论。

3.2　函　数　依　赖

函数依赖（functional dependency，FD）是数据依赖的一种，它反映属性或属性组之间相互依存、互相制约的关系。由于关系模式中属性是实体特性的抽象或实体间联系的抽象，所以，属性之间的相互关系反映了现实世界的某些约束，它们对数据库模式设计的影响很大。

3.2.1　函数依赖的定义

设有关系模式 R(U)，X 和 Y 是属性集 U 的子集，函数依赖（FD）是形为 $X \rightarrow Y$ 的一个命题，只要 r 是 R 的当前关系，对 r 中任意两个元组 t 和 s，都有 $t[X] = s[X]$ 蕴涵 $t[Y] = s[Y]$，那么称 FD $X \rightarrow Y$ 在关系模式 R(U) 中成立。

也可以这样定义：如果 R 的两个元组在属性 A_1, A_2, …, A_n 上一致，则它们在另一个属性 B 上也一致，那么 A_1, A_2, …, A_n 函数决定 B，记作 A_1, A_2, …, $A_n \rightarrow B$，也可以说：A_1, A_2, …, A_n 函数决定 B。其中 A_1, A_2, …, A_n 称为决定因素。

如果一组属性 A_1, A_2, …, A_n 函数决定多个属性，比如说：

$$A_1, A_2, \cdots, A_n \rightarrow B_1$$
$$A_1, A_2, \cdots, A_n \rightarrow B_2$$
$$\cdots\cdots$$
$$A_1, A_2, \cdots, A_n \rightarrow B_m$$

则可以把这一组依赖关系简记为:

$$A_1, A_2, \cdots, A_n \rightarrow B_1 B_2 \cdots B_m$$

函数依赖普遍存在于现实生活中。例如: 有一个关于学生选课、教师任课的关系模式:

R (S#, SNAME, C#, GRADE, CNAME, TNAME, TAGE)

属性分别表示学生学号、姓名、选修课程的课程号、成绩、课程名、任课教师姓名和年龄等意义。

如果规定, 每个学号只能有一个学生姓名, 每个课程号只能决定一门课程, 那么可写成下列 FD 形式:

S#→SNAME

C#→CNAME

每个学生每学一门课程, 有一个成绩, 那么可写出下列 FD:

(S#, C#) →GRADE

还可以写出其他一些 FD:

C#→ (CNAME, TNAME, TAGE)

TNAME→TAGE

上面的函数依赖具体说明了: 对于两个元组, 如果 S#分量相同, 则它们的 SNAME 也必然相同; 如果 C#分量相同, 则 CNAME、TNAME 和 TAGE 等也相同; 如果 S#和 C#都相同, 则 GRADE 分量必然相同。

函数依赖是指关系中的所有元组应该满足的约束条件, 而不是指关系中某个或某些元组所满足的约束条件。当关系中的元组增加、删除或更新后都不能破坏这种函数依赖。因此, 必须根据语义来确定属性之间的函数依赖, 而不能单凭某一时刻关系中的实际数据值来判断。

例如, 对于上面关系模式 R, 假设没有给出无重名的学生这种语义规定, 则即使当前关系中没有重名的记录, 也只能存在函数依赖 S#→SNAME, 而不能存在函数依赖 SNAME→S#, 因为如果新增加一个重名的学生, 函数依赖 SNAME→S#必然不成立。所以, 函数依赖关系的存在与时间无关, 是最重要的数据依赖。而只与数据之间的语义规定有关, 关系模式中属性之间的一种逻辑依赖关系。

3.2.2 函数依赖规则

假设已知某关系所满足的某些函数依赖, 在不知道该关系的具体元组的情况下, 通常可以推断出该关系必然满足的某些函数依赖。

例如, 如果已知关系 R 拥有属性 A、B 和 C, 它满足如下函数依赖: A→B 和 B→C, 则断定 R 也满足依赖 A→C。为了满足 A→C, 需要考察 R 的任意两个在属性 A 上取值一致的元组, 证明它们在 C 上也取值一样。

设两个在属性 A 上取值一致的元组 (a, b1, c1) 和 (a, b2, c2)。假设元组中的属性顺序为 A、B 和 C。由于 R 满足 A→B，并且这两个元组在 A 上一致，它们在 B 上也必然一致，也就是说，b1＝b2。所以这两个元组实际上就是（a，b，c1）和（a，b，c2），其中 b 就是 b1 和 b2。同样，由于 R 满足 B→C，而且两个元组在 B 上一致，则它们必然在 C 上取值一致，即 c1＝c2。至此，我们证明了任意两个在 A 上一致的 R 的元组在 C 上也一致，这就是函数依赖。

下面介绍三个函数依赖规则。

1. 分解/合并规则

我们可以把每个函数依赖右边的属性分解，从而使其右边只出现一个属性。同样，也可以把左边相同的依赖的聚集用一个依赖来表示，该依赖的左边没变，而右边则为所有属性组成的一个属性集。两种情况下新的依赖集都等价于旧的依赖集。

（1）分解规则

我们可以把一个函数依赖 A_1，A_2，…，A_n→$B_1 B_2 \cdots B_m$ 用一组函数依赖 A_1，A_2，…，A_n→B_i（i＝1，2，…，m）来代替。这种转换为"分解规则"（splitting rule）。

（2）合并规则

我们可以把一组函数依赖 A_1，A_2，…，A_n→B_i（i＝1，2，…，m）用一个函数依赖 A_1，A_2，…，A_n→$B_1 B_2 \cdots B_m$ 来代替。这种转换为"合并规则"（combining rule）。

2. 平凡依赖规则

在介绍平凡依赖之前，先介绍什么是平凡依赖和非平凡依赖。

对于 A_1，A_2，…，A_n→$B_1 B_2 \cdots B_m$

如果 B 是 A 中的子集，则该函数依赖就是平凡的函数依赖。

如果 B 中至少有一个属性不在 A 中，则该函数依赖就是非平凡的函数依赖。

如果 B 中没有一个属性在 A 中，则该函数依赖就是完全非平凡的函数依赖。

例如：对于上面的关系模式

R（S#，SNAME，C#，GRADE，CNAME，TNAME，TAGE）

我们列举三个函数依赖：

S#　C#　GRADE → SNAME　GRADE

S#　C#　→ C#　GRADE

S#　C#　→ GRADE

对于第一个函数依赖，由于右边的属性集是左边属性集的子集，根据平凡依赖的定义，这个函数依赖属于平凡依赖。

对于第二个函数依赖，右边的 C#属性在左边的属性集中，而 GRADE 属性不在左边的属性集中，根据上面的定义，这个函数依赖是非平凡依赖。

对于第三个函数依赖，右边的属性都不在左边的属性集中，根据定义，这个函数依赖是完全非平凡依赖。

如果函数依赖右边的属性中有一些也出现在左边，那么就可以将右边的这些属性删除。也就是说：

函数依赖 A_1，A_2，…，A_n→$B_1 B_2 \cdots B_m$ 等价于 A_1，A_2，…，A_n→$C_1 C_2 \cdots C_k$，其中 C

是 B 的子集，但不在 A 中。我们称这个规则为"平凡依赖规则"（trivial dependency rule）。

3. 传递规则

传递规则使我们能把两个函数依赖级联成一个新的函数依赖。

如果 $A_1 A_2 \cdots A_n \rightarrow B_1 B_2 \cdots B_m$ 和 $B_1 B_2 \cdots B_m \rightarrow C_1 C_2 \cdots C_k$，在关系 R 中成立，则 A_1，A_2，$\cdots$，$A_n \rightarrow C_1 C_2 \cdots C_k$ 在 R 中也成立。这个规则就称为"传递规则"（transitive rule）。

例如，上面 C# → （CNAME，TNAME，TAGE）　TNAME→TAGE

传递规则能把两个函数依赖组合起来，得到一个新的依赖：

　　　C#→TAGE

3.2.3　关系的键码

我们已经了解了键码的概念，下面从函数依赖的角度给出严格的定义。

如果一个或多个属性的集合$\{A_1，A_2，\cdots，A_n\}$满足如下条件：

1）这些属性函数决定该关系的所有其他属性。也就是说，R 中不可能有两个不同的元组，它们在 A_1，A_2，$\cdots$，A_n 上的取值完全相同。

2）$\{A_1，A_2，\cdots，A_n\}$的任何真子集都不能函数决定 R 的所有其他属性。也就是说，键码必须是最小的。

则称该集合为关系 R 的键码（key）。

上面的关系中，其中（S#，C#）构成了关系的键码。

首先，（S#，C#）能函数决定 R 的全部属性。

然后，必须证明（S#，C#）的任何真子集都不能函数决定所有的其他属性。

我们看到，S#不能函数决定 CNAME，同时也不能决定 GRADE，因为一个学生可以同时选几门课程并取得几个不同的成绩。因此，S#不是键码。

同样，C#也不是键码，至少它不能决定 S#。因为一门课程不可能只有一个学生。

于是得出结论：（S#，C#）就是关系的键码。

有的时候，一个关系可有多个键码。例如：在上面的关系中，可以加上属性身份证号（IDNo），则关系中存在两个键码：（S#，C#）和（IDNo，C#）。

3.2.4　超键码

包含键码的属性集称为超键码，是属性的"超集"的简称。因此，每个键码都是超键码。但是，某些超键码不是键码。

注意：每个超键码都满足第一个条件，它函数决定它所在的关系的其他属性。但是超键码不必满足键码的第二个条件，即最小化条件。例如：在上面的关系中，有许多超键码，不仅（S#，C#）本身是超键码，而且该属性集的任何超集，如（S#，C#，GRADE）、（S#，C#，CNAME）都是超键码。

3.2.5　函数依赖与属性之间的联系

在关系模式中，其中的函数依赖关系与属性之间的联系有一定的关系。

在一个关系模式中，如果属性 X 与 Y 有 1：1 联系时，则存在函数依赖 X→Y，Y→X。

例如，当学生无重名时，S#→SNAME 或 SNAME→S#。

如果属性 X 与 Y 有 1：m 的联系时，则只存在函数依赖 X→Y。

例如，C# 与 GRADE 之间为 1：m 联系，所以有 C#→GRADE。

如果属性 X 与 Y 有 m：n 的联系时，则 X 与 Y 之间不存在任何函数依赖关系。

例如，一个学生可以选修多门课程，一门课程又可以为多个学生选修，所以 S# 与 C# 之间不存在函数依赖关系。

由于函数依赖与属性之间的联系类型有关，所以在确定属性间的函数依赖关系时，可以从分析属性间的联系类型入手，便可确定属性间的函数依赖。

3.2.6 属性的封闭集

假设 $\{A_1, A_2, \cdots, A_n\}$ 是属性集，记为 A、S 是函数依赖集。属性集 A 在依赖集 S 下的封闭集（closure）是这样的属性集 X，它使得满足依赖集 S 中的所有依赖的每个关系也都满足 A→X。也就是说，$A_1, A_2, \cdots, A_n$→X 是蕴含于 S 中的函数依赖。我们用 $\{A_1, A_2, \cdots, A_n\}^+$ 来表示属性集 $A_1, A_2, \cdots, A_n$ 的封闭集。为了简化封闭集的计算，允许出现平凡依赖，所以 $A_1, A_2, \cdots, A_n$ 总在 $\{A_1, A_2, \cdots, A_n\}^+$ 中。

假设是求解 $\{A_1, A_2, \cdots, A_n\}$ 在某函数依赖集下的封闭集。

1）属性集 X 最终将成为封闭集。首先将 X 初始化为 $\{A_1, A_2, \cdots, A_n\}$。

2）反复检查某个函数依赖 $B_1 B_2 \cdots B_m$→ C，使得所有的 $B_1 B_2 \cdots B_m$ 都在属性集 X 中，但不在 C 中，于是将 C 加到属性集 X 中。

3）根据需要多次重复步骤 2），直到没有属性能加到 X 中。由于 X 是只增的，而任何关系的属性数目必然是有限的，因此，最终再也没有属性可以加到 X 中。

4）最后得到的不能在增加的属性集 X 就是 $\{A_1, A_2, \cdots, A_n\}^+$ 的正确值。

例如：一个具有属性 A，B，C，D，E，F 的关系。假设该关系具有的函数依赖为：AB→C，BC→AD，D→E 和 CF→B，计算 $\{A, B\}$ 的封闭集，即 $\{A, B\}^+$。

从 X＝$\{A, B\}$ 出发。首先，函数依赖 AB→C 左边的所有属性都在 X 中，于是可以把该依赖右边的属性 C 加到 X 中。因此，X 变成了 $\{A, B, C\}$。

然后，会发现 BC→AD 的左边都包含在 X 中，因而，可以把属性 A 和 D 加到 X 中。A 已经在 X 中了，但 D 不在其中，所以，X 又变成了 $\{A, B, C, D\}$。这时，根据函数依赖 D→E，X 又变成了 $\{A, B, C, D, E\}$，X 的扩展到此为止。函数依赖 C→F 没用上，因为它的左边不包含在 X 中。因此，$\{A, B\}^+＝\{A, B, C, D, E\}$。

从上述的计算过程中，可以进一步理解封闭集的实际含义：对于给定的函数依赖集 S，属性集 A 函数决定的属性的结合就是属性集 A 在依赖集 S 下的封闭集。

那么计算属性的封闭集有什么作用呢？

根据计算出来的封闭集，就能检验给定的任一函数依赖 $A_1, A_2, \cdots, A_n$→B 是否蕴含于依赖集 S。首先利用依赖集 S 计算 $\{A_1, A_2, \cdots, A_n\}^+$。如果 B 在 $\{A_1, A_2, \cdots, A_n\}^+$ 中，则 $A_1, A_2, \cdots, A_n$→B 蕴含于 S；反之，如果 B 不在 $\{A_1, A_2, \cdots, A_n\}^+$ 中，则该依赖并不蕴含于 S。

学会计算某属性集的封闭集，还可以根据给定的函数依赖集推导蕴含于该依赖集的其他函数依赖。

例 3.1　已知关系模式 R（A，B，C，D），函数依赖 AB→C，C→D，D→A。

求：蕴含于给定函数依赖的所有非平凡函数依赖。

解：首先考虑各种属性组合的封闭集。然后，依次分析各属性的封闭集，从中找出该属性集所具有的新的函数依赖。

单属性：$A^+ = A$，　$B^+ = B$，　$C^+ = ACD$，　$D^+ = AD$

新依赖：C→A　　　　　　　　　　　　　　　　　　　　　　　　　　　　　（1）

双属性：$AD^+ = AD$

双属性：$\underline{AB}^+=ABCD$，$AC^+ = ACD$，$\underline{BC}^+ = ABCD$，$\underline{BD}^+=ABCD$，$CD^+=ACD$

新依赖：AB→D　　　　AC→D　　　　BC→A　　　　　　BD→A　　　　　CD→A

　　　　BC→D　　　　BD→C　　　　　　　　　　　　　　　　　　　　　（7）

三属性：$\underline{A\,B\,C}^+=ABCD$，　$\underline{A\,B\,D}^+=ABCD$，$ACD^+=ACD$，$\underline{B\,C\,D}^+=ABCD$

新依赖：ABC→D，　　　　ABD→C　　　　　BCD→A　　　　　　　　　　（3）

四属性：$\underline{A\,B\,C\,D}^+=ABCD$

　　　　键码（3）　　　 ＿ ＿ 超键码（4）

从上面分析得出：蕴含于给定函数依赖的非平凡函数依赖总共有 11 个。

从上面的例子可以看出，只要计算出各种属性组合的封闭集，关系模式的键码即可找到，因为键码函数决定所有其他属性，所以键码属性的封闭集必然是属性全集。反之，若某属性集的封闭集为属性全集，则该属性集即为键码。当然，判断时，应该从最小属性开始，以区别键码和超键码。本例中，三个键码为 AB、BC 和 BD；四个超键码为 ABC、ABD、BCD 和 ABCD。

需要说明的是，封闭集在有的书上称为"闭包"。

3.3　关系模式的规范化

关系数据库设计理论主要用于指导数据库的逻辑设计，确定关系模式的划分，每个关系模式所包含的属性，从而使得由一组关系模型组成的关系模式作为一个整体，既能客观地描述各种实体，又能准确地反映实体间的联系，还能如实地体现出实体内部属性之间的相互依存与制约。

我们在确定关系模式的所包含的属性时，为什么把这些属性放在一起组成一个关系模式？这些属性之间有什么相互关系？把这些属性放在一起是好，还是不好？这样的属性组合与我们看到的数据冗余和更新异常有没有什么联系？为了构成一个好的关系模式应考虑哪些原则？

说到关系内部属性之间的联系，很自然会想到键码和函数依赖。

关系的键码函数决定该关系的所有其他属性，由于键码能唯一地确定一个元组，所以，也可以说关系的键码函数决定该关系的所有属性。换句话说，一个关系的所有属性都函数依赖于该关系的键码。然而，进一步分析时，就会发现不同的属性在关系模式中所处的地位和扮演的角色是不同的。为了能较好地说明问题，我们把键码所在的属性称为主属性,而把键码属性以外的属性称为非主属性。比如,对于关系模式 R(S#, SNAME, C#, GRADE, CNAME, TNAME, TAGE)来说,S#和 C#是主属性,而另外几个属性为非主属性。再深入分析,又会发现不同的属性对键码函数依赖的性质和程度是有差别的。有的属于直接依赖,有的属于间接依赖(通常称为传递依赖)。当键码由多个属性组成时,有的属性函数依赖于整个键码属性集,而有的属性只函数依赖于键码属性集中的一部分。

3.3.1　完全依赖与部分依赖

对于函数依赖 $W \to A$,如果存在 $V \subset W$(V 是 W 的子集),而函数依赖 $V \to A$ 成立,则称 A 部分依赖(partial dependency)于 W;否则,若不存在这种 V,则称 A 为完全依赖(full dependency)于 W。

从上面的定义可以得出一个结论:若 W 是单属性,则不存在真子集 V,所以 A 必然完全依赖于 W。

我们结合关系模式 R(S#, SNAME, C#, GRADE, CNAME, TNAME, TAGE)具体说明完全依赖和部分依赖对冗余或异常有没有影响。在关系模式中,(S#, C#)为键码,函数依赖集如下:

S#→SNAME

C#→CNAME

S#　C# → GRADE　　(完全依赖)

S#　C# → CNAME, TNAME, TAGE　　(部分依赖)

TNAME → TAGE

可以看出,属性 CNAME, TNAME, TAGE 都函数依赖于 C#,而部分依赖于键码。属性 GRADE 则完全依赖于键码。

对键码完全依赖的属性 GRADE 没有任何冗余,每个学生的每门课程都有特定的成绩(两门课程成绩相同是完全可能的,但这并不属于数据冗余)。

对键码部分依赖的属性 CNAME, TNAME 和 TAGE 由于只依赖于 C#,因此,当一个学生选修几门课程时,这些数据就会多次重复出现,造成大量数据冗余,同时也会出现更新异常。

从这个例子可以看出,在一个关系模式中,当存在非主属性对键码的部分依赖时,就会产生数据冗余和更新异常。若非主属性对键码完全函数依赖,则不会出现类似问题。

3.3.2　传递依赖

对于函数依赖 $X \to Y$,如果 $Y \not\to X$(X 不函数依赖于 Y),而函数依赖 $Y \to Z$ 成立,则称 Z 对 X 传递依赖(transitive dependency)。

说明,如果 $X \to Y$,且 $Y \to X$,则 X, Y 相互依赖,这时 Z 对 X 之间就不是传递依赖,而是直接依赖。直接依赖常用↔表示。

如果学生中没有重名现象,则学号与姓名之间就属于相互依赖,即

S# → SNAME　　　SNAME → S#　　　S# ↔ SNAME

还是以关系 R 为例,有以下函数依赖:

$$C\# \ \rightarrow \ TNAME \qquad TNAME \ \rightarrow \ TAGE \qquad C\# \ \rightarrow \ TAGE$$

根据传递依赖的定义可知，TAGE 传递依赖于 C#。

从上面的学生关系可以看出，当一个学生选修多门课程的时候，每门课程的情况就会多次重复出现；当对老师的基本情况进行更新时，同样也会出现类似的更新异常。

从上面的例子可以看出，关系模式中非主属性对键码的部分依赖和传递依赖是产生数据冗余和更新异常的主要根源。在有的关系模式中，还存在主属性对键码的部分依赖和传递依赖，这是产生冗余和异常的另一个主要根源。总之，从函数依赖的角度来看，关系模式中存在各属性对键码的部分依赖和传递依赖是产生数据冗余和更新异常的根源。

3.3.3　关系模式的规范化

当我们对产生数据冗余和更新异常的根源进行深入分析以后，就会发现部分依赖和传递依赖有一个共同之处：二者都不是基本的依赖，都是导出的函数依赖。

部分依赖是以键码的某个真子集的依赖为基础；而传递依赖的基础是通过中间属性联系在一起的两个函数依赖。导出的函数依赖在描述属性之间的联系方面并没有比基本的依赖提供更多的信息。从这个意义上看，在一个函数依赖集中，导出的函数依赖相对于基本依赖而言，虽然形式上多一种描述方式，但本质上完全是多余的。正是由于关系模式中存在对键码的这种冗余的依赖导致数据库中的数据冗余和更新异常。

找到了问题所在，也就有了解决途径——消除关系模式中各属性对键码冗余的依赖。

由于冗余的依赖有部分依赖和传递依赖之分，而属性又有主属性和非主属性之分。于是，从不同的分析与解决问题的角度出发，导致解决问题的深度与效果也会有所不同，因此，把解决的途径分为几个不同的级别，以属于第几范式来区别。

范式就是符合某一种级别的关系模式的集合。关系数据库中的关系模式必须满足一定的要求，满足不同程度要求的模式属于不同范式。目前，范式主要有六种范式：第一范式、第二范式、第三范式、BC 范式、第四范式和第五范式。第一范式的要求最低，在第一范式基础上满足进一步的要求为第二范式，其余的以此类推。显然，各级范式之间存在如下关系：

$$5NF \subset 4NF \subset BCNF \subset 3NF \subset 2NF \subset 1NF$$

因此，说某个关系属于某个范式是指该关系模式满足某种确定条件，具有一定的性质。通过分解把属于较低范式的关系模式转换为几个属于高级范式的关系模式的集合，这一过程称为规范化。其目的就是要设计"好"的关系，使关系尽量减少数据冗余和更新异常等情况。

E.F.Codd 最早提出规范化的问题，给出了范式的概念。1971~1972 年，他系统地提出了 1NF、2NF 和 3NF；1974 年，他与 Boyce 又共同提出了 BCNF。Codd 对关系模式的范式设计作出了特殊的贡献。

3.4　关系模式设计

关系数据库中的关系是满足一定要求的，满足不同程度要求的为不同的范式。关系模式的常见范式主要有四种，它们是第一范式（1NF）、第二范式（2NF）、第三范式（3NF）和 BC 范式（BCNF），除此之外，还有第四范式（4NF）和第五范式（5NF）。本节主要介绍关系模式的各种范式的基本概念以及规范化算法。

3.4.1 第一范式

当且仅当一个关系 R 中，每一个元组的每一个属性只含有一个值时，该关系属于第一范式（1NF）。

1NF 要求属性是原子的，即关系表的每一分量是不可分的数据项。也即 1NF 不允许表中出现嵌套或复合的属性。

例 3.2　表 3.5 描述的是某高校某些系的高级职称人数统计。

表 3.5　某高校某些系的高级职称

系名称	高级职称人数	
	教授	副教授
计算机系	6	9
电子系	4	7
管理系	7	8

表 3.5 描述的关系不是 1NF，因为在此包含了非原子属性。而表 3.6 所示的关系是 1NF。

表 3.6　某高校某些系的高级职称

系名称	教授人数	副教授人数
计算机系	6	9
电子系	4	7
管理系	7	8

在任何一个关系数据库系统中，第一范式是对关系模式的一个起码要求。不满足 1NF 的关系称为非规范化关系，满足 1NF 的关系称为规范化关系。在任何一个关系数据库系统中，关系至少应该是 1NF。不满足 1NF 的数据库模式不能称为关系数据库。在以后的讨论中，我们假定所有的关系模式都是 1NF。但是满足第一范式的关系模式并不一定是好的关系模式，不能排除数据冗余和更新异常等情况，如表 3.7 所示。

表 3.7　学生关系 Student 实例

Sno	Sname	Sdept	Mname	Cname	Grade
991230	贺小华	计算机	周至光	数据库系统	96
991239	金谦	计算机	周至光	操作系统	90
991239	金谦	计算机	周至光	编译原理	92
993851	陈刚	建筑	王勇	建筑原理	89
992076	吕宋	自动化	李霞	自动化设计	85
992076	吕宋	自动化	李霞	电路原理	82

3.4.2　第二范式

对于关系 R，若 R∈1NF，且每一个非主属性完全函数依赖于码，则称 R 属于第二范式（2NF），记为 R∈2NF。

第二范式不允许关系模式中的非主属性部分依赖于键码。如果数据库模式中每一个关系模式都是 2NF，则称数据库模式为 2NF 的数据库模式。2NF 在 1NF 的基础上消除了非主属性对码的部分函数依赖。

对于表 3.7 的学生关系，其中有部分依赖 Sno，Cname→Sname，Sdept，Mname。显然不满足"每个非主属性都完全函数依赖于键码"条件。所以关系模式不属于第二范式。

例如：某一门课程有 100 个学生选修，那么在关系中就会存在 100 个元组，系主任的姓名和系别就会重复 100 次。

我们可以把 Student 关系分解成关系模式 S₁（Sno，Sname，Sdept，Mname）和关系模式 S₂（Sno，Cname，Grade）。其中 S₁ 和 S₂ 的元组分别如表 3.8 和表 3.9 所示。

<table>
<tr><td colspan="4">表 3.8　S₁ 关系</td></tr>
<tr><th>Sno</th><th>Sname</th><th>Sdept</th><th>Mname</th></tr>
<tr><td>991230</td><td>贺小华</td><td>计算机</td><td>周至光</td></tr>
<tr><td>991239</td><td>金谦</td><td>计算机</td><td>周至光</td></tr>
<tr><td>991239</td><td>金谦</td><td>计算机</td><td>周至光</td></tr>
<tr><td>993851</td><td>陈刚</td><td>建筑</td><td>王勇</td></tr>
<tr><td>992076</td><td>吕宋</td><td>自动化</td><td>李霞</td></tr>
<tr><td>992076</td><td>吕宋</td><td>自动化</td><td>李霞</td></tr>
</table>

<table>
<tr><td colspan="3">表 3.9　S₂ 关系</td></tr>
<tr><th>Sno</th><th>Cname</th><th>Grade</th></tr>
<tr><td>991230</td><td>数据库系统</td><td>96</td></tr>
<tr><td>991239</td><td>操作系统</td><td>90</td></tr>
<tr><td>991239</td><td>编译原理</td><td>92</td></tr>
<tr><td>993851</td><td>建筑原理</td><td>89</td></tr>
<tr><td>992076</td><td>自动化设计</td><td>85</td></tr>
<tr><td>992076</td><td>电路原理</td><td>82</td></tr>
</table>

分解后，关系模式 S₁ 键码为 Sno，有如下函数依赖：

　　　Sno→Sname，Sdept，Mname　　　　　Sdept→Mname

键码为单属性，不可能有部分依赖，因此 S₁ 属于第二范式。

分解后，关系模式 S₂ 键码为{Sno，Cname}，函数依赖为：Sno，Cname→Grade

非主属性 Grade 完全函数依赖于键码，S₂ 也属于第二范式。

综上所述，可以总结出分解成 2NF 模式集的算法：

设关系模式 R（U），主键是 W，R 上还存在函数依赖 X→Z，并且 Z 是非主属性和 X⊂W，那么 W→Z 就是一个部分依赖。此时应把 R 分解成两个模式：

　　　R1（XZ），主键是 X；

　　　R2（Y），其中 Y＝U−Z，主键仍是 W，外键是 X（REFERENCES　R1）。

利用外键和主键的联接可以从 R1 和 R2 重新得到 R。

如果 R1 和 R2 还不是 2NF，则重复上述过程，一直到数据库模式中每一个关系模式都是 2NF 为止。

第二范式只要求每个非主属性完全依赖于键码，并未限定非主属性不能函数依赖于其他非主属性，即允许 S₁ 中的 Sdept→Mname 存在，从而也允许传递依赖的存在。所以，将一个不满足第二范式的关系分解成多个满足第二范式的关系，只能在一定程度上减轻了原关系中的更新异常和信息冗余，但并不能保证完全消除关系模式中的各种异常和信息冗余。

2NF 的关系模式解决了 1NF 中存在的一些问题，2NF 规范化的程度比 1NF 前进了一步，但 2NF 的关系模式在进行数据操作时，存在以下问题：

1）数据冗余。每个系名和系主任的名字存储的次数等于该系的学生人数。

2）插入异常。当一个新系没有招生时，有关该系的信息无法插入。

3）删除异常。某系学生全部毕业而没有招生时，删除全部学生的记录也随之删除了该系的有关信息。

4）更新异常。更换系主任时，仍需改动较多的学生记录。

3.4.3　第三范式

第二范式的关系模式消去了非主属性对键码的部分依赖，但属性之间还存在传递依赖，传递依赖也会给数据库的维护带来一系列的问题，因此，我们希望消去关系中的传递依赖，并由此引入满足这种要求的第三范式。

如果关系模式 R 是 1NF，且每个非主属性都不传递依赖于 R 的候选键，那么称 R 是第三范式（3NF）的模式。如果数据库模式中每个关系模式都是 3NF，则称其为 3NF 的数据库模式。

我们刚才从学生关系中分解出的关系模式 S1（Sno，Sname，Sdept，Sname），由于存在传递依赖而不属于第三范式。

由于在这个关系模式中存在某些冗余信息，可以将这个关系模式 S_1（Sno，Sname，Sdept，Mname）分解成两个关系模式 S_{11}（Sno，Sname，Sdept）和 S_{12}（Sdept，Sname），如表 3.10 和表 3.11 所示。

表 3.10　S_{11} 关系

Sno	Sname	Sdept
991230	贺小华	计算机
991239	金谦	计算机
993851	陈刚	建筑
992076	吕宋	自动化

表 3.11　S_{12} 关系

Sdept	Mname
计算机	周至光
建筑	王勇
自动化	李霞

可以看到，原来的关系模式 S_1 的信息冗余消失了，将一个不满足第三范式的关系模式分解成多个满足第三范式的关系模式后，原关系模式中的某些信息冗余消失，即不存在了。

从而可以总结出分解成 3NF 模式集的算法：

设关系模式 R（U），主键是 W，R 上还存在 FD X→Z。并且 Z 是非主属性，Z⊂X，X 不是候选键，这样，W→Z 就是一个传递依赖。此时应把 R 分解成两个模式：

　　　R1（X Z），主键是 X；

　　　R2（Y），其中 Y＝U－Z，主键仍是 W，外键是 X（REFERENCES　R1）。

利用外键和主键相匹配机制，R1 和 R2 通过连接可以重新得到 R。

如果 R1 和 R2 还不是 3NF，则重复上述过程，一直到数据库模式中每一个关系模式都是 3NF 为止。

　　需要说明一点：属于第三范式的关系模式必然属于第二范式。因为可以证明部分依赖蕴含着传递依赖。

　　证明过程：设 A 是关系模式 R 的一个非主属性，K 是 R 的键码，且 K→A 是部分依赖，则 A 必然函数依赖于 K 的某个真子集 K'，即 K'→A。因为 K'⊂K，所以 K→K'（平凡依赖），但 K'↛K。从 K→K' 和 K'→A 可知，K→A 是传递依赖。因此，可把部分依赖看作是传递依赖的特例。

3.4.4　BC 范式

　　第三范式的关系模式消除了非主属性对键码的传递依赖和部分依赖，但这并不彻底，因为它不能很好地解决键码含有多个属性的属性组情况，仍然可能存在主属性对键码的部分依赖和传递依赖，并由此也会造成数据的冗余和给操作带来问题。

　　若关系模式 R 属于第一范式，且每个属性都不传递依赖于键码，则 R 属于 BC 范式（BCNF）。

　　通常，BCNF 的条件有多种等价表述：每个非平凡依赖的左边必须包含键码；每个决定因素必须包含键码。

　　从定义可以看出，BCNF 既检查非主属性，又检查主属性，显然比第三范式限制更多。当只检查非主属性而不检查主属性时，就成了第三范式。因此，可以说任何满足 BCNF 的关系都必然满足第三范式。

　　BCNF 具有以下三个性质：

　　1）所有非主属性都完全函数依赖于每个候选码。

　　2）所有主属性都完全函数依赖于每个不包含它的候选码。

　　3）没有任何属性完全函数依赖于非码的任何一组属性。

　　下面有三个关系模式，判别它们是否满足 BCNF。

　　　　Student（Sno，Sname，Ssex，Sage，Sdept）

　　　　Course（Cno，Cname，Ccredit）

　　　　SC（Sno，Cno，Grade）

　　第一个关系模式是关于学生的学号、姓名、性别、年龄和所在系等信息；第二个关系模式是关于课程的课程号、课程名和学分等信息；第三个关系模式是关于学生选课的信息，包括学号、课程号和该课的成绩。

　　第一个关系模式中，由于学生有可能重名，因此，它只有一个键码 Sno，且只有一个函数依赖 Sno→Sname Ssex Sage Sdept'，符合 BCNF 的条件，所以关系 Student 满足 BCNF。

　　第二个关系模式中，假设课程名具有唯一性，因此，该关系中有两个键码分别为 Cno 和 Cname，而且函数依赖集为 Cno→Cname，Cno→Ccredit，Cname→Cno 和 Cname→Ccredit，不难验证，关系 Course 满足 BCNF。

　　第三个关系模式中，键码为（Sno，Cno），函数依赖集为 Sno Cno→Grade，因此，关系 SC 也满足 BCNF。

*3.4.5　分解的原则

对关系模式进行分解的目的是使模式更加规范化,从而减少以至消除数据冗余和更新异常。但是在对关系模式中诸多属性进行分解的时候,应注意一些问题。

我们先举一个模式分解的例子,关系模式为 STC(Sname,Tname,Cname,Grade)。四个属性分别为学生姓名、教师姓名、课程名和成绩。每个学生可选几门课。每个教师只教一门课,但一门课可有几个教师开设。当某个学生选定某门课后,其上课教师就固定了。可以得到如下函数依赖集:

$$Sname,Cname \to Tname$$
$$Sname,Cname \to Grade$$
$$Sname,Tname \to Cname$$
$$Sname,Tname \to Grade$$
$$Tname \to Cname$$

该关系有两组属性均为键码(Sname,Cname)和(Sname,Tname)。该关系只有一个非主属性 Grade,又只函数依赖于键码,因此,关系模式 STC 属于第三范式。因为 Cname 为主属性,且函数依赖 Tname→Cname 的决定因素 Tname 只是键码的一部分而不包含键码,所以该模式不属于 BC 范式。

我们可以把关系模 STC 分解成 SC(Sname,Cname,Grade)和 ST(Sname,Tname)。分解后,SC 中的函数依赖为:

$$Sname,Cname \to Grade$$

键码为(Sname,Cname)。对于 ST 来说,由于一个学生可选多门课,从而面对多位教师,而一位教师肯定要教多个学生,因此,学生与教师之间的联系为多对多的,不存在函数依赖。于是,ST 中的两个属性共同组成键码。至此,ST 和 SC 都是 BC 范式,然而这样的分解是否正确呢? 我们通过实例仔细分析一下。

关系模式 STC 的实例如表 3.12 所示。

表 3.12　STC 关系

Sname	Tname	Cname	Grade
杨兰	文松	程序设计	90
杨兰	孙亮	数据库	88
卫洪	孙亮	数据库	92
卫洪	田梅	程序设计	86
周翰林	田梅	程序设计	95
周翰林	孙亮	数据库	85
周翰林	徐青	英语	88

分解后,关系模式 ST、SC 的实例如表 3.13～3.14 所示。

当我们要查询某位教师上哪门课时,就要对 ST 和 SC 两个关系以 Sname 为公共属性进行自然连接,这时得到的实例如表 3.15 所示(只取最上面的四个元组)。

表 3.13　ST 关系

Sname	Tname
杨兰	文松
杨兰	孙亮
卫洪	孙亮
卫洪	田梅
周翰林	田梅
周翰林	孙亮
周翰林	徐青

表 3.14　SC 关系

Sname	Cname	Grade
杨兰	程序设计	90
杨兰	数据库	88
卫洪	数据库	92
卫洪	程序设计	86
周翰林	程序设计	95
周翰林	数据库	85
周翰林	英语	88

表 3.15　自然连接得到的关系

Sname	Tname	Cname	Grade	（真/伪）
杨兰	文松	程序设计	90	真
杨兰	文松	数据库	88	伪
杨兰	孙亮	程序设计	90	伪
杨兰	孙亮	数据库	88	真

经过分析可以看出，有些元组其实不是我们希望得到的元组，之所以如此，是由于丢失了函数依赖 Tname→Cname，按表 3.15 所得到的结果实例，一个教师可能上几门课，而这是与原来的语义相违背的。原来，在模式分解时把相关的两个属性分开了，即使以后连在一起，有的内在的联系已不能再现了。

从上面的分析可以看出，对模式的分解不能是随意的。主要涉及两个原则。

1. 无损连接

当对关系 R 进行分解时，R 的元组将分别在相应属性集进行投影而产生新的关系。如果对新的关系进行自然连接得到的元组的集合与原关系完全一致，则称为无损连接（lossless join）。

上面对关系模式 STC 所进行的分解通过自然连接产生了大量的"伪"元组，形式上，元组增多了，但失去了真实性，丢失了信息，属于有损连接。像这样的模式分解显然是不妥当的。

无损连接反映了模式分解的数据等价原则。

2. 保持依赖

当对关系 R 进行分解时，R 的函数依赖集也将按相应的模式进行分解。如果分解后的函数依赖集与原函数依赖集保持一致，则称为保持依赖（preserve dependency）。

保持依赖反映了模式分解的依赖等价原则。依赖等价保证了分解后的模式与原有的模式在数据语义上的一致性。比如，对模式 STC 所作的分解，由于丢失函数依赖 Tname→Cname，就不能再体现一个教师只开一门课的语义了。

数据等价和依赖等价是模式分解的两个最基本的原则。对关系模式进行分解，使之属于第二、三范式，只要采用规范的方法，既能实现无损连接，又能实现保持依赖。然而，要使分解后的模式属于 BC 范式，即使采用规范化的方法，也只能保证无损连接，而不能保持依赖。

实际上，在对模式进行分解时，除要考虑数据等价和依赖等价之外，还要考虑效率。当我们对数据库的操作主要是查询而更新较少时，为了提高查询效率，可能宁愿保留适当的数据冗余，让模式中的属性多些，而不愿把模式分解的太小，否则，为了得到一些数据，常常要做大量的连接运算，把多个关系连在一起才能从中找到相关的数据。因此，保持适当的冗余，达到以空间换时间的目的，这也是模式分解的一个重要原则。

所以，在实际应用中，模式分解的要求并不一定要达到 BC 范式，有时达到第三范式就足够了。

*3.4.6　分解的方法

模式分解是以两个规则为基础、三种方法为线索进行分解。

1. 模式分解的两个规则

（1）公共属性共享

要把分解后的模式连接起来，公共属性是基础。若分解时模式之间未保留公共属性，则只能通过笛卡儿积相连，导致元组数量膨胀，真实信息丢失，结果失去价值。保留公共属性，进行自然连接是分解后的模式实现无损连接的必要条件。

若存在对键码的部分依赖，则作为决定因素的键码的真子集就应作为公共属性，用来把分别存在部分依赖（指在原来关系）和完全依赖的两个模式自然连接在一起。

若存在对键码的完全依赖，则传递链的中间属性就应作为公共属性，用来把构成传递链的两个基本链所组成的模式自然连接在一起。

（2）相关属性合一

把以函数依赖的形式联系在一起的相关属性放在一个模式中，从而使原有的函数依赖得以保持。这是分解后模式实现保持依赖的充分条件。然而，对于存在部分依赖或传递依赖的相关属性，则不应放在一个模式中，因为这正是导致数据冗余和更新异常的根源，从而也正是模式分解所要解决的问题。

如果关系模式中属性之间的联系错综复杂，也难免会出现分解后函数依赖丢失的现象，这时也只能权衡主次，决定取舍。

分解后的两个模式 R1 和 R2 能实现无损连接的充分必要条件是：

$$（R1 \cap R2） \rightarrow （R1-R2）$$

或 $$（R1 \cap R2） \rightarrow （R2-R1）$$

上式表明：若分解后的两个模式的交集函数决定两个模式的差集之一，则必能实现无损连接。当我们按上述两个规则对模式进行分解时，两个模式的交集则为公共属性，而两个模式的差集之一则为两个函数依赖的右边，因此，必然函数依赖于公共属性，从而满足无损连接的充分必要条件。

2. 模式分解的三种方法：

（1）部分依赖归子集，完全依赖随键码

要使不属于第二范式的关系模式进一步规范化，就要消除非主属性对键码的部分依赖。解决的办法就是对原有的模式进行分解。分解的关键在于：找出对键码部分依赖的非主属性所依赖的键码的真子集，然后把这个真子集与所有相应的非主属性组合成一个新的模式；对键码完全依赖的所有非主属性则与键码组合成另一个新模式。

下面看另一种学生选课关系模式 SC（Sno，Sname，Ssex，Sage，Cno，Cname，Grade），其中七个属性分别为学生的学号、姓名、性别、年龄、课程号、课程名和成绩。假设学生右重名，而课程名也可能右重名，键码为（Sno，Cno），函数依赖集如下：

Sno→Sname Ssex Sage

Cno→Cname

Sno Cno→Grade

Sno Cno→Sname Ssex Sage

Sno Cno→Cname

按照完全依赖和部分依赖的概念可以看出，Grade 完全依赖于（Sno，Cno），Sname，…，Ssex，Sage 函数依赖于 Sno，而对于（Sno，Cno）只是部分依赖。同样，Cname 对于（Sno，Cno）也是部分依赖。

找出部分依赖以及所依赖的真子集以后，模式进行分解已是水到渠成。本例中有两个部分依赖，一个完全依赖，结果原来模式一分为三：

SC1（Sno，Sname，Ssex，Sage）

SC2（Cno，Cname）

SC3（Sno，Cno，Grade）

可以分析出，上面三个模式均属于 BC 范式。实际上，在分解不太复杂的关系模式时，有的时候是一步到位的。

本例中的两个部分依赖分别对于键码的两个真子集（Cno）和（Sno），真子集作为公共属性，可使三个模式实现自然连接。

（2）基本依赖为基础，中间属性作桥梁

要使不属于第三范式的关系模式规范化为第三范式，就要消除非主属性对键码的传递依赖。解决的办法非常简单：以构成传递链的两个基本依赖为基础形成两个新的模式，这样既切断了传递链，又保持了两个基本依赖，同时又有中间属性作为桥梁，跨接两个新的模式，从而实现无损的自然连接。

（3）找违例自成一体，舍其右全集归一；若发现仍有违例，再回首如法炮制

要使关系模式属于 BC 范式，既要消除非主属性对键码的部分依赖和传递依赖，又要消除主属性对键码的部分依赖和传递依赖。

分解关系模式的基本方法是：利用违背 BC 范式的函数依赖来指导分解过程。把违背 BC 范式的函数依赖称为 BC 范式的违例，简称违例。

既然关系模式 R 不属于 BC 范式，至少就能找到一个违例。以违例为基础，把该违例所涉及到的所有属性（包括该违例的决定因素以及可以加入该违例右边的所有属性）组合成一个新的模式；从属性全集中去掉违例的右边，也就是原来模式的属性全集与违例右边（包括可以加入该违例右边的所有属性）的差集组合成另一个新的模式。

设关系模式 R（A，B，C），其中 A，B，C 均为属性集，若存在违背 BC 范式的函数依赖 A→B，则可以以 BC 范式的违例为基础把关系模式分解为：

（A，B）

（A，C）或（R－B）

下面介绍如何利用 BC 范式的违例来分解关系模式 STC。在分析前面列出的函数依赖时，发现如下函数依赖就是 BC 范式的违例：

Tname→Cname

由于决定因素 Tname 只函数决定 Cname 而无其他属性，因此，该函数依赖（违例）右边并无属性可加。于是得到分解后的第二个模式：

（Tname，Cname）

另一个关系模式除含有 Tname 以外，还含有 Cname 以外的其他属性，即含有 Sname 和 Grade。于是得到分解后的第二个模式：

（Tname，Sname，Grade）

可以看出，这两个模式都属于 BC 范式。当我们把两个关系以 Tname 为公共属性进行自然连接时，是否会多一些"伪"元组呢？答案是否定的。读者可以自己验证。

对于函数依赖关系复杂的关系模式，分解一次后，可能仍是 BC 范式的违例，只要按上述方法继续分解，模式中的属性总是越分越少，最终得到两个属性时，必然属于 BC 范式。

通常，必须根据实际需要多次应用分解规则，直到所有的关系都属于第三范式或 BC 范式。

第三范式和 BC 范式都是以函数依赖为基础来衡量关系模式规范化的程度。

如果一个关系数据库中的所有关系模式都满足第三范式，则已在很大程度上消除了更新异常和数据冗余，但由于可能存在主属性对键码的部分依赖和传递依赖，因此，关系模式的分解仍不彻底。3NF 的"不彻底"性表现在可能存在主属性对码的部分依赖和传递依赖。

如果一个关系数据库中的所有关系模式都满足 BC 范式，那么在函数依赖范畴内，它已实现了模式的彻底分解，达到了最高的规范化程度，消除了更新异常和信息冗余。

3.4.7　关系模式设计规范化小结

在关系数据库中，对关系模式的基本要求是满足第一范式。这样的关系模式就是合法的、允许的。但是人们发现有些关系模式存在插入异常、删除异常、修改复杂、数据冗余等不足。人们寻求解决这些问题的方法，这就是规范化的目的。

规范化的基本思想就是逐步消除数据依赖中不合适的部分，使模式中的各关系模式达到某种程序的"分离"，即"一事一地"的模式设计原则。让一个关系描述一个概念、一个实体或者实体间的一种联系。若多于一个概念就把它"分离"出去。因此，所谓规范化，实质上是概念的单一化。

对键码和函数依赖的分析是判别第二范式、第三范式和 BC 范式的基础。在分析函数依赖的基础上找出关系的键码，从而把属性分为主属性和非主属性。第二、第三范式只检查非主属性与键码之间的函数依赖关系。BC 范式则检查每个函数依赖，而不区分主属性和非主属性。

人们认识这些原则是经历了一个过程的。从认识非主属性的部分函数依赖的危害开始，2NF、3NF、BCNF、4NF 的提出是这个认识过程逐步深化的标志。如图 3.1 所示。

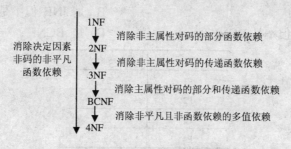

图 3.1　关系模式规范化流程图

小　　　结

本章首先由关系模式的存储异常问题引出了函数依赖的概念，其中包括完全函数依赖、部分函数依赖和传递函数依赖，这些概念是规范化理论的依据和规范化程度的准则。

在讨论关系模式规范化以及模式设计时，介绍了几种范式，包括第一范式（1NF）、第二范式（2NF）、第三范式（3NF）、BC 范式（BCNF）和第四范式（4NF）。在范式的规范化过程中，消除 1NF 关系中非主属性对键码的部分函数依赖，得到 2NF，消除 2NF 关系中非主属性对键码的传递函数依赖，得到 3NF，消除 3NF 关系中主属性对键码的部分函数依赖和传递函数依赖，便可得到 BCNF 范式。在规范化过程中，逐渐消除存储异常，使数据冗余尽量小，便于插入、删除和更新。

习　　题

一、选择题

1. 关系模型中的关系模式至少是_____。

　　A. 1NF　　　　　　　B. 2NF　　　　　　　C. 3NF　　　　　　　D. BCNF

2. 消除了部分函数依赖的 1NF 的关系模式，必定是_____。

　　A. 1NF　　　　　　　B. 2NF　　　　　　　C. 3NF　　　　　　　D. 以上都不是

3. 设有关系 W（工号，姓名，工种，定额），将其规范化到第三范式正确的答案是_____。

　　A. W1（工号，姓名）　　　　　　W2（工种，定额）

　　B. W1（工号，工种，定额）　　　W2（工号，姓名）

　　C. W1（工号，姓名，工种）　　　W2（工号，定额）

　　D. 以上都不对

4. 关系模式 R 中的属性全部是主属性，则 R 的最高范式必定是_____。

　　A. 2NF　　　　　　　B. 3NF　　　　　　　C. BCNF　　　　　　D. 以上都不是

5. 给定如下关系 R，则 R _____。

　　A. 不是 3NF　　　　　　　　　　　B. 是 3NF 但不是 2NF

　　C. 是 3NF 但不是 BCNF　　　　　　D. 是 BCNF

零件号	单价
P1	25
P2	8
P3	25
P4	9

6. 下面关于函数依赖的叙述中，不正确的是 _____ 。

　　A. 若 $X \to Y$，$Y \to Z$，则 $X \to YZ$

　　B. 若 $XY \to Z$，则 $X \to Z$，$Y \to Z$

　　C. 若 $X \to Y$，$Y \to Z$，则 $X \to Z$

　　D. 若 $X \to Y$，Y' 包含 Y，则 $X \to Y'$

7. 已知关系 R（P，Q，M，N），F 是 R 上成立的函数依赖集，F＝{（$P \to Q$，$Q \to M$）}，则 R 的候选码是 _____ 。

　　A. P　　　　　　　　B. Q　　　　　　　　C. PQ　　　　　　　　D. PN

8. 下面关于键码的说法，错误的是 _____ 。

　　A. 一个关系的键码是唯一的

　　B. 一个关系的键码指定值之后，对应的元组也就确定了

　　C. 关系 R 的键码的任何真子集都不可能是关系 R 的键码

　　D. 在保存学生学籍信息的关系中，学生姓名对应的属性不适合单独作为键码

二、简答题

1. 给出下列术语的定义，并加以理解。

函数依赖　　　完全函数依赖　　　传递函数依赖　　　主关键字　　　范式
1NF　　2NF　　3NF　　BCNF　　规范化　　属性封闭集

2. 下面给出一个数据集，请判断它是否可直接作为关系数据库中的关系，若不行，则改造成为尽可能好的并能作为关系数据库中关系的形式，同时说明进行这种改造的理由。

系名	课程名	教师名
计算机系	DB	李军，刘强
机械系	CAD	金山，宋海
造船系	CAM	王 华
自控系	CTY	张红，曾键

3. 写出三个关系模式分别满足以下条件：

（1）是 1NF，不是 2NF。

（2）是 2NF，不是 3NF。

（3）是 3NF，也是 BCNF。

各用两句话分别简要说明所写的关系模式是前者，不是（也是）后者。

4. 假设关系模式为 R（A，B，C，D），函数依赖为 A→B，B→C 和 B→D。

（1）求蕴含于给定函数依赖的所有非平凡函数依赖。

（2）求 R 的所有键码。

（3）求 R 的所有超码（不包括键码）。

5. 假设某商业集团数据库中有一关系模式 R 如下：

　　R（商店编号，商品编号，数量，部门编号，负责人）

如果规定：

（1）每个商店的每种商品只在一个部门销售。

（2）每个商店的每个部门只有一个负责人。

（3）每个商店的每种商品只有一个库存数量。

试回答下列问题：

（1）根据上述规定，写出关系模式 R 的基本函数依赖。

（2）找出关系模式 R 的候选码。

（3）试问关系模式 R 最高已经达到第几范式？为什么？

（4）如果 R 不属于 3NF，请将 R 分解成 3NF 模式集。

第4章 并发控制与查询优化

本章要点

1. 理解事务的基本概念。
2. 深入理解事务的调度，掌握判断并发调度是否正确的可串行化准则。
3. 了解封锁管理中活锁和死锁的概念，以及避免或预防的方法。
4. 并发控制是数据库系统实现范畴的一个重要问题。了解并发操作带来的数据不一致现象，在此基础上深入理解保证并行调度可串行性和保证数据一致性的三级封锁协议。
5. 查询优化是数据库系统实现范畴的一个重要问题。在学会用 SQL 语言对数据库进行查询的基础上，了解数据库系统如何对查询进行优化。
6. 深入理解查询优化的策略；掌握用关系代数等价变换规则对关系代数查询表达式进行优化的方法。

数据库系统一般可分为单用户系统和多用户系统。在任何一个时刻只允许一个用户使用的数据库系统称为单用户系统。允许多个用户同时使用的数据库系统统称为多用户系统。单用户系统一般仅限于微型计算机系统。多数数据库系统都是多用户系统。例如：学生选课系统、银行数据库系统、飞机订票系统等都是多用户数据库系统。在这个系统中，在同一时刻并发运行的事务数多达数百或数千个。当多个用户并发地存取数据库中的数据时，就会产生多个事务同时存取同一数据的情况。

数据库是一个共享资源，要供多个用户使用。如果事务程序一个一个地串行执行，一个事务必须等待正在执行的事务结束后才能执行，则会造成系统资源的浪费，对于访问密集型的数据，会严重影响系统响应速度，降低系统的性能。解决的办法就是使多个事务并发执行，但这种并行如果不加以限制，就可能会存取和存储不正确的数据，甚至破坏数据库的一致性和数据库的完整性。并发控制就是一种在多用户的环境下，对数据库的并发操作进行规范的机制。其目的是为了避免对数据的丢失更新、读"脏"数据和不可重复读等，从而保证数据的正确性与一致性。并发控制机制的好坏是衡量一个DBMS性能的重要标志之一。

在关系数据库系统中，用户只需要告诉系统要做什么，而没有指出应该怎么做，因此，系统有足够的灵活性作出存取路径等与查询效率直接相关的选择。由于数据库系统掌握了当前数据库的很多信息，所以可以对用户的查询作出有效的优化，让用户查询拥有最高的效率。本章主要讨论查询优化的一般策略、关系代数的变换规则。

DBMS 的并发控制是以事务为单位进行的。下面先介绍事务的概念。

4.1 事　务

4.1.1 事务及其性质

事务是构成单一逻辑工作单元的操作集合。或者说，事务是在数据库中的一个或多个操作的序列。它必须以原子的方式执行，也就是说，所有的操作要么都做，要么都不做，是一个不可分割的工作单位。

并不是任意的数据库操作序列都可以定义为事务。事务一般具备下列四个性质。

（1）原子性

事务的原子性（atomicity）强调了一个事务是一个逻辑工作单元、一个整体，是不可分割的。一个事务所包含的操作要么全部做，要么全部不做，不允许出现失误致使部分执行的情况。

例如：从 ATM 自动提款机中取钱和记入顾客的账户应该是一个原子事务。如果只吐出了钱而未计入账户，或者已经计入了账户但未付出钱，都是不允许的。

事务的原子性是由 DBMS 的事务管理子系统来实现的。

（2）一致性

事务执行的结果必须是使数据库从一个一致性（consisteney）状态到另一个一致性状态。通俗地说，就是数据符合我们的所有期望。如果事务执行过程中始终遵循"要么全做，要么全不作"的原则，一般可以保证事务的一致性。

这个性质通常是由编写事务程序的应用程序员完成的。它也可以由系统测试完整性约束自动完成。

事务的原子性和一致性密切相关。例如：某公司在银行中有 A、B 两个账号，现在公司想从账号 A 中取出一万元，存入账号 B。那么就可以定义一个事务，该事务包括两个操作：第 1 个操作是从账号 A 中减去一万元，第 2 个操作是向账号 B 中加入一万元。这两个操作要么全做，要么全不做。全做或者全不做，数据库都处于一致性状态。如果只做一个操作，则用户逻辑上就会发生错误，少了一万元，这时数据库就处于不一致性状态。可见一致性与原子性是密切相关的。

（3）隔离性

当两个或更多的事务并发执行时，它们的作用效果必须相互独立，不能相互影响。也就是说，事务并发执行的效果应该和普通串行执行的效果完全相同。

例如：两个机票售票口正在出售同一个航班的座位，而该航班只剩下了一个座位了，那么只能满足一个售票口的请求，拒绝另外一个。如果由于并发操作导致同一个座位卖给两位顾客，或者根本没有卖出去，都是不允许的。

事务之间的隔离性（isolation）一般是由并发控制子系统来实现的。

（4）持久性

事务的持久性（durability）是指一旦事务成功完成，该事务对数据库所施加的所有更新都是永久的。即使以后系统发生了故障，也应该保留这个事务的执行过程。

事务的持久性是由 DBMS 的恢复子系统实现的。

以上四个性质简称为事务的 ACID 性质。保证事务的 ACID 特性是事务处理的重要任务。

4.1.2　事务的开始与结束

1. 开始事务

使用 BEGIN TRANSACTION 命令显式说明一个事务开始，它说明了对数据库进行操作的一个单元的起始点。在事务完成之前出现任何操作错误和故障，都可以撤销事务，使事务回退到这个起始点。

2. 结束事务

在 SQL 中，必须明确地结束一个事务，结束事务通常有以下两种方式：

成功结束事务的命令是 COMMIT TRANSACTION，它的作用是提交或确认事务已经完成，所以该命令也称作事务提交。也就是把当前事务开始以后 SQL 语句所造成的数据库的任何改变都写到磁盘上，使之永远存放在数据库中。在 COMMIT 语句执行以前，当前事务中 SQL 语句对数据库造成的改变都是暂时的，对于其他事务可能可见，也可能不可见。

撤销事务的命令是 ROLLBACK TRANSACTION，即撤销在该事务中对数据库所做的更新操作，使数据库回退到事务的起始点，即数据库不发生任何改变。

例如，学生选课的事务可以是如下的操作序列：

① 读出某课程余额 A。
② 若余额 A>0，则产生一个选课记录，修改课程余额 A=A-1，将 A 写回数据库；若 A=0，则报告"选课名额已满"。
③ COMMIT。

也可以换一种方式：

① 读出某课程余额 A，修改 A=A-1，将 A 写回数据库。
② 若余额 A>0，则产生一个选课记录，若 A<0，则转 4)。
③ COMMIT。
④ ROLLBACK。

4.1.3　事务的状态

为了更明确地描述事务的执行过程，一般将事务的执行状态分为五种，事务必须处于这五种状态之一。这五种状态是：

1）活动状态。事务的初始状态，事务执行时处于这个状态。

2）部分提交状态。当操作序列的最后一条语句自动执行后，事务处于部分提交状态。这时，事务虽然已经完全执行，但由于实际输出可能还临时驻留在内存中，在事务成功完成前仍有可能出现硬件故障，事务仍有可能终止。因此，部分提交状态并不等于事务成功执行。

3）失败状态。由于硬件或逻辑等错误，使得错误不能继续正常执行，事务就进入了失败状态，处于失败状态的事务必须回滚（ROLLBACK）。这样，事务就进入了中止状态。

4）中止状态。事务回滚并且数据库恢复到事务开始执行前的状态。

5）提交状态。当事务成功完成后，称事务处于提交状态。只有事务处于提交状态后，才能说事务已经提交。

我们可以在事务中执行如下操作，以实现事务状态的转换。

1）BEGIN_TRANSACTION：开始运行事务，使事务进入活动状态。

2）END_TRANSACTION：说明事务中的所有读写操作都已完成，使事务进入部分提交状态，把事务的所有操作对数据库的影响存入数据库。

3）COMMIT_TRANSACTION：标志事务已经成功地完成，事务中的所有操作对数据库的影响已经安全地存入数据库，事务进入提交状态，结束事务的运行。

4）ABORT_TRANSACTION：标志事务进入失败状态，系统撤销事务中所有操作对数据库和其他事务的影响，结束事务的运行。

事务进入中止状态后，系统一般有两种选择：一种是重启事务，当事务中止的原因是由软、硬件错误引起而不是由事务内部逻辑错误所产生时，一般采用重启事务的方法。重启事务可以被看作是一个新事务。另一种是杀死事务，这样做通常是因为事务中止可能是由于事务内部的逻辑造成的错误，或者是由于输入错误，也可能是由于所需数据在数据库中没有找到等原因。

图 4.1 给出了事务的状态转换图。

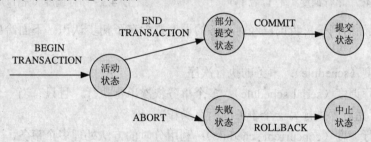

图 4.1　事务的状态转换图

4.2　事务调度与并发控制

4.2.1　事务的调度

我们考虑一个简单的银行数据库系统。设每个账号在数据库中有一条数据库记录，用以记录这个账号的存款数量和其他信息。设有两个事务 T1 和 T2，事务 T1 从账号 A 转 2000 元到账号 B；事务 T2 从账号 A 转 20％的款到账号 B。T1 和 T2 的定义如下：

```
T₁ :   Read（A）;            T₂ :      Read（A）;
       A : = A - 2000;               temp : = A * 0.2;
       Write（A）;                    A : = A - temp;
       Read（B）;                     Write（A）;
       B : = B + 2000;               Read（B）;
       Write（B）;                    B : = B + temp;
                                     Write（B）;
```

说明：假设用 A 和 B 表示账号 A 和账号 B 的存款数量，A、B 的初值分别为 10000

和 20000。

　　如果这两个事务循序执行，可以有两种方案。一种是先执行 T_1 后执行 T_2，如图 4.2 所示。运行结束时，A 和 B 的最终值分别是 6400 和 23600。另一种是先执行 T_2 后执行 T_1，如图 4.3 所示。A 和 B 的最终值分别是 6000 和 24000。无论采用两种方案的哪一种，A＋B 在两个事务执行结束时仍然是 10000＋20000。

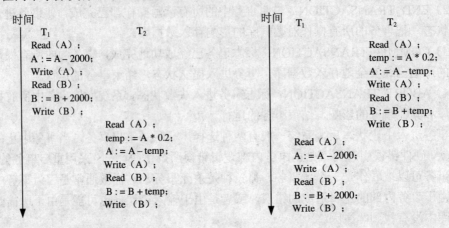

图 4.2　串行调度（先 T_1 后 T_2）　　　　图 4.3　串行调度（先 T_2 后 T_1）

　　通过上面的例子，我们已经对事务的调度概念有了初步认识。下面给出事务调度的一般概念。

　　1）调度（schedule）：事务的执行次序。

　　2）串行调度（serial schedule）：多个事务依次串行执行，且只有当一个事务的所有操作都执行完后才执行另一个事务的所有操作。

　　3）并行调度（concurrent schedule）：利用分时的方法处理多个事务。

　　从上面的例子可以看出，无论是先执行 T1 后执行 T2，还是先执行 T2 后执行 T1，只要是串行调度，执行的结果都是稳定的和正确的。对于 N 个事务，最多有 N!种正确的串行调度。

　　但是，对于 N 个事务进行并发调度，情况会变得复杂多，它的调度方案远大于 N!个，而且并发调度的结果有可能是错误的。

　　图 4.4 是一个并发调度，它与图 4.2 的串行调度的结果是一样的，即这两个调度是等价的。我们称这个并发调度是正确的。图 4.5 也是一个并发调度，但导致 A、B 的最终结果为 8000 和 24000，A＋B＝8000＋24000≠30000，这个结果是错误的。我们称此并行调度将产生不一致状态。

4.2.2　并发控制

　　在实际应用中，数据库是一个重要的共享资源，不同用户可以在不同时间或相同时间使用数据库中的数据，即并发地使用数据库中的数据，就会产生多个事务同时存取同一数据的情况。若对并发操作不加控制，就可能会存取和存储不正确的数据，这样就可能带来一些问题。当多个事务中的多个事务并发执行时，极有可能无法保证事务之间的隔离性，并破坏数据库的一致性、正确性。因此，DBMS 的一个重要任务就是要有一种机制去保证事务在并发的存取和修改数据的时候的完整性不被破坏，同时确保这些事务能正确地运行并取得正确的结果。并发控制机制就是一种在多用户环境下对数据库进行并发操作进行规范的机制，它的好坏是衡量 DBMS 性能的重要标志之一。

时间	T_1	T_2	时间	T_1	T_2
	Read（A）；			Read（A）；	
	A：=A－2000；			A：=A－2000；	
	Write（A）；				Read（A）；
		Read（A）；			temp：=A*0.2；
		temp：=A*0.2；			A：=A－temp；
		A：=A－temp；			Write（A）；
		Write（A）；			Read（B）；
	Read（B）；			Write（A）；	
	B：=B＋2000；			Read（B）；	
	Write（B）；			B：=B＋2000；	
		Read（B）；		Write（B）；	
		B：=B＋temp；			B：=B＋temp；
		Write（B）；			Write（B）；

图 4.4　结果正确的并行调度　　　　　　　　图 4.5　结果错误的并行调度

并发控制可以给对数据库的操作带来很多好处，最明显的有以下两点。

1. 改善系统的资源利用率

多个事务在执行过程中可以采用串行和并行两种方法。如果采用串行的方法，每个时刻只有一个事务在运行，一个事务执行完之前，另一个事务必须等待。但事务在执行过程中需要不同的资源（如有时需要 CPU，有时存取数据库，有时进行 I/O 等），如果采用串行执行，则系统许多资源处于空闲状态；如果采用事务的并发执行，则可以交叉地利用空闲资源。因此，为了充分利用系统资源，发挥数据库共享资源的特点，应允许多个事务并行地执行。

2. 改善短事务的响应时间

设想两个事务 A 和 B，A 事务需要较长的时间才能完成，B 事务只需要较短的时间就能完成。假设 A 事务事先开始，则开始执行时，B 事务到达等待系统执行。如果采用串行执行事务的方法，则 B 事务必须等到 A 事务执行完才能开始执行，为此 B 事务必须等待较长时间。如果采用并发执行的方法，则 B 事务和 A 事务可以重叠进行，A 事务没有执行完时，往往 B 事务可能已经执行完了，明显改善其响应时间。

4.2.3　数据的不一致性

并发控制操作虽然具有较高系统资源利用率和有利于短事务运行的特点，但是在并发执行的过程中如果不对并发执行的事务通过某种机制加以控制，将有可能产生数据的不一致性等问题。

下面先看一个例，以说明并发操作带来的数据不一致性问题。

以学生选课为例，看看在学生选课数据库上的一个操作序列：

  ① 学生 1 在选课终端 1 读出某课程的余额 A，设 A=1。

  ② 学生 2 在选课终端 2 读出同一课程的余额 A，也为 1。

  ③ 学生 1 选中该课程，修改课程余额 A=A−1，于是 A=0，将 A 写回数据库。

  ④ 学生 2 也选中该课程，修改课程余额 A=A−1，于是 A=0，将 A 写回数据库。

本来该课程的选课名额只剩下一个，却有两名学生都成功地获取了这个名额，这就是并发操作带来的数据不一致性。这种不一致性是由并发操作引起的。在并发操作情况下，对两个学生选课事务的操作序列是随机的。若按上面调度序列执行，学生 1 选课事务的修改就被丢失。这是由于第 4) 步中学生 2 选课修改了 A 并写回后覆盖了学生 1 的修改。可见，若对并发的事务访问数据库的操作不进行有效的控制，数据库中的数据就有可能变为不正确，从而影响数据的正确性，导致数据的不一致性。

所谓数据的不一致性，是指同一数据不同的副本的值不一样。采用人工管理或文件系统管理数据时，由于数据被重复存储，当不同的应用使用和修改不同的副本时就很容易造成数据的不一致性。

经过大量实例分析，我们发现并发操作的不正确调度可能会带来三种数据不一致性。

1. 丢失修改

事务 T1 和 T2 从数据库读入了同一数据并各自修改，在两个事务都完成了读入数据的操作以后，T1 先完成修改操作，并将更新的数据写回数据库，随之 T2 也完成了修改，并将结果写回数据库，这样就覆盖了 T1 的操作结果，导致 T1 对该数据的修改好像从未发生过，这种情形就称为"丢失修改"。

以火车票售票系统为例，分析如下过程：

1) 旅客 A 来到 A 售票处，要买一张 15 日北京到上海的 13 次直达快速列车的软卧车票，售票员 A（以下称用户 A）在终端 A 查看剩余票信息。

2) 几乎在同时，旅客 B 来到 B 售票处，也要买一张 15 日北京到上海的 13 次直达快速列车的软卧车票，售票员 B（以下称用户 B）从终端 B 查到了同样的剩余票信息。

3) 旅客 A 买了一张 15 日 13 次 7 车厢 5 号下铺的软卧票，用户 A 更新剩余票信息并将它存入数据库。

4) 这时用户 B 不知道用户 A 已经将 15 日 13 次 7 车厢 5 号下铺的软卧票卖出，使旅客 B 也买了一张 15 日 13 次 7 车厢 5 号下铺的软卧票，用户 B 更新剩余票信息并将它存入数据库（重复了用户 A 已经做过的更新）。

总的效果是 15 日 13 次 7 车厢 5 号下铺的软卧票卖了两次。其原因是系统允许了用户 B 在过时的信息基础上更新数据库，而没有迫使他去查看最新的信息。

如果用 SQL 语言描述丢失修改问题，可用图 4.6 所示的 SQL 语句表示。

2. 读"脏"数据

事务 T_1 修改了某个数据并将其写回数据库，事务 T_2 随之读入这个被 T_1 修改过的数据，之后，T_1 又出于某种原因被撤销，它所修改过的数据恢复原值。这时 T_2 所读取的数据就与数据库中的数据不同，就称为读了"脏"数据。

可用图 4.7 所示的 SQL 语句表示。

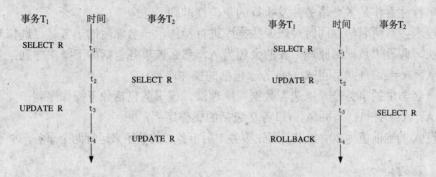

图 4.6　SQL 语言描述"丢失修改"　　　　　图 4.7　SQL 语言描述"读脏数据"

3. 不可重复读

事务 T_1 按一定条件从数据库读入某些数据，随后事务 T_2 对其更新并将更新结果写回数据库，当 T_1 再次按同一条件读入数据时，结果发现已经跟刚才不一样了。可能有的数据值改变了，也可能有的数据已经删除，还可能增加了某些数据。这种情形就称为"不可重复读"。

可用图 4.8 所示的 SQL 语句表示。

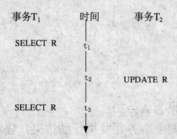

图 4.8　SQL 语言描述"不可重复读"

通过上面可以看出，在事务并行处理过程中，因为多个事务对相同数据的访问，干扰了其他事务的处理，产生了数据的不一致性，是事务隔离性的破坏而导致数据的不一致性。

4.2.4　可串行化准则

在前面的例子中可以看出，在事务的并发调度中，如果不加以限制，事务隔离性的破坏会导致数据的不一致性。怎样对并发操作进行调度才能防止数据的不一致性呢？或者说，怎样才能保证并发操作得到正确的结果呢？

假设事务都是串行运行的，一个事务的运行过程完全不受其他事务的影响，只有一个事务结束（提交或者退回）后，另一个事务才能开始运行，那么就可以认为所有事务的运行结果都是正确的。尽管这些事务假设以不同的顺序运行，可能会对数据库造成不同的影响。以此为判断标准，我们将可串行化的并发调度当作唯一能够保证并发操作正确性的策略。也就是说，假设并发操作调度的结果与按照某种顺序串行执行这些操作的结果相同，就认为并发操作是正确的。

可串行性看作是多个事务并发执行的正确性准则。

假设现在有两名学生同时对选课数据库进行操作，一名学生的事务是"选修"数据库原理课，假设"数据库原理"课的余额为 A，那么该事务包括如下操作序列：

读 A：A＝A－1；写回 A，(事务 1 包括的操作序列)

另一名学生的事务是"退选"数据库原理课，该事务包括如下操作序列：

读 A：A＝A＋1；写回 A，(事务 2 包括的操作序列)

假设 A 的当前值为 20，如果按照先事务 1 后事务 2 的顺序来运行两个事务，过程如下：

事务 1：
① 读 A＝20；
② A＝A－1＝19；
③ 写回 A＝19。

事务 2：
① 读 A＝19；
② A＝A＋1＝20；
③ 写回 A＝20。

最后，数据库得到的结果为 A＝20。.

如果按照先事务 2 后事务 1 的顺序来运行两个事务，过程如下：

事务 2：
① 读 A＝20；
② A＝A＋1＝21；
③ 写回 A＝21。

事务 1：
① 读 A＝21；
② A＝A－1＝20；
③ 写回 A＝20。

最后，数据库得到的结果为 A＝20。

根据可串行化的准则，两个事务并发执行的结果只要和任意一种串行化执行的结果相同，就认为是正确的。在本例中，两种串行执行顺序结果正好相同，因此，只要两个事物并发执行得到的结果也是 20 即可。

对这两个并发事务可以进行多种不同的调度。下面就是一例：

① 读 A＝20；　　　　　　　　(事务 1 的操作)
② 读 A＝20；　　　　　　　　(事务 2 的操作)
③ A＝A－1＝19　　　　　　　(事务 1 的操作)
④ A＝A＋1＝20；　　　　　　(事务 2 的操作)
⑤ 写回 A＝19；　　　　　　　(事务 1 的操作)
⑥ 写回 A＝21；　　　　　　　(事务 2 的操作)

问题出现了，数据库中最后 A 值为 21，而不是正确的结果 20。说明这种调度方式并非可串行化调度。为了保证对并发操作的调度满足可串行化条件，数据库管理系统必须提供一定的手段，通常采用封锁机制。

*4.3　封　锁　管　理

封锁是实现并发控制的一个非常重要的技术。

4.3.1　封锁机制

1. 封锁的定义及类型

所谓封锁，是指事务 T 对某个数据对象（如关系、记录等）进行操作以前，先请求系统对其加锁，成功加锁之后，该事务就对该数据对象有了控制权，在事务 T 释放它的锁之前，其他的事务不能更新此数据对象，只有事务 T 对其解锁之后，其他的事务才能更新它。

要实现灵活、正确的并发控制，需要多种类型的封锁，不同类型的封锁决定了一个事务对某个数据对象加锁以后能进行什么样的操作。数据库管理系统（DBMS）提供了两种基本封锁类型：排他锁（exclusive lock，简记为 X 锁）和共享锁（share lock，简记为 S 锁）。

若事务 T 对数据对象 A 加了 X 锁，则 T 就可以对 A 进行读取以及更新（X 锁因此又称为写锁）；在 T 释放 A 上的锁 X 锁以前，任何其他事务都不能再对 A 加任何类型的锁，从而也不能读取和更新 A。这是最严格的一类封锁。当需要对数据对象实施插入、删除或修改操作时，应该使用独占封锁。已经实施独占封锁的表拒绝来自其他用户的任何封锁。

若事务 T 对数据对象 A 加了 S 锁，则 T 就可以对 A 进行读取，但不能进行更新（S 锁因此又称为读锁）；在 T 释放 A 上的锁 S 锁以前，其他事务可以再对 A 加 S 锁，但不能加 X 锁，从而可以读取 A，但不能更新 A。

以丢失更改问题为例，实施封锁的基本思想是：当一个用户对一个表或记录进行更新时，封锁该表或记录，使其他用户不能在同一时刻更新相同的表或记录，迫使其他用户在更新后的基础上（而不是在更新前的基础上）再实施另外的更新操作。其流程如图 4.9 所示。

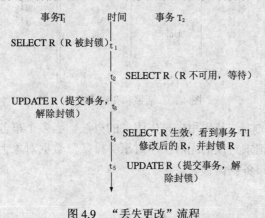

图 4.9　"丢失更改"流程

2. 封锁粒度

所谓封锁粒度，是指封锁对象的大小。封锁的对象可以是逻辑单元，也可以是物理单元。

例如：在关系数据库中，封锁的对象可以是大到整个关系、整个数据库，也可以是小到一个元组、一个元组的某个分量、索引项等逻辑单元，还可以是数据页、索引页或块等物理单位。

封锁粒度与系统的并发程度以及并发控制的开销息息相关。封锁粒度越大，系统中能封锁的数据对象就越少，可以同时进行的并发操作也越少，于是系统的并发程度越低；

反之，封锁粒度越小，系统的并发控制越高。换个角度来看，封锁粒度越大，并发控制的开销越少；封锁粒度小了，并发控制的开销就要增加了。因此，要对系统并发度和并发控制开销作一个认真的权衡，才能选择合适的封锁粒度。必要的时候，可以在系统中提供不同粒度的封锁供不同的事务选用。

4.3.2　活锁和死锁

在数据库管理系统（DBMS）中利用封锁协议解决并发操作带来的数据不一致性问题，也有可能引起活锁和死锁问题。

1. 活锁

如果事务 T_1 封锁了数据 R，事务 T_2 又请求封锁 R，于是 T_2 等待。T_3 也请求封锁 R；当 T_1 释放了 R 上的封锁之后，系统首先批准了 T_3 的请求，T_2 仍然等待；然后 T_4 又请求封锁 R，当 T_3 释放了 R 上的封锁之后，系统首先批准了 T_4 的请求，……这样 T_2 有可能永远等待下去。如图 4.10（a）所示。

T_1	T_2	T_3	T_4	T_1	T_2
Lock R				Lock R_1	Lock R_2
	Lock R				
	等待	Lock R			
Unlock	等待		Lock R	Lock R_2	
	等待		等待	等待	Lock R_2
	等待		等待	等待	等待
	等待		等待	等待	等待
	等待		等待	等待	等待
	等待	Unlock	等待	等待	
			Lock R	等待	
				等待	

|（a）活锁 | |（b）死锁 | |

图 4.10　活锁和死锁示意图

避免活锁最简单的方法是采用先来先服务的办法。当多个事务请求封锁同一数据对象时，封锁子系统按请求封锁的先后次序对事务排队，数据对象上的锁一旦释放，就批准申请队列中第一个事务获得锁。

2. 死锁

死锁指多个事务循环等待其他事务释放锁而陷入停滞状态，不借助于外力干预就无法解开的状态。换句话说，如果事务 T_1 封锁了 R_1，T_2 封锁了 R_2，然后 T_1 又请求封锁 R_2，因 T_2 已封锁了 R_2，于是 T_1 等待释放 R_2 上的锁；接着 T_2 又申请封锁 R_1，因 T_1 已封锁了 R_1，T_2 也只能等待 T_1 释放 R_1 上的锁。这样就出现了 T_1 在等待 T_2，而 T_2 又在等待 T_1 的局面，T_1 和 T_2 两个事务永远不能结束，形成死锁。如图 4.10（b）所示。

下面举例说明产生死锁的原因。

图 4.11 示意了两个并发事务所发生事件的序列，假设程序 A 为了完成某个事务需要封锁仓库和职工两个关系，而几乎在同一时刻并发执行的程序 B 为完成另一个事务也需要封锁职工和仓库关系，这两个程序正好按照如图所示的交错序列执行命令，结果两个

程序都为了等待对方释放数据资源而产生死锁。

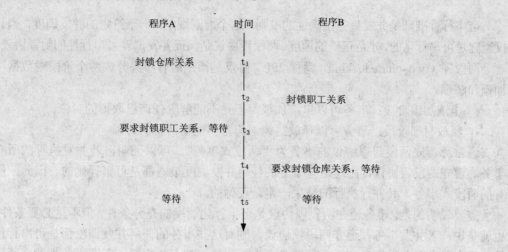

图 4.11 一个死锁例子

目前，在数据库中解决死锁问题主要有两种方法：一种是采取一定措施来预防死锁的发生；另一种是允许发生死锁，但同时采用一定手段定期诊断系统中有无死锁，若有，则解除之。

预防死锁通常有两种方法，一种叫一次封锁法。它要求每个事务必须一次将所有要用到的数据加锁，否则就不能继续执行。另一种叫顺序封锁法。它是预先对数据对象规定一个封锁顺序，所有事务都按这个顺序实行封锁。

数据库系统中诊断死锁的方法与操作系统类似，一般使用超时法和事务等待图法。

（1）超时法

超时法即一个事务在等待的时间超过了规定的时限后就认为发生了死锁。这种方法非常不可靠，如果设置的等待时限长，则不能及时发现死锁；如果设置的等待时限短，则可能会将没有发生死锁的事务误判为死锁。

（2）等待图法

等待图法即通过有向图判定事务是否是可串行化的，如果是，则说明没有发生死锁，否则说明发生了死锁。具体思路是：用结点来表示正在运行的事务，用有向边来表示事务之间的等待关系，如图 4.12 所示，如果在有向图中发现回路，则说明发生了死锁。

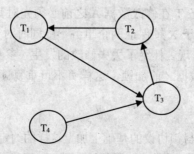

图 4.12 等待图法示意图

4.3.3 两段锁协议

可串行性准则是并发事务正确性的准则。这个准则规定，一个给定的并发调度，当且仅当它是可串行化的，才是正确的调度。两段锁协议是保证并发调度可串行性的封锁协议。

两段锁（two-phase locking，简称 2PL）协议是指把所有事务分成两个阶段对数据项加锁和解锁。

- 申请加锁阶段：事务可以申请加锁，但是不能解除任何已取得的封锁。
- 释放封锁阶段：事务可以释放封锁，但是不能申请新的封锁。

通常称遵守两段封锁协议的事务为"两段式事务"。可以证明，若并发执行的所有事务均遵守两段锁协议，则对这些事务的任何并发调度策略都是可串行化的。因此，所有的两段式事务，其并行执行的结果一定是正确的。

需要说明的是，事务遵守两段锁协议是可串行化调度的充分条件，但不是必要条件。也就是说，若并发事务都遵守两段锁协议，则对这些事务的任何并发调度都是可串行化的；反之，若对并发事务的一个调度是可串行化的，却不一定保证所有事务都符合两段锁协议。

例如，事务 T_1 包含以下顺序的封锁操作：

LOCK - X（A）···LOCK-S（B）···LOCK-S（C）
···UNLOCK（A）···UNLOCK（C）···UNLOCK（B）

显然，T_1 遵守两段锁协议，所有像 T_1 这样遵守两段锁协议的事务，它们并发执行的结果必然是正确的。

若事务 T_2 包含如下操作序列：

LOCK - X（A）···UNLOCK（A）···LOCK-S（B）
···LOCK-S（C）···UNLOCK（C）···UNLOCK（B）

则 T_2 不遵守两段锁协议。尽管如此，包含 T_2 的并发操作调度仍然有可能是可串行化的，因为两段锁协议并不是可串行化调度的必要条件。

4.3.4 三级封锁协议

前面介绍过三种数据不一致性，即丢失修改、读"脏"数据以及不可重复读。三级封锁协议是保证数据一致性的封锁协议，它是通过选择不同的加锁类型和释放时间而不同程度地解决了这些问题。

（1）1 级封锁协议

1 级封锁协议规定：事务 T 在修改数据 A 之前必须先对其加 X 锁，知道事务结束（提交或退回）才释放该锁。由于 X 锁保证两个事务不能同时对数据 A 进行修改，从而使丢失修改的前提条件不可能出现，杜绝了丢失修改的发生（参见图 4.13（a））。但是 1 级封锁协议不要求事务在读取数据之前加锁，这样"不可重复读"和"读'脏'数据"的前提条件仍然成立。

（2）2 级封锁协议

2 级封锁协议是在 1 级封锁协议的基础上加上这样的约定：事务 T 在读取数据 A 之前必须对其加 S 锁，读入该数据后即可立即释放 S 锁。2 级封锁协议不仅避免了丢失修改，还防止了读"脏"数据。事务 T_1 修改数据 A 之前对其加 X 锁,修改后的结果写回数据库,事务 T_2 要想读入数据 A,只能等待 T_1 释放 X 锁之后才能对 A 加 S 锁,之后,T_1 出于某种原因被撤销,它所修改过的数据恢复原值。这时 T_2 获准对 A 加锁 S 锁,所读取的数据就是正确的数据,也就避免了读"脏"数据的情况(参见图 4.13(b))。由于在 2 级封锁协议中,读完数据后可以立即释放 S 锁,所以它不能解决不可重复读的问题。

(3)3 级封锁协议

3 级封锁协议是在 1 级封锁协议的基础上加上这样的约定:事务 T 在读取数据 A 之前必须对其加 S 锁,直到事务结束(提交或返回)才能释放 S 锁。3 级封锁协议除了避免丢失修改,读"脏"数据,又解决了不可重复读的问题。事务 T_1 对数据 A 加 S 锁并从数据库读入 A,随后事务 T_2 欲对 A 加 X 锁以进行更新操作,然而事务 T_1 尚未释放 S 锁,所以 T_2 不能对 A 加锁,也就是不能修改 A,所以 T_1 再次读入数据 A 的时候,A 的值和刚才一样。

T_1	T_2	T_1	T_2	T_1	T_2
		LOCK-X(A)		LOCK-S(A)	
读A=20		读A=20		读A=20	
	LOCK-X(A)	A=A-1		.	
A=A-1	等待	写回A=19	LOCK-S(A)	.	等待
写回A=19	.	.	等待	.	
COMMIT	.	.		.	
UNLOCK(A)	.			读A=20	
	获得			.	
	读A=19	ROLLBACK		.	
	A=A+1	A恢复		.	
	写回A=20	为20	获得	COMMIT	.
	COMMIT	UNLOCK(A)	读A=20	UNLOCK(A)	.
	UNLOCK(A)		COMMIT		.
			UNLOCK(A)		获得
					读A=20
					A=A-1
					写回A=19
					COMMIT
					UNLOCK(A)
(a)不丢失修改		(b)不读"脏"数据		(c)可重复读	

图 4.13 三个封锁级别解决三种数据不一致性

4.4 查询优化的一般策略

对于一个较复杂的查询要求,通常都可以用几种不同的表达式来表达,它们的结果应该是相同的,但执行的过程可能有很大差别。先举一个例子,从中不仅可以深刻地认识查询优化的必要性,还可以看出要是查询优化一般应该采用哪些策略。

假设我们要查询学生李明选修的所有课程的成绩。可以用多个关系代数表达式来表示这个查询,比如:

$$E_1 = \pi_{score}(\sigma_{Student.StudentNo=Sc.StudentNo\ AND\ Student.StudentName='李明'}(Student \times SC))$$

$$E_2 = \pi_{score}(\sigma_{Student.StudentName='李明'}(Student) \bowtie SC))$$

$$E_3 = \pi_{score}(\sigma_{Student.StudentName='李明'}(Student) \bowtie SC)$$

仔细分析这三个表达式的语义可以得出结论：它们是完全等价的，表达的查询完全相同，查询结果也一样。稍加分析可以知道，这三个表达式按照不同的顺序执行各个操作，因此，运算的次数和时间都不同。

E_1 先做笛卡儿积 Student×SC，把 Student 的每一个元组和 SC 的每个元组连接起来，假设这两个关系分别有 n_1 和 n_2 个元组，就会生成一个含有 $n_1 \times n_2$ 个元组的临时关系，然后对该临时关系按照条件 Student.StudentNo＝SC.StudentNo AND Student.StudentName ＝'李明'进行选择，最后投影到属性 Score 上。

E_2 不是做 Student 和 SC 的笛卡儿积，而是将它们进行自然连接，也生成一个临时关系，显然，这个临时关系的元组数量比笛卡儿积生成的临时关系元组数量要少得多，并且属性数量也要少一个。这是因为：

$$Student \bowtie SC = \pi_{StudentNo,StudentName,Age,Dept,CourseNo,Score}(\sigma_{Student.StudentNo=SC.StudentNo}(Student \times SC))$$

从上式可以看出，这两个关系进行自然连接只是把学号相同的元组连在一起。由于学号是学生关系是键码，也就是说，每个学号只对应一个元组，因此，自然连接后得到的新关系的元组，也就是学生选课关系的元组数 n_2。

随后对生成的临时关系按照条件 Student. StudentName＝'李明'进行选择，最后一步也是投影到 Score。系统在做选择运算的时候，对于关系中每一个元组，要将其相应的分量值代入到选择条件中，从而判断其是否满足条件。关系中的元组越多，做选择运算的时间就越长，需要的内存量也越大。所以，无论是从时间还是从空间上，E_2 明显比 E_1 更优越。

E_3 又比 E_2 做了进一步优化，因为它先对 Student 关系按照条件 Student. StudentName ＝'李明'做选择，生成的临时关系（中间关系）就只有少数几个元组（一个学生关系中名叫李明的学生不会很多），这样一个小型临时关系再与 StudentCourse 做自然连接，新生成的临时关系。E_3 的执行时间通常要比 E_2 和 E_1 少几个数量级。因此，尽管查询优化需要系统花费一笔开销，可能会额外占用一定的存储空间和运行时间，但显然是值得的。

我们希望在系统开销尽量少的情况下对查询进行尽可能的优化，一般采用以下策略：

1）选择运算尽早进行。正如在上例中看到的，由于 E_3 提前做了选择运算，运行时间就可能比选择运算放在后面做少几个数量级。这是因为中间结果的元组数量显著减少，运算量随之减少，尤其是访问磁盘的次数也相应减少。一般来说，将选择运算提前进行将最有效的优化查询所占用的时间和空间。应特别强调的是，当关系的元组数量很大，而内存有限时，每次只能连接部分元组，这样就需要把磁盘上的数据多次重复地读入内存，甚至还需要把中间结果暂时写入磁盘。而磁盘的读写要比 CPU 的处理慢，因此，减少对磁盘的访问对查询优化至关重要。

2）投影运算与选择运算同时进行。对同一个关系进行操作的投影和选择运算应该同时进行，这样可以避免重复地扫描该关系，从而节省了查询时间。

3）将笛卡儿积与随后的选择运算合并为连接运算。因为连接运算（尤其是自然连接）要比笛卡儿积运算所花的时间少很多。

4）投影运算与其他运算同时进行。这样就不必为了删除关系的某些属性值而把关系再扫描一遍。

5）寻找公共子表达式并将结果加以存储。如果有一个频繁出现的子表达式，其结果关系并不大，从磁盘读入这个结果关系所花的时间要比计算该子表达式所花的时间少，那么先计算该公共子表达式，并将结果存储在磁盘上就能对查询起到优化作用。当查询的对象是视图时，定义视图的表达式就可看作是公共子表达式。

6）对文件进行预处理。对适当的属性预先进行排序或者建立索引将有助于快速有效地找到适当的元组。只要预处理所花费的时间仍然合算，那么这种优化策略还是有用的。比如，对学生关系和学生选课关系进行自然连接，若先按学号进行排序，则连接过程中两个关系只需扫描一遍：先取学生关系的第 1 个元组，然后与学生选课关系中具有同一学号的元组逐一连接，当扫描到学号不同的元组时，再从学生关系中取下一个元组，把与该学生有关的选课元组逐一连接，直到把最后一个学生与其所选的几门课，即学生选课关系的最后几个元组逐一连接完毕。

4.5 关系代数的等价变换

第 2 章中介绍过关系代数语言，后面我们将要介绍 SQL 查询语言。不管哪种语言，最终都可以转换成关系代数表达式，因此，关系代数一直是本书研究的重点，本章也不例外。关系代数表达式的优化是查询优化的重要基础，所谓关系代数表达式的优化，就是按照一定的等价变换规则将其转换为查询效果更高的表达式。为此，必须先了解等价的概念。

用相同的关系代替两个关系代数表达式中相应的关系，如果所得到的结果关系完全一样，则称两个关系代数表达式 E_1 和 E_2 等价，记作：$E_1 \equiv E_2$。

4.5.1 变换规则

常用的关系代数等价变换规则如下。

1. 连接或笛卡儿积的交换律

设 E_1 和 E_2 是关系代数表达式，F 是连接的条件，则有

$$E_1 \times E_2 \equiv E_2 \times E_1$$
$$E_1 \bowtie E_2 \equiv E_2 \bowtie E_1$$
$$E_1 \bowtie E_2 \equiv E_2 \bowtie_F E_1$$

2. 连接或笛卡儿积的结合律

设 E_1、E_2 和 E_3 是关系代数表达式，F_1 和 F_2 是连接的条件，其中 F_1 只涉及到 E_1 和 E_2 的属性，F_2 只涉及到 E_2 和 E_3 的属性，则有

$$(E_1 \times E_2) \times E_3 \equiv E_1 \times (E_2 \times E_3)$$
$$(E_1 \bowtie E_2) \bowtie E_3 \equiv E_1 \bowtie (E_2 \bowtie E_3)$$
$$(E_1 \bowtie_{F_1} E_2) \bowtie_{F_2} E_3 \equiv E_1 \bowtie_{F_1} (E_2 \bowtie_{F_2} E_3)$$

3. 投影的串接律

设 E 为关系代数表达式，A，B 为属性集，且 A 是 B 的子集，则有

$$\pi_A(\pi_B(E)) \equiv \pi_A(E)$$

4. 选择的交换/串接律

设 E 为关系代数表达式，F_1 和 F_2 为选择的条件，则有

（1）选择的交换律

$$\sigma_{F_1}(\sigma_{F_2}(E)) \equiv \sigma_{F_2}(\sigma_{F_1}(E))$$

（2）选择的串接律

$$\sigma_{F_1}(\sigma_{F_2}(E)) \equiv \sigma_{F_2 \wedge F_1}(E)$$

5. 选择与投影的交换/串接律

（1）选择与投影的交换律

设选择条件 F 只涉及属性 A_1，A_2，…，A_n，则有

$$\pi_{A_1, A_2, \cdots, A_n}(\sigma_F(E)) \equiv \sigma_F(\pi_{A_1, A_2, \cdots, A_n}(E))$$

（2）选择与投影的串接律

设选择条件 F 中有不属于 A_1，A_2，…，A_n 的属性，B_1，B_2，…，B_m，则有

$$\pi_{A_1, A_2, \cdots, A_n}(\sigma_F(E)) \equiv \sigma_F(\pi_{A_1, A_2, \cdots, A_n, B_1, B_2, \cdots, B_m})(E))$$

6. 选择对笛卡儿积的分配律

如果选择条件 F 只涉及 E_1 的属性，则有：

$$\sigma_F(E_1 \times E_2) \equiv \sigma_F(E_1) \times E_2$$

如果选择条件 $F = F_1 \wedge F_2$，且 F_1 只涉及 E_1 的属性，F_2 只涉及 E_2 的属性，则有

$$\sigma_F(E_1 \times E_2) \equiv \sigma_{F_1}(E_1) \times \sigma_{F_2}(E_2)$$

7. 投影对笛卡儿积的分配律

设 E_1 和 E_2 是关系代数表达式，$A_i (i=1, 2, \cdots, n)$ 是 E_1 的属性，$B_j (j=1, 2, \cdots, m)$ 是 E_2 的属性，则有：

$$\pi_{A_1, A_2, \cdots, A_n, B_1, B_2, \cdots, B_m}(E_1 \times E_2) \equiv \pi_{A_1, A_2, \cdots, A_n}(E_1) \times \pi_{B_1, B_2, \cdots, B_m}(E_2)$$

8. 选择对并的分配律

设 E_1 和 E_2 具有相同的属性。则有

$$\sigma_F(E_1 \bigcup E_2) \equiv \sigma_F(E_1) \bigcup \sigma_F(E_2)$$

9. 投影对并的分配律

设 E_1 和 E_2 具有相同的属性。则有

$$\pi_{A_1, A_2, \cdots, A_n}(E_1 \bigcup E_2) \equiv \pi_{A_1, A_2, \cdots, A_n}(E_1) \bigcup \pi_{A_1, A_2, \cdots, A_n}(E_2)$$

10. 选择对差的分配律

设 E_1 和 E_2 具有相同的属性。则有
$$\sigma_F(E_1 - E_2) \equiv \sigma_F(E_1) - \sigma_F(E_2)$$

4.5.2　应用举例

本小节针对上一节的知识介绍其具体应用。例如，假设图书管理数据库关系模式如下：

　　Book（Title，Author，Publisher，BN）；

　　Student（Name，Class，LN）；

　　Loan（LN，BN，Date）；

其中，图书关系 Book（以下简写为 B）有 4 个属性：书名 Title（简写为 T）、作者 Author（简写为 A）、出版社 Publisher(简写为 P)和书号 BN；学生关系 Student（简写为 S）有 3 个属性：姓名 Name（简写为 N）、班级 Class（简写为 C）和借书证号 LN；借书关系 Loan（简写为 L）有 3 个属性：借书证号 LN、书号 BN 和借书日期 Date（简写为 D）。

由于图书馆内同一种书通常有多本，但每本书都有唯一的书号，因此，书号是图书关系的键码。一个学生可有多个借书证，而每个借书证都有唯一的借书证号，因此，借书证号是学生关系的键码。由于借书证号和书号都有唯一性，属于一对一的联系，即每个借书证只能借一本书，而每本书只能借给一个学生，不能同时借给两个学生，因此，二者均可作为借书关系的键码。查询要求是：找出 2001 年元旦前借出的图书的书名及借书学生的姓名，以催促逾期不还的学生尽快还书。

根据以往的经验，先求三个关系的笛卡儿积，把所有可能的情况都组合起来。为了使推导过程有一定的普遍性，我们给出如下的通用子模式：
$$X = \pi_R(\sigma_F(B \times S \times L))$$

其中，F 代表 S.LN=L.LN AND B.BN=L.BN，形式上为选择条件，实际上是等值连接条件；R 代表 T、A、P、BN、N、C、LN 和 D，即三个关系的属性集。

于是，我们的查询要求可用如下表达式来描述：
$$\pi_{T.N}(\sigma_{D<20010101}(X))$$

这一原始表达式可画成原始语法树，如图 4.14 所示。

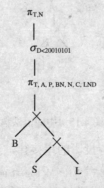

图 4.14　原始语法树

下面来看原始表达式如何变换。

1）按照规则 4（2）——选择的串接律，把相与的两个选择条件分解为两个独立的选择条件，这其实是对变换规则 4（2）的逆向思维。

$$\sigma_{S.LN=L.LN\ AND\ B.BN=L.BN} \rightarrow (a)\sigma_{S.LN=L.LN;}\ (b)\sigma_{B.BN=L.BN}$$

注意，规则 4（2）可用于四种场合：若两个选择条件都针对同一关系，则可把两个条件合并，使选择运算一次完成；若两个选择条件分别针对两个不同的关系，则应把两个条件分解，使之分别与所针对的关系相对应；若相与的两个选择条件实质上是针对三个关系的连接条件（比如本例），则应分解，以便实现三个关系依次相连；若两个条件一个为选择，一个为连接，则应分解，先选择，后连接。

2）利用规则 5（1）——选择与投影的交换律，把 $\sigma_{D<20010101}$ 与 π_R 交换。其实，这对于规则 5（1）来说，同样是逆向思维。规则 5（1）的这种反向变换完全是无条件的，因为先做选择运算不会丢失任何属性，所以不会影响随后的投影运算。反之，若先进行投影，就必须保证随后的选择运算所涉及的属性依然如故，因而是有条件的。

再利用规则 4（1）——选择的交换律，把选择 $\sigma_{D<20010101}$ 与上一步分解的两个选择（实质上是连接），按先选择后连接的原则加以交换，于是得到：

$$\sigma_{D<20010101}(B \times S \times L)$$

由于表达式中的选择仅涉及关系 L，则按照规则 6——选择对笛卡儿积的分配律，表达式变换如下：

$$S \times (\sigma_{D<20010101}(L))$$

3）由于选择条件(a) $\sigma_{S.LN=L.LN;}$ 与关系 B 无关，同样按照规则 6，把表达式变换如下：

$$B \times (\sigma_{S.LN=L.LN;}(S \times \sigma_{D<20010101}(L)))$$

4）利用规则 3——投影串接律，把两个投影合并：

$$\pi_{T,N}(\pi_R(\cdots)) \rightarrow \pi_{T,N}(\cdots)$$

这时的表达式可画成中间语法树，如图 4.15 所示。

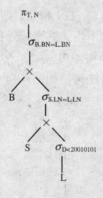

图 4.15　中间语法树

5）利用规则 5（2）——选择与投影的串接律，对如下表达式进行变换：

$$\pi_{T,N}(\sigma_{B.BN=L.BN}(\cdots)) \rightarrow \pi_{T,N}(\sigma_{B.BN=L.BN}(\pi_{T,N,B.BN,L.BN}(\cdots)))$$

利用该规则的结果是在原有的投影与选择之后串接一个新的投影，而新投影的属性既包含后续投影的属性，也包含后续选择条件（实为等值连接条件）中的属性。看到这里，难免会感到规则 5（2）把简单问题复杂化了。

6）把投影 $\pi_{T, N, B.BN, L.BN}$ 分解为独立的两部分 $\pi_{T, N}$ 和 $\pi_{B.BN, L.BN}$，然后利用规则 7——投影对笛卡儿积的分配律，分别对相关的部分作投影，于是得到如下表达式：

$$\pi_{T, N}(\sigma_{B.BN=L.BN}(\pi_{T.B.BN}(B) \times \pi_{N, L.BN}(\sigma_{S.LN=L.LN}(S \times \sigma_{D<20010101}(L)))))$$

到这一步，把后续运算所需要的属性汇总起来，是为了按各自所在的关系重新组合，从而在做笛卡儿积之前，把每个关系中无关的属性完全删除。

7）再次利用规则 5（2），把投影与选择串接，得到如下表达式：

$$\pi_{T, L.BN}(\sigma_{S, LN=L.BN}(S \times \sigma_{D<20010101}(L))) \rightarrow$$
$$\pi_{T, L.BN}(\sigma_{S, LN=L.BN}(\pi_{N, L.BN, S.LN, L.LN}(S \times \sigma_{D<20010101}(L))))$$

8）把新的投影分解成 $\pi_{N, S.LN}$ 和 $\pi_{L.BN, L.LN}$，然后再次利用规则 7，把投影移入笛卡儿积，得到如下表达式：

$$\pi_{N, S.LN}(S) \times (\pi_{L.BN, L.LN}(S \times \sigma_{D<20010101}(L)))$$

按照规则 5（2），还可以再做下去，得到下面的表达式：

$$\pi_{L.BN, L.LN}(\sigma_{D<20010101}(L)) \rightarrow \pi_{L.BN, L.LN}(\sigma_{D<20010101}(\pi_{L.BN, L.LN, D}(L)))$$

这时，我们会注意到新串接的投影竟然把关系 L 的全部属性无一遗漏地取出了。

最终得到优化语法树如图 4.16 所示。

优化的查询表达式如下：

$$\pi_{T, N}(\sigma_{B.BN=L.BN}(\pi_{T.B.BN}(B) \times \pi_{N, L.BN}(\sigma_{S.LN=L.LN}(\pi_{N, S.LN}(S) \times (\pi_{L.BN, L.LN}(S \times \sigma_{D<20010101}(L)))))))$$

如果把按照变换规则推导出的优化查询表达式与我们常写的查询表达式作比较，就会发现，两者主要的不同在于：优化的表达式中多了几个投影——对原始关系和中间关系的投影。通过不断地投影，把后续的投影和连接（以选择的形式出现）运算所需要的属性取出，而不断地删除多余的属性。

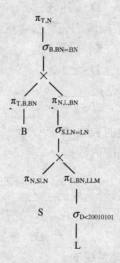

图 4.16　优化语法树

小　结

本章的内容属于数据库范畴内较为深入、理论性较强的知识。要求理解事务、并发操作可能引起的问题以及解决的途径。

为了提高数据库的使用效率，必须允许多个用户并发地对数据库进行查询、更新等操作，如果不对这种并发操作加以合理控制，容易造成并发操作结果出错，数据出现不一致性。并发操纵调度正确性的唯一准则是可串行化准则。为了保证数据库中数据的一致性，保证并发事务的可串行化调度，采用了封锁管理机制。采用不同的封锁协议，就能不同程度地解决并发操作调度可能出现的种种问题。本章介绍了保证并行调度可串行性的两段封锁协议和能够保证数据一致性的三级封锁协议。

关系数据库语言的级别较高，它不需要用户选择数据的存取路径，只需要用户提出"做什么"，不需要指出"怎么做"，这就给数据库管理系统提供了很大的自由度。系统可以并且必须选取存取策略，这就是查询优化对于系统而言既具有可能性，又具有必要性。所谓查询优化，就是以提高查询效率为目标，查询占用的时间及空间越少，查询效率越高，根据普遍的、行之有效的优化策略，按照关系代数变换规则对查询表达式进行变换，最后得到一个优化代价合理、查询效率较高的查询计划。

习　题

一、选择题

1. 为了防止一个用户的工作不适当地影响另一个用户，应该采取_____。
    A. 完整性控制　　　　　　　　B. 安全性控制
    C. 并发控制　　　　　　　　　D. 访问控制
2. 事务的并发执行不会破坏数据库的完整性，这个性质称为事务的_____。
    A. 原子性　　　　　　　　　　B. 隔离性
    C. 持久性　　　　　　　　　　D. 一致性
3. 数据库技术中，"脏数据"是指_____。
    A. 为提交的数据
    B. 未提交的随后又被撤销的数据
    C. 违反访问权而写入数据库的数据
    D. 输入时有错的数据
4. 事务的隔离性是由数据库管理系统的_____。
    A. 安全性子系统实现　　　　　　B. 完整性子系统实现
    C. 并发控制子系统实现　　　　　D. 恢复子系统实现
5. 事务的持久性由数据库管理系统的_____。
    A. 安全性子系统实现　　　　　　B. 完整性子系统实现
    C. 并发控制子系统实现　　　　　D. 恢复子系统实现

二、简答题

1. 在数据库系统中，结束事务有几种方式？试分别简述之。

2. 在数据库系统中，事务有哪些特性？简述之。

3. 设 T_1，T_2，T_3 是如下三个事务。

T_1：$A=A+2$

T_2：$A=A*2$

T_3：$A=A**2$

A 的初值为 1，设 T_1，T_2 和 T_3 可以并发执行，并对其操作的顺序不加限制，则它们的并发执行可能产生哪几种结果（写出最后的 A 值）？

4. 什么是封锁？基本的封锁类型有几种？试述它们的含义。

5. 并发操作可能导致哪几种数据不一致的现象？采用什么协议解决这几种的数据不一致性？

6. 什么是可串行化准则？什么样的并发调度是正确的调度？

7. 什么是活锁？什么是死锁？

8. 试述活锁的产生原因和解决方法。

9. 什么是封锁粒度？封锁粒度与系统的并发程度以及并发控制的关系如何？

10. 从学生选课数据库中查询"数据库"课并且成绩在 90 分以上的学生的学生名单，SQL 语句序列如下：

```
SELECT Student Name
FROM Student, Course, StudentCourse
Where Student..StudentNo=StudentCourse.StudentNo
    AND Course.CourseNo=StudentCourse.CourseNo
    AND Course.CourseName='数据库'AND StudentCourse.Score>90
```

（1）画出这个查询的关系代数语法树。

（2）对该语法树进行优化。

（3）画出原始的和优化的语法树。

11. 某食品公司下设若干食品供应单位并提供客户订购服务事项。该食品公司订购视频管理系统有三个数据关系。

订购人 MEMBERS(Name，ADDR，BALANCE)，分别表示名字、地址、数量；

订购 ORDERS(O#，NAME，ITEM，QTY)，分别表示订购号、订购人姓名、食品项目、数量；

供应单位 SUPPLIERS（SANME，SADDR，ITEM，PRICE)，分别表示供应单位名、供应单位地址、食品项目、单价。

现有一个查询语句：检索至少订购"第二食品厂"提供的食品的订购人姓名和地址。

（1）试写出该查询的关系代数表达式。

（2）画出关系代数表达式的原始语法树。

（3）画出原优化的语法树。

第 5 章　数据库设计

⬛ **本章要点**

1. 数据库的设计既要满足用户的需求，又与给定的应用环境密切相关。因此，必须采用系统化、规范化的设计方法，按需求分析、概念设计、逻辑设计、物理设计、数据库实施、数据库运行和维护六个阶段逐步深入展开。

2. 需求分析就是分析用户的要求，是数据库设计的基础。通过调查和分析，了解用户的信息需求和处理需求，并以数据流图、数据字典等形式加以描述。

3. 概念设计主要是把需求分析阶段得到的用户需求抽象化为概念模型。概念设计是数据库设计的关键。我们将使用 E-R 模型作为概念设计的工具。

4. 逻辑设计就是把概念设计阶段产生的概念模式转换为逻辑模式。因为逻辑设计与 DBMS 密切相关，所以本章以关系模型和关系数据库管理系统为基础讨论逻辑设计。

5. 物理设计是为关系模式选择合适的存取方法和存储结构。

6. 数据库实施是根据逻辑设计和物理设计的结果建立数据库，编制和调试应用程序，组织数据入库，并进行试运行。

7. 数据库运行和维护是在运行过程中不断地对数据库系统进行评价、调整和修改。

8. 在学完本章并完成相关的教学实验后，要求了解数据库设计的全过程，初步学会使用数据流图和数据字典等形式描述用户需求，初步掌握概念设计和逻辑设计的方法，并了解物理设计的方法。

数据库设计是建立数据库及其应用系统的技术，是信息系统开发和建设中的核心技术。由于数据库应用系统的复杂性，为了支持相关应用程序的运行，数据库设计就变得异常复杂，因此，其最佳设计不可能一蹴而就，而只能是一种"反复探寻，逐步求精"的过程。具体地说，数据库设计是对于一个给定的应用环境，构造最优的数据库模式，建立数据库及其应用系统，使之能够有效地存储数据，满足各类用户的应用需求（信息要求和处理要求）。

本章将按照需求分析、概念设计、逻辑设计、物理设计、数据库的实施和运行维护这六个步骤重点介绍数据库的设计。

5.1　概　　述

设计与使用数据库系统的过程是把现实世界的数据经过人为地加上和计算机的处理，又为现实世界提供信息的过程。在给定的 DBMS、操作系统和硬件环境下，表达用户的需求，并将其转换为有效的数据库结构，构成较好的数据库模式，这个过程称为数据库设计。要设计一个好的数据库，必须用系统的观点分析和处理问题。数据库及其应用系统开发的全过程可分为两大阶段：数据库系统的分析与设计阶段；数据库系统的实施、运行与维护阶段。

5.1.1 数据库设计的任务

数据库的生命周期分为两个重要的阶段：一是数据库的设计阶段，二是数据库的实施和运行维护阶段。其中，数据库的设计阶段是数据库整个生命周期中工作量比较大的一个阶段，其质量对整个数据库系统的影响很大。

数据库设计的基本任务是：根据一个单位的信息需求、处理需求和数据库的支撑环境（包括 DBMS、操作系统和硬件），设计出数据模式（包括外模式、逻辑（概念）模式和内模式）以及典型的应用程序。其中信息需求表示一个单位所需要的数据及其结构。处理需求表示一个单位需要经常进行的数据处理，例如，工资计算、成绩统计等。前者表达了对数据库的内容及结构的要求，也就是静态要求；后者表达了基于数据库的数据处理要求，也就是动态要求。DBMS、操作系统和硬件是建立数据库的软、硬件基础，也是其制约因素。

为了便于理解上面的概念，下面举一个具体的例子：

某大学需要利用数据库来存储和处理每个学生、每门课程以及每个学生所选课程及成绩的数据。其中每个学生的属性有姓名（Name）、性别（Sex）、出生日期、系别（Department）、入学日期（EnterDate）等；每门课程的属性有课程号（Cno）、学时（Ctime）、学分（Credit）、教师（Teacher）等；学生和课程之间的联系是每个学生选了哪些课程以及每个学生每门课的成绩或是否通过等。以上这些都是这所大学需要的数据及其结构，属于整个数据库系统的信息需求。

大学需要在此数据库上做的操作，例如，统计每门课的平均分、每个学生的平均分等，则是大学需要的数据处理，属于整个数据库处理需求。

最后，大学要求数据库运行的操作系统（Windows、UNIX）、硬件环境(CPU 速度、硬盘容量)等，也是数据库设计时需要考虑的因素。

信息需求主要是定义所设计的数据库将要用到的所有信息。描述实体、属性、联系的性质，描述数据之间的联系。处理需求则定义所设计的数据库将要进行的数据处理，描述操作的优先次序、操作执行的频率和场合。描述操作与数据之间的联系。当然，信息需求和处理需求的区分不是绝对的，只不过侧重点不同而已。信息需求要反映处理的需求，处理需求自然包括其所需的数据。

数据库设计有两种不同的方法：一种是以信息需求为主，兼顾处理需求，这种方法称为面向数据的设计方法（data-oriented approach）。另一种是以处理需求为主，兼顾信息需求，这种方法称为面向过程的设计方法（process-oriented approach）。用前一种方法设计的数据库，可以较好地反映数据的内在联系。不但可以满足当前应用的需要，还可以满足潜在应用的需求。用第二种方法设计的数据库，可能在使用的初始阶段比较好地满足应用的需要，获得好的性能，但随着应用的发展和变化，往往会导致数据库较大的变动或者不得不重新设计。这两种设计方法在实际中都有应用。面向过程的设计方法主要用于处理要求比较明确、固定的应用系统，例如饭店管理。但是在实际应用中，数据库一般由许多用户共享，还可能不断有新的用户加入，对于这类数据库，最好采用面向数据的设计方法，使数据库比较合理地模拟一个单位。一个单位的数据总是相对稳定的，而处理测试则是相对变动的。为了设计一个相对稳定的数据库，一般采用面向数据的设计方法。

数据库设计的成果有两个：一是数据模式，二是以数据库为基础的典型应用程序。应用程序是随着应用而不断发展的，在有些数据库系统中（例如情报检索），事先很难编出所需的应用程序或事务。因此，数据库设计的最基本的成果是数据模式。不过，数据模式的设计必须适应数据处理的要求，以保证大多数常用的数据处理能够方便、快速地进行。

在此利用上面提到的关于某大学里学生及课程信息的例子，数据库设计的最基本的结果是各种信息的存放模式，例如，共建立几张表，每张表包含哪些属性，每个属性的类型以及多个表之间的联系等。虽然要存放这些信息有很多种方式，但是要考虑到常用的数据处理如统计学生平均分、统计课程平均分等，所以在设计数据存放的方式时要能适应这些处理需求。

5.1.2　数据库设计的特点

同其他的工程设计一样，数据库设计具有如下三个特点。

（1）反复性

数据库设计需要反复推敲和修改才能完成。前阶段的设计是后阶段设计的基础和起点，后阶段也可向前阶段反馈其要求，如此反复修改，才能比较完善地完成数据库的设计。

（2）试探性

与解决一般问题不同，数据库设计的结果经常不是唯一的，所以设计的过程通常是一个试探的过程。由于在设计过程中，有各种各样的需求和制约的因素，它们之间有时可能会相互矛盾，常常为了达到某方面的优化而降低了另一方面的性能。这些取舍是由数据库设计者的权衡和本单位的需求来决定的。

（3）分步进行

数据库设计常常由不同的人员分阶段地进行。这样即使整个数据库的设计变得条理清晰、目的明确，又是技术上分工的需要。而且分步进行可以分段把关，逐级审查，能够保证数据库设计的质量和进度。尽管后阶段可能会向前阶段反馈其要求，在正常情况下，这种反馈修改的工作量不应是很大的。

5.1.3　数据库设计步骤

数据库的设计一般分为六步：需求分析、概念设计、逻辑设计、物理设计、数据库的实施、数据库的运行与维护。其基本过程如图 5.1 所示。

在数据库设计的整个过程中，需求分析和概念设计可以独立于任何数据库管理系统，而逻辑设计和物理设计则与具体的数据库管理系统密切相关。下面分别介绍数据库设计的每个步骤。

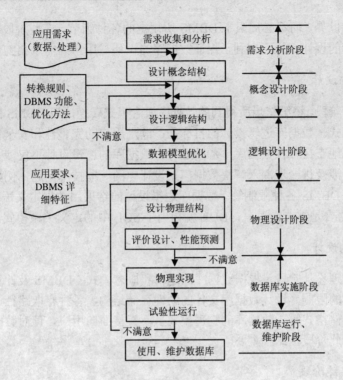

图 5.1　数据库设计步骤

1. 需求分析

设计一个数据库，首先必须确认数据库的用户和用途。由于数据库是一个单位的模拟，数据库设计者必须对一个单位的基本情况有所了解，比如，该单位的组织机构、各部门的联系，有关事物和活动以及描述它们的数据、信息流程、政策和制度、报表及其格式和有关的文档等。收集和分析这些资料的过程称为需求分析。例如，在一个大学，学生是按照系别、班级来进行组织的，而课程则是按照专业、任课教师等进行组织。每个学生需要选修自己专业内的课程并取得成绩，而校方则需要统计每门课的平均分和学生的平均成绩，这就是学生和课程之间的联系和需要进行的处理。需求分析的目标是给出应用领域中数据项、数据项之间的关系和数据操作任务的详细定义，为数据库的概念设计、逻辑设计和物理设计奠定基础，为优化数据库的逻辑结构和物理结构提供可靠依据。设计人员应与用户密切合作，用户则应积极参与，从而使设计人员对用户需求有全面、准确的理解。

2. 概念结构设计

在需求分析的基础上，用概念数据模型，例如，E-R 模型表示数据及其相互间的联系，产生反映用户信息需求和处理需求的数据库概念模式。概念设计的目标是准确描述应用领域的信息模式，支持用户的各种应用，这样既容易转换为数据库逻辑模式，又容易被用户理解。数据库概念模式是独立于任何数据库管理系统、面向现实世界的数据模型，不能直接用于数据库的实现。但是这种模式易于被用户所理解，而且设计人员可以致力于模拟现实世界，而不必局限于 DBMS 所规定的各种细节。在此阶段，用户可以参与和评价数据库的设计，从而有利于保证数据库的设计与用户的需求相吻合。

3. 逻辑结构设计

在逻辑设计阶段，将第二步所得到的数据库概念模式转换成以 DBMS 的逻辑数据模型表示的逻辑模式。数据库逻辑设计的目标是：满足用户的完整性和安全性要求，能在逻辑级上高效率地支持各种数据库事务的运行。数据库的逻辑设计不仅涉及数据模型的转换问题，而且涉及进一步深入解决数据模式设计中的一些技术问题，例如，数据模式的规范化、满足 DBMS 各种限制等。数据库逻辑设计的结果用数据定义语言（DDL）表示。由于 SQL 语言是综合性语言，DDL 就相当于 SQL 中的定义关系模式部分。

4. 物理结构设计

在数据库物理设计阶段，根据数据库的逻辑和概念模式、DBMS 及计算机系统所提供的功能和施加的限制，设计数据库文件的物理存储结构、各种存取路径、存储空间的分配、记录的存储格式等。数据库的物理模式虽不直接面向用户，但对数据库的性能影响较大，所以，此阶段也比较重要。

5. 数据库实施阶段

在数据库实施阶段，设计人员运用 DBMS 提供的数据语言（例如 SQL）及其宿主语言（例如 C），根据逻辑设计和物理设计的结果建立数据库，编制与调试应用程序，组织数据入库，并进行试运行。

6. 数据库运行和维护阶段

数据库应用系统经过试运行后即可投入正式运行。在数据库系统运行过程中必须不断地对其进行评价、调整与修改。

需要指出的是，这个设计步骤既是数据库设计的过程，又包括了数据库应用系统的设计过程。在设计过程中把数据库的设计和对数据库中数据处理的设计紧密结合起来，将这两个方面的需求分析、抽象、设计、实现在各个阶段同时进行，相互参照，相互补充，以完善两方面的设计。事实上，如果不了解应用环境对数据的处理要求，或没有考虑如何如实现这些处理要求，是不可能设计一个良好的数据库结构的。按照这个原则，设计过程各个阶段的设计描述可用图 5.2 概括地给出。

图 5.2 有关处理特性的设计描述中，其设计原理、采用的设计方法、工具等在软件工程和信息系统设计等其他课程中有详细介绍，这里不再讨论。这里主要讨论关于数据特性的描述以及如何在整个设计过程中参照处理特性的设计来完善数据模型设计等问题。

按照这样的设计过程，数据库结构设计的不同阶段形成数据库的各级模式，如图 5.3 所示。需求分析阶段：综合各个用户的应用需求。概念设计阶段：形成独立于机器特点，独立于各个 DBMS 产品的概念模式，即 E-R 图。逻辑设计阶段：将 E-R 图转换成具体的数据库产品支持的数据模型，如关系模型，形成数据库逻辑模式；然后根据用户处理的要求、安全性的考虑，在基本表的基础上再建立必要的视图，形成数据的外模式。物理设计阶段：根据 DBMS 的特点和处理的需要，进行物理存储安排，建立索引，形成数据库内模式。

设计阶段	设计描述	
	数据	处理
需求分析	数据字典、全系统中数据项、数据流、数据存储的描述	数据流图和判定表（判定树）、数据字典中处理过程的描述
概念结构设计	概念模型（E-R 图） 数据字典	系统说明书包括： ①新系统要求：方案和概图 ②反映新系统信息流的数据流图
逻辑结构设计	某种数据模型 关系　非关系	系统结构图 （模块结构）
物理设计	存储安排 方法选择 存取路径建立 分区1 分区2	模块设计 IPO 表 IPO表 ... 输入: 输出: 处理:
实施阶段	编写模式 装入数据 数据库试运行 Create ... Load ...	程序编码 编译联结 测试 Main( ) ... if ... then ... end
运行维护	性能监测、转储、恢复数据库重组和重构	新旧系统转换、运行、维护（修正性、适应性、改善性维护）

图 5.2　数据库结构设计阶段

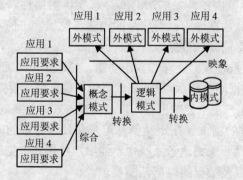

图 5.3　数据库的各级模式

5.2　数据库需求分析

简单地说，需求分析就是分析用户的要求。需求分析是设计数据库的起点，需求分析的结果是否准确地反映了用户的实际需求，将直接影响到后面各个阶段的设计，并影响到设计结果是否合理和实用。

5.2.1 需求分析的任务与步骤

需求分析的任务是调查应用领域，对应用领域中各应用的信息要求和操作要求进行详细分析，形成需求分析说明书。需求分析是对现实世界深入了解的过程。数据库能否正确地反映现实世界，主要取决于需求分析。需求分析人员既要对数据库技术有一定的了解，又要对单位的情况比较熟悉，一般由数据库人员和本单位的有关工作人员合作进行。需求分析的结果整理成需求分析说明书，这是数据库技术人员和应用单位的工作人员取得共识的基础，必须得到单位有关管理人员的确认。

具体地说，需求分析阶段的任务包括以下三个步骤。

1. 调查分析用户的活动

这个过程通过对新系统运行目标的研究，对现行系统所存在的主要问题的分析以及制约因素的分析，明确用户总的需求目标，确定这个目标的功能域和数据域。具体做法是：

1）调查组织机构情况，包括该组织的部门组成情况、各部门的职责和任务等。

2）调查各部门的业务活动情况，包括各部门输入和输出的数据与格式、所需的表格与卡片、加工处理这些数据的步骤、输入/输出的部门等。

3）企业的环境特征，包括企业的规模与结构、部门的地理分布。主管部门对机构的规定与要求，对系统费用、利益的限制。

2. 收集和分析需求数据，确定系统边界

在熟悉业务活动的基础上，协助用户明确对新系统的各种需求，包括用户的信息需求、处理需求、安全性和完整性的需求等。

1）信息需求指目标范围内涉及的所有实体、实体的属性以及实体间的联系等数据对象，也就是用户需要从数据库中获得信息的内容与性质。由信息要求可以导出数据要求，即在数据库中需要存储哪些数据。

2）处理要求指的是系统数据处理的操作功能，描述操作的优先次序，包括操作的执行频率和场合，操作与数据间的联系。处理需求还包括确定用户要完成什么样的处理功能，每种处理的执行频度，用户需求的响应时间以及处理方式，如是联机处理还是批处理。

3）安全性和完整性的需求。在定义信息需求和处理需求的同时必须相应确定安全性和完整性约束。安全性要求描述了系统中不同用户使用和数据库的情况，完整性要求描述了数据之间的关联以及数据的取值范围要求。

在收集各种需求数据后，对前面调查的结果进行初步分析，确定新系统的边界，确定哪些功能由计算机完成或将来准备让计算机完成，哪些活动由人工完成。由计算机完成的功能就是新系统应该实现的功能。

3. 编写需求分析说明书

系统分析阶段的最后是编写系统分析报告，通常称为需求规范说明书。需求规范说明书是对需求分析阶段的一个总结。编写系统分析报告是一个不断反复、逐步深入和逐步完善的过程，系统分析报告应包括如下内容：

1）系统概况，系统的目标、范围、背景、历史和现状。

2）系统的原理和技术，对原系统的改善。

3）系统总体结构与子系统结构说明。

4）系统功能说明。

5）数据处理概要、工程体制和设计阶段划分。

6）系统方案及技术、经济、功能和操作上的可行性。

完成系统的分析报告后，在项目单位的领导下要组织有关技术专家评审系统分析报告，这是对需求分析结构的再审查。审查通过后，由项目方和开发方领导签字认可。

5.2.2　需求分析的方法

1. 数据流图

用于需求分析的方法有多种，结构化分析（structured analysis，SA）是最简单实用的方法。SA 方法是面向数据流进行需求分析的方法。它采用自顶向下逐层分解的分析策略，画出相应系统的数据流图（data flow diagram，DFD）。

数据流图是一种从"数据"和"对数据的加工"两方面表达系统工作过程的图形表示方法。数据流图中有 4 个基本成分：

- →(箭头)，表示数据流。
- —（单杠），表示数据文件。
- ○（圆或椭圆），表示加工。
- □（方框），表示数据的源点或终点。

（1）数据流

数据流是数据在系统内传播的路径，因此，由一组固定的数据项组成。如学生由学号、姓名、性别、出生日期、班号等数据项组成。由于数据项是流动中的数据，所以必须有流向，在加工之间、加工与源终点之间、加工与数据存储之间流动，除了与数据存储之间的数据流不用命名外，数据流应该用名词或名词短语命名。

（2）数据文件

数据文件又称为数据存储，指系统保存数据，它一般是数据库文件。流向数据文件的数据流通常可理解为写入文件或查询文件，从数据文件流出的数据可理解为从文件读取或得到查询结果。

（3）加工

加工又称为数据处理，指对数据流进行操作或变换。每个加工也要有名字，通常是动词短语，简明地描述完成什么加工。

（4）数据的源点和终点

本系统外部环境中的实体（包括人员、组织或其他软件系统）通称为外部实体。它们是为了帮助理解系统接口界面而引入的，一般只出现在数据流图的顶层图中。

为了表达数据处理过程的数据加工情况，用一个数据流图往往是不够的。复杂的实际问题，在数据流图上常常出现十几个甚至几十个加工。这样的数据流图看起来很不清楚。层次结构的数据流图能很好地解决这一问题。按照系统的层次结构进行逐步分解，并以分层的数据流图反映这种结构关系，能清楚地表达和容易理解整个系统。

数据流图表达了数据与处理的关系。在 SA 方法中，处理过程的处理逻辑常常借助判定表或判定树来描述，而系统中的数据则是借助数据字典（data dictionary，DD）来描述。

（5）画数据流图的步骤

画数据流图的一般步骤如下：

1）画出系统的输入/输出，即先画出顶层数据流图。顶层数据流图只包含一个加工，用以表示被设计的应用系统。然后考虑该系统有哪些输入数据，这些输入数据从哪里来；有哪些输出数据，输出到哪里去。这样就定义了系统的输入、输出数据流。顶层图的作用在于表明被设计的应用系统的范围以及它和周围环境的数据交换关系。顶层图只有一张。如图 5.4 所示，是一个图书借还系统的顶层图。

2）画系统内部，即画下层数据流图。采用自顶向下，由外向内的原则。一般是根据当前系统工作分组情况，并按新系统应有的外部功能，分解顶层图的系统为若干个子系统，决定每个子系统间的数据接口和活动关系。

图 5.4　图书借还系统顶层数据流图

例如，图书借还系统按功能分成两部分，一部分为读者借书管理，另一部分为读者还书管理。如图 5.5 所示。

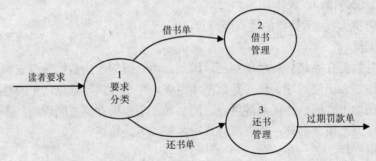

图 5.5　图书借还系统数据流图

一般地，画更下层数据流图时，则分解上层图中的加工，一般沿着输入流的方向，凡数据流的组成或值发生变化的地方则设置一个加工，这样一直进行到输出数据流（也可以从输出数据流到输入数据流的方向画）。如果加工的内部还有数据流，则对此加工在下层图中继续分解，直到每一个加工足够简单，不能再分解为止，不能再分解的加工称为基本加工。

例如，图 5.6 是对图 5.5 中的加工进一步分解，得到了基本加工。

（6）画数据流图的注意事项

在画数据流图时应注意以下几点：

1）图中每个元素都必须有名字。合适的命名使人们易于理解其含义。数据流和数据文件的名字应当是"名词"或"名词性短语"，表明流动的数据是什么，不使用缺乏具体的名字，如"数据"、"信息"等。加工的名字应当是"名词＋宾语"，表明做什么事情，不使用"处理"、"操作"这些笼统的词。

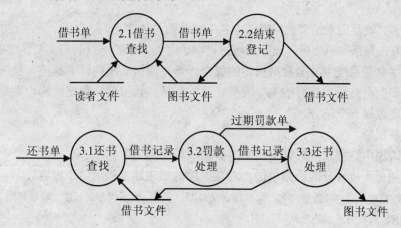

图 5.6　图书借还系统数据流图

2）每个加工至少有一个输入数据流和一个输出数据流，反映出此加工数据的来源与加工的结果。

3）编号。如果一张数据流图中的某个加工分解成另一张数据流图，则上层图为父图，直接下层图为子图。子图应编号，子图中的所有加工也应编号，子图的编号就是父图中相应加工的编号，加工的编号由子图号、小数点及局部号组成。如图 5.5 和 5.6 所示。

4）规定任何一个数据流子图必须与它上一层的一个加工对应，两者的输入数据流和输出数据流必须一致，即父图与子图的平衡。

再举一个学生选课关系的数据流图。

图 5.7 是以学生选课关系的数据流图。

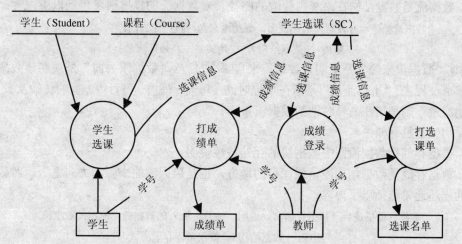

图 5.7　以学生选课关系的数据流图

数据流图表达了数据和处理的关系，并没有对各个数据流、加工、数据文件进行详细说明，如数据流、数据文件的名字并不能反映其中的数据成分、数据项和数据特性，在加工中不能反映处理过程等。

2. 数据字典

数据字典就是用来定义数据流图中各个成分的具体含义的，它以一种准确的、无二义性的说明方式为系统的分析、设计及维护提供了有关元素的一致的定义和详细的描述。

数据字典是系统中各类数据描述的集合，是对数据流图的详细描述。是进行详细的数据收集和数据分析所获得的主要成果。通常包括：数据项、数据结构、数据流、数据存储和处理过程五个部分。

（1）数据项

数据流图中数据块的数据结构中的数据项说明称为数据项。

数据项是不可再分的数据单位。对数据项的描述通常包括以下内容：

　　　　数据项描述＝｛数据项名，数据项含义说明，别名，数据类型，长度，取值范围，取值含义，与其他数据项的逻辑关系｝

其中"取值范围"、"与其他数据项的逻辑关系"定义了数据的完整性约束条件，是设计数据检验功能的依据。

（2）数据结构

数据结构指数据流图中数据块的数据结构说明。

数据结构反映了数据之间的组合关系。一个数据结构可以由若干个数据项组成，也可以由若干个数据结构组成，或由若干个数据项和数据结构混合组成。对数据结构的描述通常包括以下内容：

　　　　数据结构描述＝｛数据结构名，含义说明，组成:｛数据项或数据结构｝｝

（3）数据流

数据流指数据流图中流线的说明。

数据流是数据结构在系统内传输的路径。对数据流的描述通常包括以下内容：

　　　　数据流描述＝｛数据流名，说明，数据流来源，数据流去向，

　　　　　　　　组成:｛数据结构｝，平均流量，高峰期流量｝

其中，"数据流来源"是说明该数据流来自哪个过程。"数据流去向"是说明该数据流将到哪个过程去。"平均流量"是指在单位时间（每天、每周、每月等）里的传输次数。"高峰期流量"则是指在高峰时期的数据流量。

（4）数据存储

数据存储指数据流图中数据块的存储特性说明。

数据存储是数据结构停留或保存的地方，也是数据流的来源和去向之一。对数据存储的描述通常包括以下内容：

　　　　数据存储描述＝｛数据存储名，说明，编号，流入的数据流，流出的数据流，

　　　　　　　　组成:｛数据结构｝，数据量，存取方式｝

其中，"数据量"是指每次存取多少数据，每天（或每小时、每周等）存取几次等信息。"存取方法"包括是批处理，还是联机处理；是检索还是更新；是顺序检索还是随机检索等。另外，"流入的数据流"要指出其来源，"流出的数据流"要指出其去向。

（5）处理过程

处理过程指数据流图中功能块的说明。

数据字典中只需要描述处理过程的说明性信息，通常包括以下内容：

处理过程描述＝｛处理过程名，说明，输入：｛数据流｝，输出：｛数据流｝，

处理：｛简要说明｝｝

其中，"简要说明"中主要说明该处理过程的功能及处理要求。功能是指该处理过程用来做什么（而不是怎么做）；处理要求包括处理频度要求，如单位时间里处理多少事务、多少数据量、响应时间要求等，这些处理要求是后面物理设计的输入及性能评价的标准。

可见，数据字典是关于数据库中数据的描述，即元数据，而不是数据本身。

数据字典是在需求分析阶段建立，在数据流设计过程中不断修改、充实、完善的。

（6）示例说明

下面以图 5.7 学生选课关系的数据流图为例简要说明如何定义数据字典。

1）数据项：以"学号"为例。

数据项名：学号

数据项含义：唯一标识每一个学生

别名：学生编号

数据类型：字符型

长度：8

取值范围：00000～99999

取值含义：前 2 位为入学年号，后 3 位为顺序编号

与其他数据项的逻辑关系：（无）

2）数据结构：以"学生"为例。

数据结构名：学生

含义说明：是学籍管理子系统的主体数据结构，定义了一个学生的有关信息

组成：学号、姓名、性别、年龄、所在系

3）数据流：以"选课信息"为例。

数据流名：选课信息

说明：学生所选课程信息

数据流来源："学生选课"处理

数据流去向："学生选课"存储

组成：学号，课程号

平均流量：每天 10 个

高峰期流量：每天 100 个

4）数据存储：以"学生选课"为例。

数据存储名：学生选课

说明：记录学生所选课程的成绩

编号：（无）

流入的数据流：选课信息，成绩信息

流出的数据流：选课信息，成绩信息

组成：学号，课程号，成绩

数据量：50000 个记录

　　　　存取方式：随机存取

5）处理过程：以"学生选课"为例。

　　　　处理过程名：学生选课

　　　　说明：学生从可选修的课程中选出课程

　　　　输入数据流：学生，课程

　　　　输出数据流：学生选课

　　　　处理：每学期学生都可以从公布的选修课程中选修自己愿意选修的课程，选课时，有些选修课有先修课程的要求，还要保证选修课的上课时间不能与该生必修课时间相冲突，每个学生四年内的选修课门数不能超过 8 门。

　　明确地把需求收集和分析作为数据库设计的第一阶段是十分重要的。这一阶段收集到的基础数据（用数据字典来表达）和一组数据流程图是下一步进行概念设计的基础。需求分析是整个数据库设计（严格地讲是管理信息系统设计）中最重要的一步，是其他各个步骤的基础。如果把整个数据库设计看作是一个系统工程，那么需求分析就是为这个系统工程输入最原始的信息。如果这一步做得不好，那么即使后面的各步设计再优化，也只能前功尽弃。所以，这一步是非常重要的一步，也是数据库自动生成工具研究中最困难的部分。目前许多自动生成工具都绕过这一步，先假定需求分析已经有结果，这些自动工具就以这一结果作为后面几步的输入。

5.3　概念结构设计

　　将需求分析得到的用户需求抽象为信息结构即概念模型的过程就是概念结构设计。它是整个数据库设计的关键。

5.3.1　概念结构

　　在需求分析阶段，设计人员充分调查并描述了用户的需求，但这些需求只是现实世界的具体要求，应把这些需求抽象为信息世界的结构，才能更好地实现用户的需求。概念设计就是将需求分析得到的用户需求抽象为信息结构，即概念模型。

1. 概念设计的好处

　　在早期的数据库设计中，概念设计并不是一个独立的设计阶段。当时的设计方式是在需求分析之后，进行逻辑设计。这样，设计人员在进行逻辑设计时，考虑的因素太多，既要考虑用户的信息，又要考虑具体 DBMS 的限制，使得设计过程复杂化，难以控制。为了改善这种状况，P.P.S.Chen 设计了基于 E-R 模型的数据库设计方法，即在需求分析和逻辑设计之间增加了一个概念设计阶段。在这个阶段，设计人员仅从用户角度看待数据及处理要求和约束，产生一个反映用户观点的概念模型，然后再把概念模型转换成逻辑模型。这样做有三个好处：

　　1）从逻辑设计中分离出概念设计以后，各阶段的任务相对单一化，设计复杂程度大大降低，便于组织管理。

　　2）概念模型不受特定的 DBMS 的限制，也独立于存储安排和效率方面的考虑，因而比逻辑模型更稳定。

3）概念模型不含具体的 DBMS 所附加的技术细节，更容易为用户所理解，因而更有可能准确反映用户的信息需求。

2. 概念模型的特点

概念模型作为概念设计的表达工具，为数据库提供一个说明性结构，是设计数据库逻辑结构即逻辑模型的基础。概念模型具备的特点有：

1）语义表达能力丰富。概念模型能表达用户的各种需求，并充分反映现实世界，包括事物和事物之间的联系、用户对数据的处理要求。它是现实世界的一个真实模型。

2）易于交流和理解。概念模型是 DBA、应用开发人员和用户之间的主要界面，因此，概念模型要表达自然、直观，容易理解，以便和不熟悉计算机的用户交换意见，用户的积极参与是保证数据库设计的关键。

3）易于修改和扩充。概念模型要能灵活地加以改变，以反映用户需求和现实环境的变化。

4）易于向各种数据模型转换。概念模型独立于特定的 DBMS，因而更加稳定，能方便地向关系模型、网状模型或层次模型等各种数据模型转换。

3. 数据库概念设计的方法

人们提出了许多概念模型，其中最著名、最实用的一种是 E-R 模型，它将现实世界的信息结构统一用属性、实体以及它们之间的联系来描述。

用 E-R 模型设计数据模式，首先必须根据需求分析说明书，确认实体集、联系和属性。实体集、联系和属性的划分不是绝对的。实体集本来是一个无所不包的概念，属性和联系都可以看作是实体集。引入属性和联系的概念，是为了更清晰、明确地表示现实世界中各种事物彼此之间的联系。概念设计所产生的模式要求比较自然地反映现实世界。因此，实体集、属性和联系的划分实质上反映了数据库设计者和用户对现实世界的理解和观察。它既是对客观世界的描述，又反映出设计者的观点甚至偏爱。所以对于同一个单位，不同的设计者会设计出不同的数据模式。

数据库概念设计的方法主要有两种，一种是集中式设计方法，另一种是视图综合设计方法。

（1）集中式模式设计法

在这种方式中，首先将需求说明综合成一个统一的需求说明，一般由一个权威组织或授权的数据库管理员进行此项综合工作。然后，在此基础上设计一个单位的全局数据模式，再根据全局数据模式为各个用户组或应用定义数据库逻辑设计模式。这种方法强调统一，对各用户组和应用可能照顾不够，一般用于小的、不太复杂的单位。如果一个单位很大、很复杂，综合需求说明是很困难的工作，而且在综合过程中，难免要牺牲某些用户的要求。

（2）视图综合设计法

视图综合设计法不要求综合成一个统一的需求说明，而是以各部分的需求说明为基础，分别设计各自的局部模式，这些局部模式实际上相当于各部分的视图，然后再以这些视图为基础，集成为一个全局模式。在视图集成过程中，可能会发现一些冲突，需对视图做适当的修改。由于集成和修改是在 E-R 模型表示的模式上进行的，一般可用计算机辅助设计工具来进行，修改后的视图可以作为逻辑设计的基础。

从表面上看，集中式模式设计法修改的是局部需求说明，而视图综合设汁法修改的是视图，两者似乎无多大差别。但两者的设计思想是有区别的：视图集成法是以局部需求说明作为设计的基础。在集成时尽管对视图要做必要的修改，但视图是设计的基础，全局模式是视图的集成；集中式模式设计法是在统一需求说明的基础上，设计全局模式，再设计数据库逻辑模式，全局模式是设计的基础。视图集成法比较适合于大型数据库的设计，可以多组并行进行，可以免除综合需求说明的麻烦。目前，视图集成法用得较多，下面将以此法为主介绍概念设计。

5.3.2　概念结构设计的方法与步骤

设计概念结构通常有四类方法。

（1）自顶向下

首先定义全局概念结构 E-R 模型的框架，然后逐步细化，如图 5.8（a）所示。

（2）自底向上

首先定义各局部应用的概念结构，然后将它们集成起来，得到全局概念结构。这是最常采用的方法，即自顶向下地进行需求分析，然后再自底向上地设计概念结构，如图 5.8（b）所示。

（3）逐步扩张

首先定义最重要的核心概念结构，然后向外扩充，以滚雪球的方式逐步生成其他概念结构，直至总体概念结构，如图 5.8（c）所示。

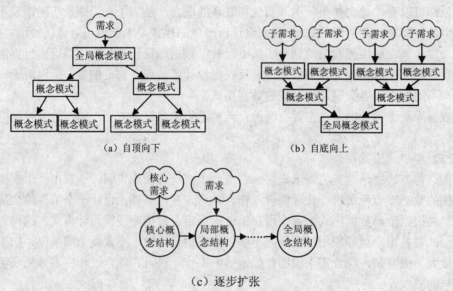

（a）自顶向下　　　　　　　　　　　　（b）自底向上

（c）逐步扩张

图 5.8　设计概念结构的方法

（4）混合策略

将自顶向下和自底向上相结合，用自顶向下策略设计一个全局概念结构的框架，以它为骨架集成由自底向上策略中设计的各局部概念结构。

　　经常采用的方法是自底向上的方法。即自顶向下地进行需求分析，然后再自底向上地设计概念结构。如图 5.9 所示。

　　这里只介绍自底向上概念结构设计的方法，通常分为两步：第一步是抽象数据并设计局部视图，第二步是集成局部视图，得到全局的概念结构，即最终的概念数据库模式。如图 5.10 所示。

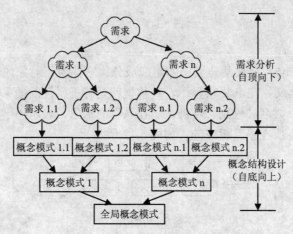

图 5.9　混合策略设计概念结构

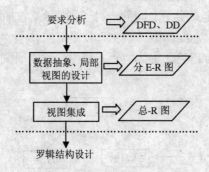

图 5.10　概念结构设计步骤

5.3.3　数据抽象与局部 E-R 模型设计

1. 数据抽象

　　概念结构是对现实世界的一种抽象。所谓抽象，是对实际的人、物、事和概念进行人为处理，它抽取人们关心的共同特性，忽略非本质的细节，并把这些特性用各种概念精确地加以描述，这些概念组成了某种模型。

　　一般有三种抽象。

　　（1）分类

　　分类（classification）定义某一类概念作为现实世界中一组对象的类型。这些对象具有某些共同的特性和行为。它抽象了值与型之间的"is member of"的语义。在 E-R 模型中，实体型就是实体的抽象。实体型"学生"就是对实体"周强、王超、张华、陈璐"

的抽象。表示"周强、王超、张华、陈璐"是"学生"中的一员，其共同的特性和行为是：在某个班级学习某种专业，选修某些课程。如图5.11所示。

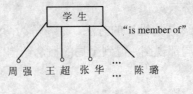

图 5.11　分类

（2）聚集

聚集（aggregation）定义某一类型的组成成分。它抽象了对象内部类型和成分之间的"is part of"的语义。在 E-R 模型中，实体型就是若干属性的抽象。实体型"学生"就是对属性"学号、姓名、性别、年龄、所在系"的抽象，表示"学生"是由"学号、姓名、性别、年龄、所在系"组成的，如图5.12所示。

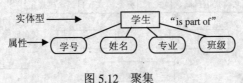

图 5.12　聚集

（3）概括

概括（generalization）定义类型之间的一种子集联系。它抽象了类型之间的"is subset of"的语义。在 E-R 模型中，实体型"学生"就是对实体型"本科生"和"研究生"的抽象，实体型"学生"称为超类，实体型"本科生"和"研究生"称为子类。如图5.13所示。

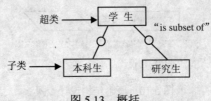

图 5.13　概括

2. 局部 E/R 模型设计

概念结构设计首先要根据需求分析得到的结果（数据流图、数据字典等）对现实世界进行抽象，设计各个局部 E-R 模型。具体的做法分两个步骤。

（1）选择局部应用

根据某个系统的具体情况，在多层的数据流图中选择一个适当层次的（经验很重要）数据流图，作为设计分 E-R 图的出发点。让这组图中每一部分对应一个局部应用。

由于高层的数据流图只能反映系统的概貌，而中层的数据流图能较好地反映系统中各局部应用的子系统组成，因此，人们往往以中层数据流图作为设计分 E-R 图的依据。

（2）逐一设计分 E-R 图

选择好局部应用之后，就要对每个局部应用逐一设计分 E-R 图，亦称局部 E-R 图。

每个局部应用都对应了一组数据流图，局部应用涉及的数据都已经收集在数据字典中了。现在就是要将这些数据从数据字典中抽取出来，参照数据流图，标定局部应用中的实体、实体的属性、标识实体的码，确定实体之间的联系及其类型（1∶1、1∶n、m∶n）。

现实世界中具体的应用环境常常对实体和属性已经作了大体的自然划分。在数据字典中，"数据结构"、"数据流"和"数据存储"都是若干属性有意义的聚合，体现了这种划分。可以从这些内容出发定义 E-R 图，然后再进行必要的调整。调整的原则是：为了简化 E-R 图，现实世界中能作为属性对待的，尽量作为属性对待。

5.3.4　局部 E-R 图的集成

各子系统的分 E-R 图设计好以后，下一步就是将所有的分 E-R 图综合成一个系统的 E-R 图。

一般说来，局部 E-R 图的集成需要按照下面三个步骤进行。

（1）确认视图中的对应关系和冲突

各个局部应用所面向的问题不同，且通常是由不同的设计人员进行局部视图设计，这就是导致各个分 E-R 图之间必定存在许多不一致的地方，称之为冲突。因此，合并分 E-R 图并不是简单地将各个分 E-R 图画在一起，而是必须着力消除各个分 E-R 图中的不一致，以形成一个能为全系统所有用户公共理解和接受的概念模型。合理消除各分 E-R 图的冲突是合并分 E/R 图的主要工作与关键所在。

各分 E-R 图之间的冲突主要有三类：属性冲突、命名冲突和结构冲突。

1）属性冲突。属性冲突包括以下两种情况：

① 属性域冲突，即属性的类型、取值范围和取值集合不同。例如，部门编号有的定义为字符型，有的定义为数字型。又比如年龄，有的地方把它定义为出生日期，有的地方又把它定义为整数。

② 属性取值单位冲突。例如，学生的身高，有的用米为单位，有的用厘米为单位。

2）命名冲突。命名冲突包括同名异义和异名同义，即不同意义的实体名，联系名或属性名在不同的局部应用中具有相同的名字，以及相同意义的实体名、联系名或属性名在不同的局部应用中具有不同的名字。例如，科研项目，在财务部门称为项目，在科研处称为课题。

3）结构冲突。结构冲突有以下三种情况：

① 同一对象在不同应用中具有不同的抽象。例如，"课程"在某一局部应用中被当作实体，而在另一局部应用中则被当作属性。解决这种冲突的方法通常是把属性转换为实体或把实体转换为属性，使同样的对象具有相同的抽象，但在转换时要经过认真的分析。

② 同一实体在不同局部视图中所包含的属性不完全相同，或者属性的排列次序不完全相同。这是很常见的一类冲突，因为不同的局部 E-R 图关心的实体侧重点不同。解决的方法是让该实体的属性为各局部 E-R 图的属性的并集，然后再适当调整属性顺序。

③ 实体之间的联系在不同局部视图中呈现不同的类型。例如，实体 E_1 与 E_2 在局部应用 A 中是多对多联系，而在局部应用 B 中是一对多联系；又如，在局部应用 X 中 E_1

与 E_2 发生联系，而在局部应用 Y 中 E_1、E_2、E_3 三者之间有联系。

（2）消除不必要的冗余，生成基本 E-R 图

所谓冗余，在这里指冗余的数据和实体之间冗余的联系。冗余的数据是指可由基本的数据导出的数据，冗余的联系是由其他的联系导出的联系。在上面消除冲突合并后得到的初步 E-R 图中，可能存在冗余的数据或冗余的联系。冗余的存在容易破坏数据库的完整性，给数据库的维护增加困难，应该消除。必要时对模式进行适当的修改，力求使模式简明清晰。视图的集成不限于两个视图的集成，可以推广到多个视图的集成。多个视图的集成比较复杂，一般用计算机辅助设计工具来进行。

（3）优化全局 E-R 模型

一个好的全局 E-R 模型除了能反映用户功能需求之外，还应满足如下条件：

1）实体个数尽可能少。

2）实体所包含的属性尽可能少。

3）实体间的联系无冗余。

优化的目的就是要使全局 E-R 模型满足上述三个条件。一般是把相关实体进行合并，消除冗余属性、冗余联系。但也应该根据具体情况，有的时候适当的冗余可以提高效率。

5.4　逻辑结构设计

数据库逻辑设计的任务是把数据库概念设计阶段产生的数据库概念模式变换为数据库逻辑模式。数据库逻辑设计依赖于逻辑数据模型和数据库管理系统。

设计逻辑结构时一般要分三步进行：

1）将概念结构转换为一般的关系、网状或层次模型。

2）将转化的关系、网状或层次模型向特定 DBMS 支持下的数据模型转换。

3）对数据模型进行优化。

由于新设计的数据库系统普遍采用支持关系数据模型的 RDBMS。关系模型和关系数据库管理系统已广泛使用而成为主流。所以下面介绍 E-R 图向关系数据模型的转换原则与方法。

5.4.1　E-R 图向关系模型的转换

E-R 图向关系模型的转换要解决的问题是如何将实体和实体间的联系转换为关系模式，如何确定这些关系模式的属性和码。

关系模型的逻辑结构是一组关系模式的集合。E-R 图则是由实体、实体的属性和实体之间的联系三个要素组成的。所以，将 E-R 图转换为关系模型实际上就是将实体、实体的属性和实体之间的联系转化为关系模式，这种转换一般遵循如下原则：

1）一个实体型转换为一个关系模式。实体的属性就是关系的属性。实体的码就是关系的码。

例 5.1　学生实体可以转换为如下关系模式，其中学号为学生关系的码。

学生（学号，姓名，年龄，所在系）。

2）一个 1∶1 联系可以转换为一个独立的关系模式，也可以与任意一端对应的关系模式合并。

如果转换为一个独立的关系模式，则与该联系相连的各实体的码以及联系本身的属性均转换为关系的属性，每个实体的码均是该关系的候选码。

如果与某一端对应的关系模式合并，则需要在该关系模式的属性中加入另一个关系模式的码和联系本身的属性。

例 5.2　假如有一个学生"管理"的联系，即一个教师管理一个班级，一个班级只能由一个教师管理，该联系为 1∶1 联系，将其转换为关系模式有两种方法：

转换成一个独立的关系模式：

　　　　管理（职工号，班级号）

将其与"班级"关系模式合并，增加"教工号"属性，即

　　　　班级（班级号，学生人数，教工号）

将其与"教师"关系模式合并，增加"班级号"属性，即

　　　　教师（教工号，姓名，性别，职称，班级号）

3）一个 1∶n 联系可以转换为一个独立的关系模式，也可以与 n 端对应的关系模式合并。

如果转换为一个独立的关系模式，则与该联系相连的各实体的码以及联系本身的属性均转换为关系的属性，而关系的码为 n 端实体的码。

例 5.3　有一个学生"组成"的联系，即一个学生只能属于一个班级，一个班级可能有多个学生，该联系为 1∶n 联系，将其转换为关系模式有两种方法：

转换成一个独立的关系模式，即

　　　　组成（学号，班级号）

将其与"学生"关系模式合并，增加"班级号"属性，即

　　　　学生（学号，姓名，年龄，所在系，班级号）

4）一个 m∶n 联系转换为一个关系模式。

与该联系相连的各实体的码以及联系本身的属性均转换为关系的属性。而关系的码为各实体码的组合。

例 5.4　有一个学生"选修"的联系，即一个学生可以选修多门课程，一门课程可以被多个学生选修，该联系是一个 m∶n 联系，将其转换为如下关系模式：

　　　　选修（学号，课程号，成绩）

5）三个或三个以上实体间的一个多元联系转换为一个关系模式。

与该多元联系相连的各实体的码以及联系本身的属性均转换为关系的属性。而关系的码为各实体码的组合。

例 5.5　有一个教师"授课"的联系，即一个教师可以讲授多门课程，每门课又可以使用多本参考书，该联系是一个三个实体间的多元联系，将其转换为如下关系模式：

　　　　授课（教师号，课程号，书号）

6）具有相同码的关系模式可合并。

为了减少系统中的关系个数，如果两个关系模式具有相同的主码，可以考虑将它们合并为一个关系模式。合并方法是将其中一个关系模式的全部属性加入到另一个关系模式中，然后去掉其中的同义属性（可能同名，也可能不同名），并适当调整属性的次序。

例 5.6　有一个学生"拥有"的关系模式，即：拥有（学号，性别）；同时有一个学生关系模式，即：学生（学号，姓名，出生日期，所在系）。这两个关系模式都以学号为码，可以将它们合并为一个关系模式，假设合并后的关系模式仍叫学生，即：

　　　　学生（学号，姓名，性别，出生日期，所在系）。

5.4.2　逻辑模式的规范化和优化

从 E-R 图转换而来的关系模式还只是逻辑模式的雏形，要成为逻辑模式，还需要进行以下几步处理：

1）规范化。

2）适应 DBMS 限制条件的修改。

3）对性能、存储空间等的优化。

4）用 DBMS 所提供的 DDL 定义逻辑模式。

下面主要讨论对性能、存储空间等的优化。

（1）数据库性能的优化

数据库的性能是用户经常关心的问题之一。在前面的模式设计中，侧重在模式的合理性，而较少注意数据库的性能问题。数据库的性能与数据库的物理设计关系十分密切，但数据库的逻辑设计对它也有一定的影响。下面从数据库逻辑设计的角度，讨论改善数据库性能的一些措施。

1）减少连接运算。

连接是开销较大的运算，参与连接的关系越多，开销也就越大。对于一些常用的、性能要求比较高的数据库查询，最好是一元操作。这与规范化的要求往往是矛盾的。有时为了保证性能，不得不牺牲规范化的要求，把数据模式中规范化的关系再连接起来，这就是所谓逆规范化。逆规范化会冒更新异常的危险，但逆规范化还不失为一种提高数据库性能的措施。

2）减小关系的大小和数据量。

关系的大小对查询的速度影响很大。有时为了提高查询速度，把一个大关系分成多个小关系是有利的。例如，大学学生的数据，可以把全校学生的数据放在一个关系中，也可按系建立学生关系。前者对全校范围内的查询是方便的，后者可以显著提高一个系范围内的查询速度。如果按系查询是主要的，则按系建立学生关系可以提高性能，这是把关系从水平方向分割。如果数据库系统有多个磁盘驱动器，则可把水平分割的关系分布在不同的磁盘组上，进行并发访问，提高数据库的性能。有时也可以考虑从垂直方向分割关系。例如，教职工档案属性很多，有些要经常查询，有些则很少用到，如果都放在一个关系里，则关系的数据量比较大，势必影响查询的速度。若把常用的属性和很少使用的属性分成两个关系，则可提高常用查询的速度。

3）尽可能使用快照。

在不少的应用中，只需数据的某一时间的值，并不一定需要数据的当前值，绝大部分报表都属于这一类。对于这些应用，可以对这些数据定义一个快照，并定期刷新。由于查询结果在快照刷新时已经自动生成，并存于数据库中，在查询时只要取出快照即可，这样可以显著提高查询速度。

（2）节省存储空间的措施

节省数据库的存储空间也是数据库设计的目标之一。尤其是当存储空间紧张时，在这方面要做更多的努力。在定义属性时，既要表示得自然和易于理解，也要考虑节省存储空间。这两方面的要求往往是矛盾的，需要根据实际条件来作决定。

5.5　物理结构设计

数据库最终要存储在物理设备上。对于给定的逻辑数据模型，选取一个最适合应用环境的物理结构的过程，称为数据库物理设计。物理设计的任务是为了有效地实现逻辑模式，确定所采取的存储策略。此阶段是以逻辑设计的结果作为输入，结合具体 DBMS 的特点与存储设备特性进行设计，选定数据库在物理设备上的存储结构和存取方法。和逻辑模式不一样，它不直接面向用户。数据库物理设计目标有两个：一是提高数据库的性能，特别是满足主要应用的性能要求；二是有效地利用存储空间。在这两个目标中，第一个目标更重要，因为性能仍然是当今数据库系统的薄弱环节。

5.5.1　影响物理设计的因素

给定一个数据库逻辑模式和一个数据库管理系统，有大量的数据库物理设计策略可供选择。我们希望选择优化的数据库物理设计策略，使得各种事务的响应时间最小，事务吞吐率最大。要做出这样的选择，必须在选择存储结构和存取方法之前，对数据库系统支持的事务进行详细分析，获得选择优化数据库物理设计策略所需要的参数。

对于数据库查询事务，需要得到如下信息：

1）要查询的关系。

2）查询条件(即选择条件)所涉及的属性。

3）连接条件所涉及的属性。

4）查询的投影属性。

对于数据更新事务，需要得到如下信息：

1）要更新的关系。

2）每个关系上的更新操作的类型。

3）删除和修改操作条件所涉及的属性。

4）修改操作要更改的属性值。

上述这些信息是确定关系的存取方法的依据。除此之外，还需要知道每个事务在各关系上运行的频率，某些事务可能具有严格的性能要求。例如，某个事务必须在 15s 内结束。这种时间约束对于存取方法的选择具有重大的影响。我们需要了解每个事务的时间约束。

如果一个关系的更新频率很高，这个关系上定义的索引等存取方法的数量应该尽量减少。这是因为更新一个关系时，我们必须对这个关系上的所有存取方法做相应的修改。

值得注意的是，在进行数据库物理设计时，我们通常并不知道所有的事务，上述信息可能不完全。所以，以后可能需要修改根据上述信息设计的物理结构，以适应新事务的要求。

5.5.2　选择存取方法

为关系模式选择存取方法的目的是使事务能快速存取数据库中的数据。任何数据库管理系统都提供多种存取方法，其中最常用的是聚簇和索引方法。

1. 聚簇

聚簇（cluster）就是为了提高查询速度，把在一个（或一组）属性上具有相同值的元组集中存放在一个物理块中。如果存放不下，可以存放在相邻的物理块中。其中，这个（或这组）属性称为聚簇码。

使用聚簇有以下两个作用：

1）使用聚簇以后，聚簇码相同的元组集中在一起了，因而聚簇值不必在每个元组中重复存储，只要在一组中存储一次即可，因此，可以节省存储空间。

2）聚簇功能可以大大提高按聚簇码进行查询的效率。例如，假设要查询学生关系中计算机系的学生名单，设计算机系有300名学生。在极端情况下，这些学生的记录会分布在300个不同的物理块中，这时如果要查询计算机系的学生，就需要做300次的I/O操作，这将影响系统查询的性能。如果按照系别建立聚簇，使同一个系的学生记录集中存放，则每做一次I/O操作，就可以获得多个满足查询条件和记录，从而显著地减少了访问磁盘的次数。

2. 索引

存储记录是属性值的集合，主关系键可以唯一确定一个记录，而其他属性的一个具体值不能唯一确定是哪个记录。在主关系键上应该建立唯一索引，这样不但可以提高查询速度，还能避免关系键重复值的录入，确保了数据的完整性。

在数据库中，用户访问的最小单位是属性。如果对某些非主属性的检索很频繁，可以考虑建立这些属性的索引文件。索引文件对存储记录重新进行内部链接，从逻辑上改变了记录的存储位置，从而改变了访问数据的入口点。关系中数据越多，索引的优越性也就越明显。

建立多个索引文件可以缩短存取时间，但是增加了索引文件所占用的存储空间以及维护的开销。因此，应该根据实际需要综合考虑。

下面举一个简单的例子，说明究竟哪些情况下需要建立索引以提高效率。假设某个大学需要建立一个学生成绩的数据库系统，整个系统包括三个数据库，课程信息库、学生信息库和学生成绩库。数据库的结构如下：

　　　　学生（姓名，出生日期，<u>学号</u>，性别，系名，班号）
　　　　课程（教师，课程名，学分，<u>课程号</u>）
　　　　成绩（<u>学号</u>，<u>课程号</u>，成绩）

整个系统需要统计某学生的平均分、某课程的平均分等，所以上面库结构中标有下划线的属性经常出现在查询条件中，需要在上面建立索引。

5.5.3　设计存储结构

设计物理存储结构的目的是确定如何在磁盘上存储关系、索引等数据库文件，使得空间利用率最大而数据操作的开销最小。由于物理存储结构的设计包含的方面非常广泛，而且不同的数据库管理系统对磁盘中间管理的策略差别很大，所以下面以分区的设计来简单介绍物理存储结构的设计。

数据库系统一般有多个磁盘驱动器，有些系统还带有磁盘阵列。数据在多个磁盘组上的分布也是数据库物理设计的内容之一，这就是所谓分区设计。分区设计的一般原则有三个。

1. 减少访盘冲突，提高 I/O 的并行性

多个事务并发访问同一磁盘组时，会因访盘冲突而等待。如果事务访问的数据分布在不同的磁盘组上，则可并行地执行 I/O，从而提高数据库的效率。从减少访盘冲突，提高 I/O 并行性的观点来看，一个关系最好不要放在一个磁盘组上，而是水平分割成多个部分，分布到多个磁盘组上。分割在表面上看似乎与聚集是矛盾的，实际上，聚集是把聚集属性相同的元组在同一磁盘组上存放，以减少 I/O 次数；分割是将整个关系分布到不同的磁盘组上，利用并行 I/O 提高性能。然而两者是相辅相成的，分割的策略决定于查询的特征，可以按属性值分割，也可以不按属性值分割，例如，按元组的输入次序轮流存放到各个磁盘组上。

2. 分散热点数据，均衡 I/O 负荷

实践证明，数据库中的数据被访问的频率是很不均匀的。经常访问的数据称为热点数据。热点数据最好分散存放在各个磁盘组上，以均衡各个磁盘组的负荷，充分发挥多个磁盘组并行操作的优势。

3. 保证关键数据的快速访问，缓解系统的瓶颈

在数据库系统中，有些数据（例如，数据目录）是每次访问的"必经之地"，其访问速度影响整个系统的性能。还有些数据对性能的要求特别高，例如，某些实时控制数据，这些数据需优先分配到快速磁盘上，有时甚至为减少访盘冲突，宁可闲置一些存储空间，将某一磁盘组供其专用。

5.5.4　确定系统配置

DBMS 产品一般都提供了一些存储分配参数，供设计人员和 DBA 对数据库进行物理优化。初始情况下，系统都为这些变量赋予了合理的默认值。但是这些值不一定适合每一种应用环境，在进行物理设计时，需要重新对这些变量赋值以改善系统的性能。

例如，通常情况下，这些配置变量包括：同时使用数据库的用户数，同时打开的数据库对象数，使用的缓冲区长度、个数，时间片大小、数据库的大小，装填因子，锁的数目等，这些参数值影响存取时间和存储空间的分配，在物理设计时就要根据应用环境确定这些参数值，以使系统性能最优。

5.5.5　评价物理结构

数据库物理设计过程中需要对时间效率、空间效率、维护代价和各种用户要求进行

权衡，其结果可以产生多种方案，数据库设计人员必须对这些方案进行细致的评价，从中选择一个较优的方案作为数据库的物理结构。

评价物理数据库的方法完全依赖于所选用的 DBMS，主要是从定量估算各种方案的存储空间、存取时间和维护代价入手，对估算结果进行权衡、比较，选择出一个较优的合理的物理结构。如果该结构不符合用户需求，则需要修改设计。

5.6　数据库的实施

根据数据库的逻辑设计和物理设计的结果。在计算机系统上建立实际的数据库结构、装入数据、进行测试和试运行的过程称为数据库的实施。

数据库实施阶段包括两项重要的工作，一项是数据的加载，另一项是应用程序的调试和试运行。

5.6.1　数据加载

由于数据库的数据量一般都很大，它们分散于一个企业（或组织）中各个部门的数据文件、报表或多种形式的单据中，它们存在着大量的重复，并且其格式和结构一般都不符合数据库的要求，必须把这些数据收集起来加以整理，去掉冗余并转换成数据库所规定的格式，这样处理之后才能装入数据库。因此，需要耗费大量的人力、物力，是一种非常单调乏味而又意义重大的工作。

由于应用环境和数据来源的差异，所以不可能存在普遍通用的转换规则，现有的DBMS 并不提供通用的数据转换软件来完成这一工作。

对于一般的小型系统，装入数据量较少，可以采用人工方法来完成。首先将需要装入的数据从各个部门的数据文件中筛选出来，转换成符合数据库要求的数据格式；然后输入到计算机中；最后进行数据校验，检查输入的数据是否有误。但是，人工方法不仅效率低，而且容易产生差错。对于数据量较大的系统，应该由计算机来完成这一工作。通常是设计一个数据输入子系统，其主要功能是从大量的原始数据文件中筛选、分类、综合和转换数据库所需的数据，把它们加工成数据库所要求的结构形式，最后装入数据库中，同时还要采用多种检验技术检查输入数据的正确性。

为了保证装入数据库中数据的正确无误，必须高度重视数据的校验工作。在输入子系统的设计中应该考虑多种数据检验技术，在数据转换过程中应使用不同的方法进行多次检验，确认正确后方可入库。

如果在数据库设计时，原来的数据库系统仍在使用，则数据的转换工作是将原来老系统中的数据转换成新系统中的数据结构；同时还要转换原来的应用程序，使之能在新系统下有效地运行。

目前很多 DBMS 都提供了数据导入功能，有些 DBMS（比如 SQL Server）还提供了功能强大的数据转换服务（DTS），用户可以利用这些工具实现数据的加载。

5.6.2　数据库的试运行

数据库结构建立好之后，就可以开始编制与调试数据库的应用程序。数据库应用程序的设计属于一般的程序设计范畴，但数据库应用程序有自己的一些特点。例如，大量使用屏幕显示控制语句、形式多样的输出报表、重视数据的有效性和完整性检查、有灵活的交互功能。这一阶段要实际运行数据库应用程序，执行对数据库的各种操作，测试应用程序的功能是否满足设计要求。如果不满足，则要对应用程序进行修改、调整，直到满足设计要求为止。

应用程序编写完成，并有了部分数据装入后，应该按照系统支持的各种应用分别试验应用程序在数据库上的操作情况，这就是数据库的试运行阶段，或者称为联合调试阶段。在这一阶段要完成两方面的工作：

1）功能测试。实际运行应用程序，测试它们能否完成各种预定的功能。

2）性能测试。测量系统的性能指标，分析系统是否符合设计目标。

系统的试运行对于系统设计的性能检验和评价是很重要的，因为有些参数的最佳值只有在试运行后才能找到。如果测试的结果不符合设计目标，则应返回到设计阶段，重新修改设计和编写程序，有时甚至需要返回到逻辑设计阶段，调整逻辑结构。

重新设计物理结构甚至逻辑结构，会导致数据重新入库。由于数据装入的工作量很大，所以可分期分批地组织数据装入，先输入小批量数据做调试用，待试运行基本合格后，再大批量输入数据，逐步增加数据量，逐步完成运行评价。

特别要强调的是，数据库的实施和调试不是几天就能完成的，需要有一定的时间。在此期间由于系统还不稳定，随时可能发生硬件或软件故障，加之数据库刚刚建立，操作人员对系统还不熟悉，对其规律缺乏了解，容易发生操作错误，这些故障和错误很可能破坏数据库中的数据，这种破坏很可能在数据库中引起连锁反应，破坏整个数据库。因此，必须做好数据库的转储和恢复工作，要求设计人员熟悉 DBMS 的转储和恢复功能，并根据调试方式和特点首先加以实施，尽量减少对数据库的破坏，简化故障恢复。

5.7 数据库的运行和维护

数据库系统投入正式运行，意味着数据库的设计与开发阶段基本结束，运行与维护阶段开始。

数据库投入运行标志着开发任务的基本完成和维护工作的开始，并不意味着设计过程的终结，由于应用环境在不断变化，数据库运行过程中物理存储也会不断变化，对数据库设计进行评价、调整、修改等维护工作是一个长期的任务，也是设计工作的继续和提高。

在数据库运行阶段，对数据库经常性的维护工作主要是由 DBA 完成的，包括四个方面。

1. 数据的转储与恢复

数据库系统正式运行后最经常的维护工作是数据库的转储。所谓转储，就是定期把整个数据库复制到磁带或另外的磁盘上保存起来的过程。当数据库遭到破坏时，利用转储保留的数据库备份和日志文件备份使数据库恢复到转储时的状态。要想恢复到故障发生时的状态，则应把转储以后运行过的所有更新事务重新运行一遍。

2. 数据库的安全性和完整性控制

DBA 必须对数据库安全性和完整性控制负起责任。根据用户的实际需要授予不同的操作权限。另外，由于应用环境的变化，数据库的完整性约束条件也会变化，比如，要收回某些用户的权限，增加、修改某些用户的权限，增加用户、删除用户，或者某些数据的取值范围发生变化，这些都需要 DBA 不断修正，以满足用户要求。

3. 数据库的性能监督、分析和改造

目前许多 DBMS 产品都提供了监测系统性能参数的工具，DBA 可以利用这些工具方便地得到系统运行过程中一系列性能参数的值。DBA 应该仔细分析这些数据，通过调整某些参数来进一步改进数据库性能。

4. 数据库的重组与重构

数据库运行一段时间后，由于记录的不断增、删、改，会使数据库的物理存储变坏，从而降低数据库存储空间的利用率和数据的存取效率，使数据库的性能下降。这时 DBA 就要对数据库进行重组，或部分重组。数据库的重组不会改变原设计的数据逻辑结构和物理结构，只是按原设计要求重新安排存储位置，回收垃圾，减少指针链，提高系统性能。

当数据库应用环境发生变化，会导致实体及实体间的联系也发生相应的变化，使原有的数据库设计不能很好地满足新的需求，从而不得不适当调整数据库的模式和内模式，这就是数据库的重构。DBMS 都提供了修改数据库结构的功能。

重构造数据库的程度是有限的。重组与重构的差别在于：重组并不修改原有的逻辑模式和内模式；而重构则会部分修改原有的逻辑模式和内模式。若应用变化太大，已无法通过重构数据库来满足新的需求，或重构数据库的代价太大，则表明现有数据库应用系统的生命周期已经结束，应该重新设计新的数据库系统，开始新数据库应用系统的生命周期。

数据库的结构和应用程序设计的好坏只是相对的，它并不能保证数据库应用系统始终保持处于良好的性能状态。这是因为数据库中的数据是随着数据库的使用而变化的，随着这些变化的不断增加，系统的性能就有可能会日趋下降，因此，即使不出现故障，也要对数据库进行维护，以便最终能够获得较好的性能。总之，数据库的维护工作与一台机器的维护工作类似，花的功夫越多，它的服务就越好。因此，数据库的设计工作并非一劳永逸，一个好的数据库应用系统同样需要精心地维护才能使其保持良好的性能。

5.8　数据库应用系统设计举例

5.8.1　系统总体需求简介与描述

高校教育管理在不同的高校有其自身的特殊性，业务关系复杂程度各有不同。本节的主要目的是为了说明应用系统开发过程。由于篇幅有限，将对实际的教学管理系统进

化简化，如教师综合业绩的考评和考核、学生综合能力的评价等，都没有考虑。

高校教学管理业务包括四个主要部分：学生的学籍及成绩管理、制定教学计划、学生选课管理以及执行教育学调度安排。各业务包括的主要内容为：

1）学籍及成绩管理包括：各院系的教务员完成学生学籍注册、毕业、学籍变动处理，各授课教师完成所讲授课程成绩的录入，然后由教务员进行学生成绩的审核认可。

2）制定教学计划包括：由教务部门完成学生指导性教学计划、培养方案的制定，开设课程的注册以及调整。

3）学生选课管理包括：学生根据开设课程和培养计划选择本学期所修课程，教务员对学生所选课程确认处理。

4）执行教学调度安排包括：教务员根据本学期所开课程、教师上课情况以及学生选课情况完成排课、调课、考试安排、教师管理。

在设计数据库应用程序之前，必须对系统的功能有个清楚的了解，读程序的各功能模块给出合理的划分。划分的主要依据是用户的总体需求和所完成的业务功能。这种用户需求主要是第一阶段对用户进行初步的调查而得到的用户需求信息和业务划分。有关调查方法，请读者参考有关软件工程方面的资料。

这里的功能划分是一个比较初步的划分。随着详细需求调查的进行，功能模块的划分也将随用户需求的进一步明确而进行合理的调整。

1. 数据流图

根据前面介绍的高校教学管理业务的四个主要部分，可以将系统应用程序划分为对应的各主要子系统模块。包括：学籍及成绩管理子系统、制定教学计划子系统、学生选课管理子系统以及执行教学调度子系统。根据各业务子系统所包括的业务内容，还可以将各子系统继续划分为更小的功能模块。划分的准则要遵循模块内的高内聚性和模块间的低耦合性。如图 5.14 所示为高校教学管理系统功能模块结构图。

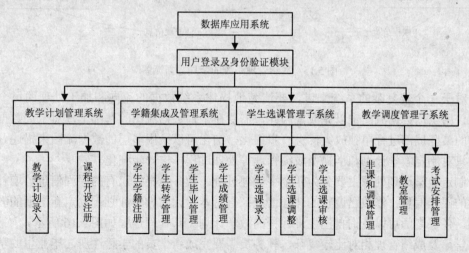

图 5.14　高校教学管理系统功能模块结构图

经过对教学管理的业务调查、数据的收集处理和信息流程分析，明确了该系统的主要功能，分别为：制定学校各专业各年级的教学计划以及课程的设置；学生根据学校对自己所学专业的培养计划以及自己的兴趣，选择自己本学期所要学习的课程；学校的教务部门对新入学的学籍进行学籍注册，对毕业生办理学籍档案的归档管理，任课教师在期末时登记学生的考试成绩；学校教务部门根据教学计划进行课程安排、期末考试时间地点的安排等，如图 5.15 所示。

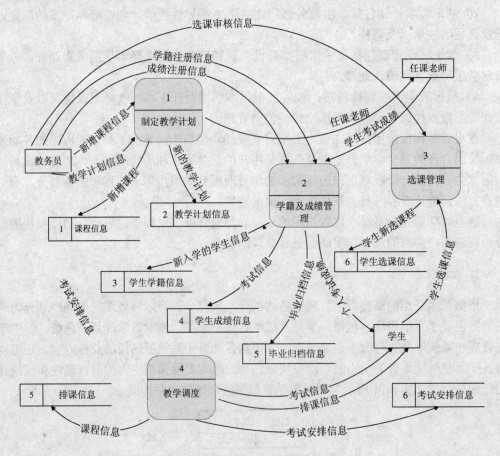

图 5.15　教学管理系统的全局数据流图

　　对于一个较复杂的系统来讲，要清楚地描述系统数据的流向和加工处理的每个细节，仅用全局数据流图难以完成。因此，需要在全局数据流图的基础上，对全局数据流图中的某些局部进行单独放大，进一步细化，细化可以采用多层的数据流图来描述。下面将只对制定教学计划和学籍及成绩管理等处理过程作进一步细化。

　　制定教学计划处理主要分为四个字处理过程：教务员根据已有的课程信息，增补新开设的课程信息；修改已调整的课程信息；查看本学期的教学计划；制定新学期的教学计划。任课老师可以查询自己主讲课程的教学计划。其处理过程如图 5.16 所示。

　　学籍及成绩管理相对比较复杂，教务员需要完成新学员的学籍注册，毕业生的学籍和成绩的归档管理，任课教师录入学生的期末考试成绩后，需教务员审核认可处理，经确认的学生成绩则不允许修改。其处理过程如图 5.17 所示。

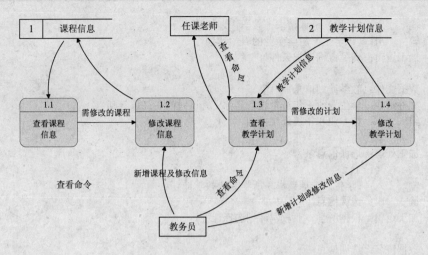

图 5.16 制定教学计划的细化数据流图

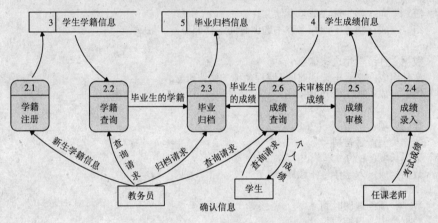

图 5.17 学籍和成绩管理的细化数据流图

2. 数据字典

数据流图描述了教学管理系统的主要数据流向和处理过程,表达了数据和处理的关系。数据字典是系统的数据和处理详细描述的集合。为了节约篇幅,此处只给出如下部分数据字典。

数据流名:(学生)查询请求
来　　源:需要选课的学生
流　　向:加工 3.1
组　　成:学生专业＋班级
说　　明:应注意与教务员的查询请求相区别

数据流名:教学计划信息
来　　源:文件 2 中的教学计划信息
流　　向:加工 3.1
组　　成:学生专业＋班级＋课程名称＋开课时间＋任课教师

加工处理:查询教学计划
编　　号:3.1

输　　入：（学生）选课请求＋教学计划信息
输　　出：（该学生）所学专业的教学计划
加工逻辑：满足查询请求条件

数据文件：教学计划信息
文件组成：学生专业＋年级＋课程名称＋开课时间＋任课老师
组　　织：按专业和年级降序排列

加工处理：选课信息录入
编　　号：3．2
输　　入：（学生）选课请求＋所学专业教学计划
输　　出：选课信息
加工逻辑：根据所学专业教学计划选择课程

数据流名：选课信息
来　　源：加工 3.2
流　　向：学生选课信息存储文件
组　　成：学号＋课程名称＋选课时间＋修课班号

数据文件：学生选课信息
文件组成：学号＋选课时间{课程名称＋修课班号}
组　　成：按学号升降排序

数 据 项：学号
数据类型：字符型
数据长度：8 位
数据构成：入学年号＋顺序号

数 据 项：选课时间
数据类型：日期型
数据长度：10 位
数据构成：年＋月＋日

数 据 项：课程名称
数据类型：字符型
数据长度：20 位

数 据 项：修课班号
数据类型：字符型
数据长度：10 位

5.8.2　系统概念模型描述

　　数据流图和数据字典共同完成对用户需求的描述，它是系统分析人员通过多次与用户交流而形成的。系统所需的数据都在数据流图和数据字典中得到体现，是后阶段设计的基础和依据。目前，在概念设计阶段，实体-联系图（E-R）是广泛使用的设计工具。

1. 构成系统的实体型

要抽象系统的 E-R 模型描述，重要的一步是从数据流图和数据字典中提取出系统的所有实体型及其属性。划分实体性和属性的两个基本标准如下：

1）"属性"必须是不可分割的数据项，属性中不能包括其他的"属性"或"实体型"。

2）E-R 图中的联系是实体型之间的关联，因而，"属性"不能与其他实体型之间有关联。

由前面的教学管理系统的数据流图和数据字典，可以抽取出系统的六个主要实体，包括：学生、课程、教师、专业、班级和教室。

- 学生实体型属性有学号、姓名、出生日期、籍贯、性别、家庭住址。
- 课程实体型属性有课程编号、课程名称、讲授课时、课程学分。
- 教师实体型属性有教师编号、教师姓名、专业、职称、出生日期、家庭住址。
- 专业实体型属性有专业编号、专业名称、专业性质、专业简称、可授学位。
- 班级实体型属性有班级编号、班级名称、班级简称。

教室实体型属性有教室编号、最大容量、教室类型（是否为多媒体教室）。

2. 系统局部 E-R 图

从数据流图和数据字典分析得出实体型及其属性后，进一步可分析各实体型之间的联系。

- 学生实体型与课程实体型存在修课的联系，一个学生可以选修多门课程，每门课程可以被多个学生选修，所以它们之间存在多对多的联系(m:n)，5.18（a）所示。
- 教师实体型与课程实体型存在讲授的联系，一个教师可以讲授多门课程，每门课程可以由多个教师讲授，所以它们之间存在多对多联系（m:n），如图 5.18（b）所示。
- 学生实体型与专业实体型存在学习的联系，一个学生只可学习一个专业，每个专业可以由多个学生学习，所以专业实体型和学生实体型存在一对多联系（1:n），如图 5.18（c）所示。
- 班级实体型与专业实体型存在属于的联系，一个班级尽可能属于一个专业，每个专业包含多个班级，所以专业实体型和班级实体型存在一对多联系（1:n），如图 5.18（d）所示。
- 学生实体型与班级实体型存在属于的联系，一个学生只可能属于一个班级，每个班级有多个学生，所以班级实体型和学生实体型存在一对多联系（1:n），如图 5.18（e）所示。
- 某个教室在某个时段分配给某个教师讲授某一门课或考试用，在特定的时段为 1:1 联系，但对于整个学期来讲是多对多联系（m:n），采用聚集来描述教室与任课教师和课程的讲授联系的关系，如图 5.18（f）所示。

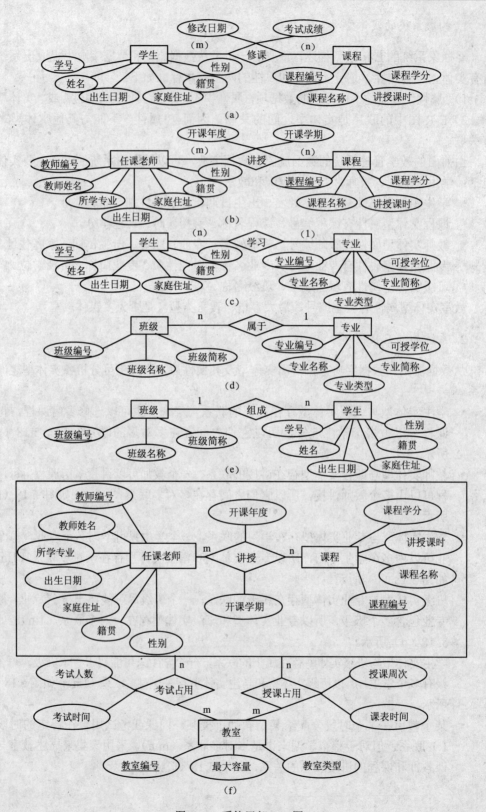

图 5.18　系统局部 E-R 图

3. 合成全局 E-R 图

系统的局部 E-R 图只反映局部应用实体型之间的联系，但不能从整体上反映实体型之间的相互关系。另外，对于一个较为复杂的应用来讲，各部分是由多个分析人员分工合作完成的，画出的 E-R 图只能反映各局部应用。各局部 E-R 图之间，可能存在一些冲突和重复的部分，例如，属性和实体型的划分不一致而引起的结构冲突，统一意义上的属性或实体型的命名不一致的命名冲突，属性的数据类型或取值的不一致而导致的域冲突。为减少这些问题，必须根据实体联系在实际应用中的语义，进行综合和调整，得到系统的全局 E-R 图。

从上面的 E-R 图可以看出，学生只能选修某个教师所讲的某门课程。如果使用聚集来描述学生和讲授联系之间的关系，代替单纯的学生和课程之间的关系，相对更为适合。各局部 E-R 图相互重复的内容比较多，将各局部 E-R 图合并后形成的全局 E-R 图如图 5.19 所示。

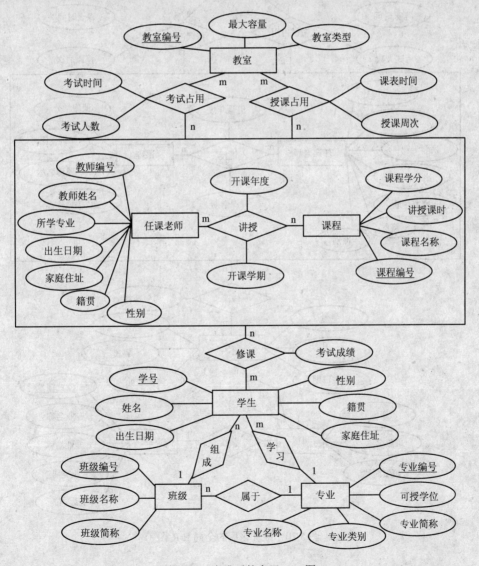

图 5.19　合成后的全局 E-R 图

4. 优化全局 E-R 图

优化全局 E-R 图是消除全局 E-R 图中的冗余数据和冗余联系。冗余数据是指能够从其他数据导出的数据；冗余联系是从其他联系能够导出的联系。例如，学生和专业之间的"学习"联系型，可以由"组成"联系型和"属于"联系型导出。所以，应该消除"学习"联系型。经优化后的全局 E-R 图如图 5.20 所示。在实际设计过程中，如果 E-R 图不是特别复杂时，只一部可以和合成局部 E-R 图一起进行。

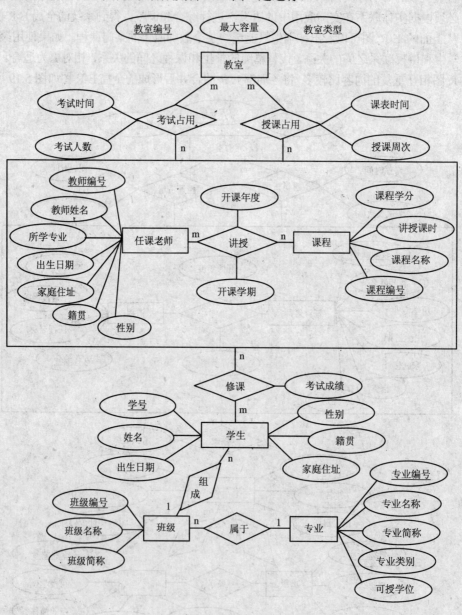

图 5.20　经优化后的全局 E-R 图

5.8.3　系统的逻辑设计

　　概念设计阶段设计的数据模型是独立于任何一种商用化的 DBMS 的信息结构。逻辑设计阶段的主要任务是把 E-R 图转化为所选用的 DBMS 产品支持的数据模型。由于该系统采用 SQL Server 2000 关系型数据系统，因此，应将概念设计的 E-R 模型转化为关系数据模型。

1. 转化为关系数据模型

　　首先，从任课教师实体和课程实体以及它们之间的联系来考虑。任课教师与课程之间的关系是多对多的联系，所以将任课教师和课程以及讲授联系型分别设计成以下关系模式：

　　　　　　教师（<u>教师编号</u>，教师姓名，籍贯，性别，所学专业，职称，出生日期，家庭住址）
　　　　　　课程（<u>课程编号</u>，课程名称，讲授课时，刻成学分）
　　　　　　讲授（<u>教师编号</u>，<u>课程编号</u>，开课年度，开课学期）

　　教室实体型与讲授联系型是用聚集来表示的，并且存在两种占用联系，它们之间的关系是多对多的关系，可以划分为以下三个关系模式：

　　　　　　教室（<u>教室编号</u>，最大容量，教室类型）
　　　　　　授课占用（<u>教师编号</u>，<u>课程编号</u>，<u>教室编号</u>，课表时间，授课周次）
　　　　　　考试占用（<u>教师编号</u>，<u>课程编号</u>，<u>教室编号</u>，考试时间，考场人数）

　　专业实体和班级实体之间的联系是一对多的联系型（1:n），所以可以用以下两个关系模式来表示，其中联系被移动到班级实体中：

　　　　　　班级（<u>班级编号</u>，班级名称，班级简称，专业编号）
　　　　　　专业（<u>专业编号</u>，专业名称，专业性质，专业简称，可授学位）

　　班级实体和学生实体之间的联系是一对多的联系型（1:n），所以可以用两个关系模式来表示。但是班级已有关系模式"班级（<u>班级编号</u>，班级名称，班级简称，专业编号）"，所以下面只生成一个关系模式，其中联系被移动到学生实体中：

　　　　　　学生（<u>学号</u>，姓名，出生日期，籍贯，性别，家庭住址，班级编号）

　　学生实体与讲授联系型的关系是用聚集来表示的，它们之间的关系是多对多的关系，可以使用以下关系模式来表示：

　　　　　　修课（<u>课程编号</u>，<u>学号</u>，教师编号，考试成绩）

2. 关系数据模式的优化与调整

　　在进行关系模式设计之后，还需要以规范化的理论为指导，以实际应用的需要为参考，对关系模式进行优化，以达到消除异常和提高系统效率的目的。

　　以规范化理论为指导，其主要方法是消除各数据项间的部分函数依赖、传递函数依赖等。

　　首先，应确定数据间的依赖关系。确定依赖关系，一般在需求分析时就做了一些工作，E-R 图中实体间的依赖关系就是数据依赖的一种表现形式。

　　其次，检查是否存在部分函数依赖、传递函数依赖，然后通过投影分解，消除相应的部分函数依赖和传递函数依赖，来达到所需的范式。

　　一般说来，关系模式只需满足第三范式即可。从所属关系模式可以看出，它们满足第三范式，在此就不具体分析。

在实际应用设计中，关系模式的规范化程度并不是越高越好。因为低范式向高范式转化时，必须将关系模式分解成多个关系模式。这样，当执行查询时，如果用户所需的信息在多个表中，就需要对进行多个表间的连接，这无疑对系统带来较大的时间开销。为了提高系统处理性能，要对相关程度比较高的表进行合并，或者在表中增加相关程度比较高的属性（表的列）。这时，选择较低的第一范式或第二范式可能比较合适。

如果系统某个表的记录很多，记录多到数百万条时，系统查询效率将很低。可以通过分析系统数据的使用特点，做相应的处理。例如，当某些数据记录仅被某部分用户使用时，可以将数据库表的记录根据用户划分，分解成多个子集放入不同的表中。

前面设计出的教师、课程、教室、班级、专业以及学生等关系模式，都比较适合实际应用，一般不需要做结构上的优化。

对于"讲授（教师编号，课程编号，开课年度，开课学期）"关系模式，既可用作存储教学计划信息，又代表某门课程由某个老师在某年的某个学期主讲。当然，同一门课可以在同一学期由多个教师主讲，教师编号和课程编号对于用户不直观，使用教师姓名和课程名称比较直观，要得到教师姓名和课程名称，就必须分别和"教师"以及"课程"关系模式进行连接，因而有时间上的开销。另外，要反映"授课和教学计划"的特征，可以将关系模式的名字改为"授课-计划"，因此，关系模式改为"授课-计划（教师编号，课程编号，教师姓名，课程名称，开课年度，开课学期）"。

按照上面的方法，可以将"授课占用（教师编号，课程编号，教室编号，课表时间，授课周次，）"、"考试占用（教师编号，课程编号，教室编号，考试时间，考场人数）"两个关系模式分别改为"授课安排（教师编号，课程编号，教室编号，课表时间，教师姓名，课程名称，授课周次）"、"考试安排（教师编号，课程编号，教室编号，考试时间，教师姓名，课程名称，考场人数）"。

对于"修课"关系模式，由于教务员要审核学生选课和考试成绩，需要增加审核信息属性。因此，"修课"关系模式调整为"修课（学号，课程编号，教师编号，学生姓名，教师姓名，课程名称，选课审核人，考试成绩，成绩审核人）"。

为了增加系统的安全性，需要对教师和学生分别检查密码口令，因此，需要在"教师"和"学生"关系模式中增加相应的属性。即"教师（教师编号，教师姓名，籍贯，性别，所学专业，职称，出生日期，家庭住址，登录密码，登录 IP，最后登录时间）"、"学生（学号，姓名，出生日期，籍贯，性别，家庭住址，班级编号，登录密码，登录 IP，最后登录时间）"。

3. 数据库表的结构

得出数据库的各个关系模式后，需要根据需求分析阶段数据字典的数据项描述，给出各数据库表结构。考虑到系统的兼容性以及编写程序的方便性，可将关系模式的属性对应为表字段的英文名。同时，考虑到数据依赖关系和数据完整性，需要指出表的主键和外键，以及字段的值域约束和数据类型。不同的数据类型对系统的效率有较大的影响，例如，对于 SQL Server 2000 中的 char 和 varchar，相同的数据，char 比 varchar 需要更多的磁盘空间，并可能需要更多的 I/O 和其他处理操作。

系统各表的结构如表 5.1～表 5.11 所示。

表 5.1　数据信息表

数据库表名	对应的关系模式名	中文说明
TeachInfor	教师	教师信息表
SpeInfor	专业	专业信息表
ClassInfor	班级	班级信息表
StudInfor	学生	学生信息表
CourseInfor	课程	课程基本信息表
ClassRoom	教室	教室基本信息表
SchemeInfor	授课-计划	授课计划信息表
Courseplan	授课安排	授课安排信息表
Examplan	考试安排	考试安排信息表
studCourse	修课	学生修课信息表

表 5.2　教师信息表（TeachInfor）

字段名	字段类型	长度	主键或外键	字段值约束	对应中文属性名
Tcode	Varchar	10	Primary Key	NotNull	教师编号
Tname	Varchar	10		NotNull	教师姓名
Nativeplace	Varchar	12			籍贯
Sex	Varchar	4		（男，女）	性别
Speciality	Varchar	16		NotNull	所学专业
Title	Varchar	16		NotNull	职称
Birthday	Datetime				出生日期
Faddress	Varchar	30			家庭住址
Logincode	Varchar	10			登录密码
LoginIP	Varchar	15			登录 IP
lastlogin	Datetime				最后登录时间

表 5.3　专业信息表（SpeInfor）

字段名	字段类型	长度	主键或外键	字段值约束	中文属性名
Specode	Varchar	8	Primary Key	NotNull	专业编号
Spename	Varchar	30		NotNull	专业名称
Spechar	Varchar	20			专业性质
Speshort	Varchar	10			专业简称
Degree	Varchar	10			可授学位

表 5.4　班级信息表（ClassInfor）

字段名	字段类型	长度	主键或外键	字段值约束	中文属性名
Classcode	Varchar	8	Primary Key	Not Null	班级编号

续表

字段名	字段类型	长度	主键或外键	字段值约束	中文属性名
Classname	Varchar	20		Not Null	班级名称
Classshort	Varchar	10			班级简称
Specode	Varchar	8	Foreign Key	SpeInfor.Specode	专业编号

表 5.5　学生信息表（StudInfor）

字段名	字段类型	长度	主键或外键	字段值约束	中文属性名
Scode	Varchar	10	Primary Key	Not Null	学号
Sname	Varchar	10		Not Null	性名
Nativeplace	Varchar	12			籍贯
Sex	Varchar	4		（男，女）	性别
Birthday	Datetime				出生日期
Faddress	Varchar	30			家庭住址
Classcode	Varchar	8	Foreign Key	ClassInfor.Classcode	班级编号
Logincode	Varchar	10			登录密码
LoginIP	Varchar	15			登录 IP
Lastlogin	Datetime				最后登录时间

表 5.6　课程基本信息表（CouresInfor）

字段名	字段类型	长度	主键或外键	字段值约束	中文属性名
Ccode	Varchar	8	Primary Key	Not Null	课程编号
Coursename	Varchar	20		Not Null	课程名称
Period	Varchar	10			讲授学时
Credithour	Numeric	4，1			课程学分

表 5.7　教室基本信息表（ClassInfor）

字段名	字段类型	长度	主键或外键	字段值约束	中文属性名
Roomcode	Varchar	8	Primary	Not Null	教室编号
Capacity	Varchar	4			最大容量
Type	Numeric	20			教室类型

表 5.8　授课计划信息表（SchemeInfor）

字段名	字段类型	长度	主键或外键	字段值约束	中文属性名
Tcode	Varchar	10	Foreign Key	TeachInfor.Tcode	教师编号
Ccode	Varchar	8	Foreign Key	CourseInfor.Ccode	课程编号
Tname	Varchar	10			教师姓名
Coursename	Varchar	20			课程名称
Year	Varchar	4			开课年度
Term	Varchar	4			开课学期

表 5.9　授课安排信息表（Courseplan）

字段名	字段类型	长度	主键或外键	字段值约束	中文属性名
Tcode	Varchar	10	Foreign Key	TeachInfor.Tcode	教师编号
Ccode	Varchar	8	Foreign Key	CourseInfor.Ccode	课程编号
Roomcode	Varchar	8	Foreign Key	ClasseRoom.Roomcode	教室编号
TableTime	Varchar	10			课表时间
Tname	Varchar	10			教师姓名
Coursename	Varchar	20			课程名称
Week	Numeric	2			授课周次

表 5.10　考试安排信息表（Examplan）

字段名	字段类型	长度	主键或外键	字段值约束	中文属性名
Tcode	Varchar	10	Foreign Key	TeachInfor.Tcode	教师编号
Ccode	Varchar	8	Foreign Key	Courseinfor.Ccode	课程编号
Roomcode	Varchar	8	Foreign Key	ClasseRoom.Roomcode	教室编号
Exam Time	Varchar	10			考试时间
Tname	Varchar	10			教师姓名
Coursename	Varchar	20			课程名称
Studnum	Numeric	2		<=50, >=1	考场人数

表 5.11　学生修课信息表（StudCourse）

字段名	字段类型	长度	主键或外键	字段值约束	中文属性名
Scode	Varchar	10	Foreign Key	StudInfor.Scode	学号
Tcode	Varchar	10	Foreign Key	TeachInfor.Tcode	教师编号
Ccode	Varchar	8	Foreign Key	CourseInfor.Ccode	课程编号
Sname	Varchar	10			学生姓名
Tname	Varchar	10			教师姓名
Coursename	Varchar	20			课程名称
CourseAudit	Varchar	8			选课审核人
ExamGrade	Numeric	4, 1		<=100, >=0	考试成绩
GradeAudit	Varchar	10			成绩审核人

小　　结

　　本章介绍了数据库设计的全过程，主要讨论了数据库设计的方法和步骤。设计一个数据库应用系统需要经历需求分析、概念设计、逻辑结构设计、物理设计、实施、运行维护六个阶段，设计过程中往往还会有许多反复。

　　需求分析是整个设计过程的基础，需求分析做得不好，可能会导致整个数据库设计返工重做。将需求分析所得到的用户需求抽象为信息结构即概念模型的过程就是概念结构设计，概念结构设计是整个数据库设计的关键所在，用概念模型来描述用户的业务需求，这里我们介绍的是 E-R 模型，它与具体的数据管理系统无关。逻辑结构设计是将概念设计的结果转换为数据的组织模型，对于关系数据库来说，是转换为关系表。根据实体之间的不同联系方式，转换方式也有所不同。逻辑结构设计与具体的管理信息系统有关。物理结构设计的任务是在数据库逻辑设计的基础上，为每个关系模式选择合适的存取方法和存储结构，常用的存取方法是聚簇和索引方法。根据逻辑设计和物理设计的结果，在计算机上建立起实际的数据库结构，装载数据，进行应用程序的设计，并试运行整个数据库系统，这是数据库实施阶段的任务。数据库设计的最后阶段是数据库的运行与维护，包括维护数据库的安全性与完整性，检测并改善数据库性能，必要时需要进行数据库的重新组织和构造。

　　数据库设计的成功与否与许多具体因素有关，但只要掌握了数据库设计的基本方法，就可以设计出可行的数据库系统。

习　　题

一、选择题

　　1. 数据库需求分析时，数据字典的含义是_____。

　　A. 数据库中所涉及的属性和文件的名称集合

　　B. 数据库中所涉及的字母、字符及汉字的集合

　　C. 数据库中所有数据的集合

　　D. 数据库中所涉及的数据流、数据项和文件等描述的集合

　　2. 当局部 E-R 图合并成全局 E-R 图时可能出现冲突，不属于合并冲突的是_____。

　　A. 属性冲突　　　　　　　　　　　B. 语法冲突

　　C. 结构冲突　　　　　　　　　　　D. 命名冲突

　　3. 在数据库的概念设计中，最常用的数据模型是_____。

　　A. 形象模型　　　　　　　　　　　B. 物理模型

　　C. 逻辑模型　　　　　　　　　　　D. 实体联系模型

　　4. 从 E-R 模型向关系模型转换时，一个 m:n 联系转换为关系模式时，该关系模式的码是_____。

　　A. m 端实体的码　　　　　　　　　B. n 端实体的码

　　C. m 端实体码与 n 端实体码的组合　D. 重新选取其他属性

　　5. 数据库的逻辑设计对数据库的性能有一定的影响，下列措施中可以明显改善数据库性能的有_____。

　　A. 将数据库中的关系规范化

　　B. 将大的关系分解或多个小关系

　　C. 减少连接运算

　　D. 尽可能使用快照

6. 一个学生可以同时借阅多本图书，一本图书只能由一个学生借阅，学生和图书之间为_____联系。

    A. 1 对 1   B. 1 对多   C. 多对多   D. 多对 1

7. 一个仓库可以存放多种零件，每一种零件可以存放不同的仓库中，仓库和零件之间为_____的联系。

    A. 1 对 1   B. 1 对多   C. 多对多   D. 多对 1

8. 一个公司只能有一个经理，一个经理只能在一个公司担任职务，公司和经理职务之间为_____联系。

    A. 1 对 1   B. 1 对多   C. 多对多   D. 多对 1

9. 在数据库的设计中，将 E-R 图转换成关系数据模型的过程属于_____。

    A. 需求分析阶段   B. 逻辑设计阶段

    C. 概念设计阶段   D. 物理设计阶段

10. 在数据库设计的需求分析阶段，一般采用_____表示。

    A. E-R 图   B. 数据流图

    C. 程序构图   D. 程序框图

二、简答题

1. 对数据库设计过程中各个阶段的设计进行描述。

2. 如何把 E-R 图转换为关系模式？

3. 为什么要将概念设计从设计过程中独立出来？

4. 什么是数据库的重组和重构？为什么要进行数据库的再组织和重构造？

5. 数据库设计的任务与特点是什么？

6. 设有一家百货商店，已知信息有：

（1）每个职工的数据是职工号、姓名、地址和他所在的商品部。

（2）每一商品部的数据有：它的职工、经理和它经销的商品。

（3）每种经销的商品数有：商品名、生产厂家、价格、型号（厂家定的）和内部商品代号（商店规定的）。

（4）关于每个生产厂家的数据有：厂名、地址、向商店提供的商品价格。

请设计该百货商店的概念模型，再将概念模型转换为关系模型。

第 6 章　数据库保护

📖 本章要点

1. 掌握数据库安全性的概念，理解数据库中权限和用户的分类，并掌握数据库中权限的授权和收权。

2. 掌握数据库完整性的概念，理解完整性约束条件，深入理解安全性和完整性的区别。

3. 掌握数据库中故障的种类，理解数据库恢复中经常使用的数据库转储和登记日志文件等技术，了解对故障的恢复策略。

数据库保护指的是防止数据库中的数据被非法使用或非法修改，保证数据库中的数据正确、可靠，保证数据库中的数据不会丢失。因此，数据库保护包含三个方面的内容，第一是保证数据库中的数据不被破坏，这是通过数据库的安全机制实现的；第二是保证数据库中的世界与现实世界相符，这是通过数据库的完整性控制机制实现的；第三是保证当由于各种原因而造成数据损害时，数据不会丢失，这是通过数据库的备份和恢复机制实现的。

6.1　数据库安全性

安全性对于一个数据库管理系统来说是至关重要的。数据库通常存储大量的数据，这些数据可能包括个人信息、客户清单或其他机密资料。如果有人未经授权非法侵入数据库，并查看和修改了数据，那么将会造成极大的危害，特别是在银行、金融等系统中更是如此。

安全性问题并非是数据库系统所独有，实际上在许多系统上都存在同样的问题。数据的安全控制是指在数据库系统的不同层次提供安全防范措施，以免数据库系统遭到有意或无意的损坏。

在数据库中，可采用加密存、取数据的方法防止有意的非法活动；使用用户身份验证、限制操作权来控制有意的非法操作；采用提高系统的可靠性和数据备份来控制无意的破坏。

数据库的安全性和完整性是两个不同的概念，完整性是指防止合法用户的无意操作而造成的数据错误。通俗地说，安全性防范的是非法用户的有意破坏，完整性防范的是合法用户的无意破坏。

6.1.1　安全控制模型

数据库中的数据被恶意破坏的形式有多种，可能是物理地破坏计算机设备，也可能是窃取信息、恶意修改和删除数据等，这些都会产生严重的后果。

数据库的安全涉及很多层面，除了数据库管理系统本身应该具备安全保护功能外，还需要从管理机制、人员行为等多方面采取措施。所以，数据库安全性应该从如下 4 个层次采取措施。

（1）物理层

重要的计算机系统必须在物理上受到保护，以防止入侵者强行进入或暗中潜入。

（2）人员层

要严格掌握对用户的授权，以减少授权用户渎职，致使为入侵者提供访问的机会。

（3）操作系统层

要进入数据库系统，首先要经过操作系统，因此，如果操作系统的安全性能不好，也会对数据库造成威胁。

（4）数据库控制层

数据库系统应该具有完善的访问控制机制，对用户的操作权限有严格的控制，避免由于权限设置不合适而造成用户越权操作。

在一般的数据库应用系统中，安全措施是一级一级层层设置的。图 6.1 显示了从用户使用数据库应用程序开始一直到访问后台数据库数据经过的安全认证过程。

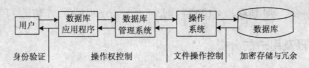

图 6.1　数据库应用系统的安全模型

当用户访问数据库数据时，首先应该进入到数据库系统。用户进入到数据库系统通常是通过数据库应用程序实现的，这时用户要向数据库应用程序提供其身份，然后数据库应用程序将用户的身份给数据库管理系统进行验证，只有合法的用户才能进入到下一步的操作。若是合法用户，当其要进行数据库操作时，DBMS 还要验证此用户是否具有这种操作权。如果有操作权才能进行操作，否则拒绝执行用户的操作。在操作系统一级也有相应的保护措施，比如设置文件的访问权限等。对于存储在磁盘上的文件，还可以加密存储，这样即使数据被人窃取，窃取者也很难读懂数据。另外，还可以将数据库文件保存多份，这样，当出现意外情况时（如磁盘损坏），不至于丢失数据。

这里，我们只讨论与数据有关的用户身份验证和用户权限管理等技术。

6.1.2　存取控制

数据库安全性所关心的主要是 DBMS 的存取控制机制。数据库安全最重要的一点就是确保只授权给有资格的用户访问数据库的权限，同时令所有未被授权的人员无法接近数据，这主要是通过数据库系统的存取控制机制实现的。

存取控制机制主要包括以下两部分：

1）定义用户权限，并将用户权限登记到数据字典中。用户权限是指允许不同的用户对不同的数据对象执行的操作权限。系统必须提供适当的语言定义用户权限，这些定义在数据字典中，作为安全规则或授权规则。

2）合法权限检查，每当用户发出存取数据的操作请求后，DBMS 首先查看数据字典，根据安全规则进行合法权限检查。若用户的操作不在所定义的权限内，则系统将拒绝执行操作。

用户权限定义和合法权限检查机制一起构成了 DBMS 的安全子系统。

存取控制方式主要分为两种：自主存取控制（discretionary control，DAC）和强制存取控制（mandatary control，MAC）。

自主存取控制方式就是由用户（如数据库管理员）自主控制操作数据库对象的权限，哪些用户可以对哪些对象进行哪些操作，完全取决于用户之间的授权。任何用户只要需要，就有可能获得对任何对象的操作权限。这种存取控制方式非常灵活，但有时容易控制。目前大多数数据库管理系4统都支持自主存取控制方式。例如，用户 U1 能看到 A 但看不到 B，而用户 U2 能看到 B 但看不到 A。

强制存取控制方式就是每一个数据对象被标以一定的密级，每一个用户也被授予一个许可证级别，对于任意一个对象，只有具有合法许可证的用户才可以存取。例如，如果用户 U1 能看到 A 但看不到 B，这说明 B 的密级高于 A，因此，不存在用户 U2 能看到 B 但看不到 A。

强制存取控制本质上具有分层特点，通常具有静态的、严格的分层结构，与现实世界的层次管理相吻合。强制存取控制特别适合层次分明的军方和政府等的数据管理。

6.1.3 数据库权限及用户的分类

1. 权限的分类

通常情况下，数据库中的权限分为两类，一类是维护数据库管理系统的权限。另一类是操作数据库中的对象和数据的权限，这类权限又可以分为两种，一种是操作数据库对象的权限，包括创建、删除和修改数据库对象；另一种是操作数据库数据的权限，包括对表、视图数据的增、删、改、查等操作。

2. 用户的分类

数据库中的用户按照其操作权限的大小可分为如下三类。

（1）数据库系统管理员

数据库系统管理员具有数据库的全部权限，当用户以系统管理员身份进行操作时，系统不对其权限进行检验。

（2）数据库对象拥有者

创建数据库对象的用户即为数据库对象拥有者。数据库对象拥有者对其所拥有的对象具有一切权限。

（3）普通用户

普通用户只具有对数据库的增、删、改、查的权限。

在数据库中，为了简化对用户权限的管理，可以将具有相同权限的一组用户组织在一起，这组用户在数据库中称为"角色"。可以对角色授权，这样角色中的用户就具有相同的权限。

6.1.4 操作权限定义

SQL 语言提供了安全性控制方面的语句，包括授权（GRANT）、收权（REVOKE），下面分别介绍这两个语句。

1. 授权

SQL 语言用 GRANT 语句实现对用户的授权。其语法格式为：

```
GRANT<权限>[，<权限>]
ON 操作对象
TO<用户名>[，<用户名>]
[ WITH GRANT OPTION ]
```

其语义为：将对指定数据对象的指定操作权限授予指定的用户。

对不同类型的操作对象有不同的操作权限，常见的操作权限如表 6.1 所示。

表 6.1 不同对象类型的操作权限

对象	对象类型	操作权限
属性列	TABLE	SELECT，INSERT，UPDATE，DELETE，ALL PRIVILEGES
视图	TABLE	SELECT，INSERT，UPDATE，DELETE，ALL PRIVILEGES
基本表	TABLE	SELECT，INSERT，UPDATE，DELETE，ALTER，INDEX，ALL PRIVILEGES
数据库	DATABASE	CREATETAB

对属性列和视图的操作权限有：查询（SELECT）、插入（INSERT）、修改（UPDATE）、删除（DELETE）以及这四种权限的总和（ALL PRIVILEGES）。

对基本表的操作权限有：查询（SELECT）、插入（INSERT）、修改（UPDATE）、删除（DELETE）、修改表（ALTER）和建立索引（INDEX）以及这六种权限的总和（ALL PRIVILEGES）。

对数据库可以有建立表（CREATETAB）的权限，该权限属于 DBA，可由 DBA 授予普通用户，普通用户拥有此权限后可以建立基本表，基本表的属主（Owner）拥有对该表的一切操作权限。

如果指定了 WITH GRANT OPTION 子句，它使得被授权的用户具有授权权限，即被授权的用户有权力将得到的指定权限再授予其他用户。如果没有指定 WITH GRANT OPTION 子句，则获得某种权限的用户只能使用该权限，但不能传播该权限。

例 6.1 把查询 Student 表的权限授给用户 U1。

```
GRANT SELECT ON Student To U1
```

例 6.2 把对 Student 表和 Course 表的全部操作权授予用户 U2 和 U3。

```
GRANT ALL PRIVILIGES ON Student, Course To U2, U3
```

例 6.3 把对 SC 表的查询权限授给所有用户。

```
GRANT SELECT ON SC TO PUBLIC
```

例 6.4 把查询 Student 表和修改学生学号的权限授给用户 U4。

```
GRANT UPDATE（Sno），SELCT ON Student TO U4
```

例 6.5 把对表 SC 的 INSERT 权限授予用户 U5，并允许将此权限再授予其他用户。

```
GRANT INSERT ON SC TO U5 WITH GRANT OPTION
```

例 6.6　U2 转授对 Student 表的查询权限给 U3。

```
GRANT SELECT ON TABLE Student TO U3
```

2. 收权

可以使用 REVOKE 语句将被授予的权限收回。在收回某用户的权限时，系统自动将此次用户转授给其他用户的此权限一并收回。

（1）收回创建对象权

```
REVOKE <权限>[, <权限>]
FROM<用户名>[, <用户名>]
```

其中，<权限>和<用户名>的含义同 GRANT 语句。

（2）收回数据操作权

```
REVOKE<权限>[, <权限>]
[ON<对象名>]
FROM<用户名>[, <用户名>]
```

其中，各选项含义同 GRANT 语句。

例 6.7　把用户 U4 修改学生学号的权限收回。

```
REVOKE UPDATE（Sno）ON Student FROM U4
```

例 6.8　收回所有用户对 SC 表的查询权限。

```
REVOKE SELECT ON SC FROM PUBLIC
```

例 6.9　把用户 U5 对 SC 表的 INSERT 权限收回。

```
REVOKE INSERT ON SC FROM U5
```

6.2　数据库完整性

数据库的完整性是指数据的正确性和相容性。例如，学生的学号必须唯一；性别只能为男或女；本科生年龄的取值范围为 14～30 的整数；学生所在的系必须是学校已开设的系等。

所谓数据库完整性，是衡量数据库数据质量好坏的一种标志，是确保数据库中数据的一致性、正确性以及符合企业规则的一种思想，是使无序数据条理化，确保正确的数据被存放在正确位置的一种手段。它是为了防止数据库中出现不符合语义的数据，为了维护数据的完整性，数据库管理系统必须提供一种机制来检查数据库中的数据是否满足语义规定的条件。这些加在数据库数据上的语义约束条件就是数据完整性约束条件，这些约束条件作为表定义的一部分存储在数据库中，而 DBMS 检查数据是否满足完整性的机制就称为完整性检查。

数据的完整性和安全性是两个不同的概念。前者是为了防止数据库中存在不符合语义的数据，防止错误信息的输入和输出。后者是保护数据库防止恶意的破坏和非法的存取，防止非法用户的不合法操作。也就是说，安全性措施的防范对象是非法用户和非法操作，完整性措施的防范对象是不符合语义的数据。当然，完整性和安全性是密切相关的，特别是从系统实现的方法来看，某一种机制通常既可用于安全性保护，亦可用于完整性保证。

满足数据完整性的要求必须满足以下特点：

1）数据的值必须正确无误，即数据类型必须正确，数据的值必须在规定范围之内。

2）数据的存在必须确保同一表格数据之间及不同表格数据之间的和谐关系。

完整性检查是围绕着完整性约束条件进行的，因此，完整性约束条件是完整性控制机制的核心。完整性约束条件作用的对象可以是关系、元组和列三种。

1）列约束主要是列的数据类型、取值范围、精度、排序等约束条件。

2）元组的约束是元组中各个字段间的联系的约束。

3）关系的约束是若干元组、关系集合上以及关系之间的联系的约束。

完整性约束条件涉及这三类对象，其状态可以是静态的，也可以是动态的。所谓静态约束，是指数据库每一确定状态时的数据对象所应满足的约束条件。它是反映数据库状态合理性的约束，这是最重要的一类完整性约束。

动态约束是指数据库从一种状态转变为另一种状态时，新、旧值之间所应满足的约束条件。

综合上述两个方面，可以将完整性约束条件分为六类。

1. 静态列级约束

静态列级约束是对一个列的取值域的说明，包括以下几个方面：

1）对数据类型的约束。包括数据的类型、长度、单位、精度等的约束。例如，公民的身份证号为数值型，并且长度为 15 位或 18 位。

2）对数据格式的约束。例如，规定学号的前两位表示学生的入学年份，第三位表示系的编号，第四位表示专业编号，第五位表示班的编号，第六和第七位表示在班内的编号等。

3）对取值范围或取值集合的约束。例如，规定学生的成绩取值范围为 0～100，性别的取值集合为[男，女]。

4）对空值的约束，规定哪些列可以为空值，哪些列不能为空值。

空值表示未定义或未知的值，它与零值和空格不同。有的列允许空值，有的则不允许。例如，学生的学号不能取空值，成绩可以取空值等。

2. 静态元组约束

一个元组是由若干个列值组成的，静态元组约束就是规定元组的各个列之间的约束关系。例如，订货关系中包含发货量、订货量等列，规定发货量不得超过订货量。

3. 静态关系约束

静态关系约束是指在一个关系的各个元组之间或者若干关系之间存在的约束。常见的静态约束有：

1）实体完整性约束。

2）参照完整性约束。

实体完整性约束和参照完整性约束是关系模型的两个极其重要的约束，称为关系的两个不变性。

3）函数依赖约束。大部分函数依赖约束都在关系模式中定义。

4）统计约束。即字段值与关系中多个元组的统计值之间的约束关系。例如，规定部门经理的工资不得高于本部门职工平均工资的 5 倍，不得低于本部门职工平均工资的 2 倍。

4. 动态列级约束

动态列级约束是修改列定义或列值时应满足的约束条件，包括下面两方面。

（1）修改列定义时的约束

例如，将允许空值的列改为不允许空值时，如果该列目前已存在空值，则拒绝这种修改。

（2）修改列值时的约束

修改列值时有时需要参照其旧值，并且新旧值之间需要满足某种约束条件。例如，职工调整后的工资不得低于其调整前的原来工资；职工婚姻状态的变化只能是由未婚到已婚、已婚到离异、离异到再婚等几种情况；学生年龄只能增长等。

5. 动态元组约束

动态元组约束是指修改元组的值时元组中各个字段间需要满足某种约束条件。例如，职工工资调整时新工资不得低于原工资 ＋工龄*1.5 等。

6. 动态关系约束

动态关系约束是加在关系变化前后状态上的限制条件。例如，在集成电路芯片设计数据库中，一个设计中用到的所有单元的工艺必相同，因此，在更新某个设计单元时，设计单元的新老工艺必须保持一致。

6.3　数据库的备份与修复

尽管数据库系统中采取了各种保护措施来防止数据库的安全性和完整性被破坏，保证并发事务的正确执行，但是计算机系统中硬件的故障、软件的错误、操作员的失误以及恶意的破坏仍是不可避免的，这些故障轻则造成运行事务非正常中断，影响数据库中数据的正确性，重则破坏数据库，使数据库中全部或部分数据丢失。因此，数据库管理系统必须具有把数据库从错误状态恢复到某一已知的正确状态（亦称为一致状态或完整状态）的功能，这就是数据库的恢复。恢复子系统是数据库管理系统的一个重要组成部分。数据库子系统所采用的恢复技术是否行之有效，不仅对系统的可靠程度起着决定性作用，而且对运行效率也有很大影响，是衡量系统性能优劣的重要指标。

6.3.1　故障的种类

数据库系统中可能发生各种各样的故障，这里谈到的故障是指 DBMS 本身在运行过程中产生的故障，没有包括网络故障和数据传输过程中的通信故障。大致可以分以下四类。

1. 事务内部的故障

它是指由于事务没有达到预期的终点，导致数据库可能处于一种不正确的状态。事务内部的故障有的是可以通过事务程序本身发现的（见下面转账事务的例子），有的是非预期的，不能由事务程序处理的。

例 6.10 银行转账事务，该事务把一笔金额从一个账户甲转给另一个账户乙。

```
BEGIN   TRANSACTION
    读账户甲的余额 BALANCE；
    BALANCE＝BALANCE－AMOUNT；－－AMOUNT 为转账金额
    IF （BALANCE<0） THEN
    {    打印 '金额不足，不能转账'，
         ROLLBACK；      （撤销该事务）}
    ELSE
    { 读账户乙的余额 BALANCE1；
      BALANCE1＝BALANCE1＋AMOUNT；
      写回 BALANCE1；
      COMMIT；提交该事务}
```

这个例子所包括的两个更新操作要么全部完成，要么全部不做，否则就会使数据库处于不一致状态。例如，只把账户甲的余额减少了而没有把账户乙的余额增加。

在这段程序中，若产生账户甲余额不足的情况，应用程序可以发现并让事务回滚，同时撤销已有的修改，恢复数据库到正常状态。

事务内部更多的故障是非预期的，是不能由应用程序处理的。如运算溢出、并发事务发生死锁而被选中撤销该事务、违反了某些完整性限制等，称这类事务故障为非预期的故障。

事务故障意味着事务没有达到预期的终点（COMMIT 或者显式的 ROLLBACK），因此，数据库可能处于不正确的状态。恢复程序的作用就是要在不影响其他事务运行的情况下，强行回滚（ROLLBACK）该事务，即撤销该事务已经作出的任何对数据库的修改，使得该事务好像根本没有启动一样。这类恢复操作称为事务撤销（UNDO）。

2. 系统故障

系统故障是指造成系统停止运转的任何事件，使得系统要重新启动，通常称为软故障(soft crash)。例如，特定类型的硬件错误（CPU 故障）、操作系统故障、DBMS 代码错误、突然停电等。这类故障影响正在运行的所有事务，但不破坏数据库。这时主存内容，尤其是数据库缓冲区（在内存）中的内容都被丢失，所有运行事务都非正常终止。发生系统故障时，一些尚未完成的事务的结果可能已送入物理数据库，有些已完成的事务可能有一部分甚至全部留在缓冲区，尚未写回到磁盘上的物理数据库中，从而造成数据库可能处于不正确的状态。为保证数据一致性，恢复子系统必须在系统重新启动时让所有非正常终止的事务回滚，强行撤销（UNDO）所有未完成的事务。重做（REDO）所有已提交的事务，以将数据库真正恢复到一致状态。

3. 介质故障

介质故障称为硬故障（hard crash），硬故障是指外存故障。如磁盘损坏、磁头碰撞、

瞬时强磁场干扰等。这类故障将破坏数据库或部分数据库，并影响正在存取这部分数据的所有事务。这类故障比前两类故障发生的可能性小得多，但破坏性最大。

4. 计算机病毒

计算机病毒是具有破坏性、可以自我复制的计算机程序。计算机病毒已成为计算机系统的主要威胁，自然也是数据库系统的主要威胁。因此，数据库一旦被破坏，仍要用恢复技术把数据库加以恢复。

总结以上各类故障，对数据库的影响有两种可能性：一是数据库本身被破坏；二是数据库没有破坏，但数据可能不正确。

恢复的基本原理十分简单，可以用一个词来概括：冗余。也就是说，数据库中任何一部分被破坏的或不正确的数据可以根据存储在系统别处的冗余数据来重建。其实现技术却相当复杂。

6.3.2　恢复实现技术

在数据库系统中，恢复的基本含义是恢复数据库本身。也就是说，在发生某种故障使数据库当前状态已经不再正确时，把数据库恢复到正确的某一状态。恢复机制涉及的两个关键问题是：第一，如何建立冗余数据；第二，如何利用这些冗余数据实施数据库恢复。

建立冗余数据最常用的技术是数据转储和登录日志文件。通常，这两种方法在一个数据库系统中是一起使用的。

1. 数据转储

数据转储是数据库恢复中采用的基本技术。

（1）转储的定义

所谓转储，就是 DBA 定期将整个数据库复制到磁带或另一个磁盘上保存起来的过程。这些备用的数据文本称为后备副本或后援副本。

当数据库遭到破坏后可以将后备副本重新装入，但重装后备副本只能将数据库恢复到转储时的状态，要想恢复到故障发生时的状态，必须重新运行自转储以后的所有更新事务。

系统在 T_a 时刻停止运行事务进行数据库转储，在 T_b 时刻转储完毕，得到 T_b 时刻的数据库一致性副本。系统运行到 T_f 时刻发生故障。为恢复数据库，首先由 DBA 重装数据库后备副本，将数据库恢复至 T_b 时刻的状态，然后重新运行从 T_b 时刻至 T_f 时刻的所有更新事务，这样就把数据库恢复到故障发生前的一致状态。转储和恢复示意图如图 6.2 所示。

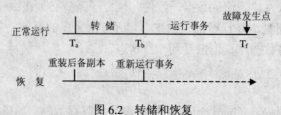

图 6.2　转储和恢复

转储是十分耗费时间和资源的，不能频繁进行， DBA 应该根据数据库使用情况确定一个适当的转储周期。

（2）转储的分类

1）转储按转储时的状态分为静态转储和动态转储。

静态转储是在系统中无运行事务时进行的转储操作。即转储操作开始的时刻，数据库处于一致性状态，而转储期间不允许（或不存在）对数据库的任何存取、修改活动。显然，静态转储得到的一定是一个数据一致性的副本。

静态转储简单，但转储必须等待正运行的用户事务结束才能进行，同样，新的事务必须等待转储结束才能执行。显然，这会降低数据库的可用性。

动态转储是指转储期间允许对数据库进行存取或修改，即转储和用户事务可以并发执行。

动态转储可克服静态转储的缺点，它不用等待正在运行的用户事务结束，也不会影响新事务的运行。但是，转储结束时后援副本上的数据并不能保证正确有效。例如，在转储期间的某个时刻 T_c，系统把数据 A＝100 转储到磁带上，而在下一时刻 T_d，某一事务将 A 改为 200。转储结束后，后备副本上的 A 已是过时的数据了。为此，必须把转储期间各事务对数据库的修改活动登记下来，建立日志文件（log file）。这样，后援副本加上日志文件就能把数据库恢复到某一时刻的正确状态。

2）转储按转储方式分为海量转储和增量转储。

海量转储是指每次转储全部数据库。

增量转储则指每次只转储上一次转储后更新过的数据。

从恢复角度看，使用海量转储得到的后备副本进行恢复一般说来会更方便些。但如果数据库很大，事务处理又十分频繁，则增量转储方式更实用、有效。

数据转储有两种方式，分别可以在两种状态下进行，因此，数据转储方法可以分为四类：动态海量转储、动态增量转储、静态海量转储和静态增量转储，如表 6.2 所示。

表 6.2　数据转储分类

		转储状态	
		动态转储	静态转储
转储方式	海量转储	动态海量转储	静态海量转储
	增量转储	动态增量转储	静态增量转储

2. 登录日志文件

日志是指记载数据库修改信息的数据结构。

·日志文件是用来记录事务对数据库的更新操作的文件。

不同数据库系统采用的日志文件并不完全一样。概括起来，日志文件主要有两种格式：以记录为单位的日志文件和以数据块为单位的日志文件。

（1）日志文件的格式和内容

1）以记录为单位的日志文件，包括：

• 各个事务的开始（BEGIN TRANSACTION）标记。

· 各个事务的结束（COMMIT 或 ROLL BACK）标记。

· 各个事务的所有更新操作。

这里每个事务开始的标记、结束标记和每个更新操作构成一个日志记录（Log Record）。

2）以数据块为单位的日志文件，包括：

· 事务标识（标明是哪个事务）。

· 操作的类型（插入、删除或修改）。

· 操作对象(记录内部标识)。

· 更新前数据的旧值（对插入操作而言，此项为空值）。

· 更新后数据的新值（对删除操作而言，此项为空值）。

对于以数据块为单位的日志文件，日志记录的内容包括事务标识和被更新的数据块。由于将更新前的整个块和更新后的整个块都放入日志文件中，操作的类型、操作对象等信息就不必放入日志记录中。

（2）日志文件的作用

日志文件在数据库恢复中起着非常重要的作用。可以用来进行事务故障恢复和系统故障恢复，并协助后备副本进行介质故障恢复。具体的作用如下：

1）事务故障恢复和系统故障必须用日志文件。

2）在动态转储方式中必须建立日志文件，后援副本和日志文件综合起来才能有效地恢复数据库。

3）在静态转储方式中，也可以建立日志文件。

当数据库毁坏后可重新装入后援副本把数据库恢复到转储结束时刻的正确状态，然后利用日志文件，把已完成的事务进行重做处理，对故障发生时尚未完成的事务进行撤销处理。这样不必重新运行那些已完成的事务程序就可把数据库恢复到故障前某一时刻的正确状态，如图 6.3 所示。

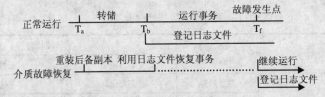

图 6.3　利用日志文件进行恢复

（3）登记日志文件

为保证数据库是可恢复的，登记日志文件时必须遵循两条原则：

1）登记的次序严格按并发事务执行的时间次序。

2）必须先写日志文件，后写数据库。

把对数据的修改写到数据库中和把写表示这个修改的日志记录写到日志文件中是两个不同的操作。有可能在这两个操作之间发生故障，即这两个写操作只完成了一个。如果先写了数据库修改，而在运行记录中没有登记这个修改，则以后就无法恢复这个修改。如果先写日志，但没有修改数据库，按日志文件恢复时只不过是多执行一次不必要的 UNDO

操作，并不会影响数据库的正确性。所以为了安全，一定要先写日志文件，即首先把日志记录写到日志文件中，然后写数据库的修改。这就是"先写日志文件"的原则。

6.4　恢　复　策　略

当系统运行过程中发生故障时，利用数据库后备副本和日志文件就可以将数据库恢复到故障前的某个一致性状态。不同类型的故障有不同的恢复策略。

6.4.1　事务故障的恢复

事务故障是指事务在运行至正常终止点前被中止，这时恢复子系统应利用日志文件撤销此事务已对数据库进行的修改。事务故障的恢复是由系统自动完成的，对用户是透明的。系统的恢复步骤如下：

1）反向扫描文件日志（即从最后向前扫描日志文件），查找该事务的更新操作。

2）对该事务的更新操作执行逆操作。即将日志记录中"更新前的值"写入数据库。这样，如果记录中是插入操作，则相当于做删除操作（因此时"更新前的值"为空）。若记录中是删除操作，则做插入操作。若是修改操作，则相当于用修改前值代替修改后值。

3）继续反向扫描日志文件，查找该事务的其他更新操作，并做同样的处理。

4）如此处理下去，直至读到此事务的开始标记，事务故障恢复就完成了。

6.4.2　系统故障的恢复

系统故障造成数据库不一致状态的原因有两个，一是未完成事务对数据库的更新可能已写入数据库，二是已提交事务对数据库的更新可能还留在缓冲区没来得及写入数据库。因此，恢复操作就是要撤销故障发生时未完成的事务，重做已完成的事务。

系统故障的恢复是由系统在重新启动时自动完成的，不需要用户干预。系统的恢复步骤如下：

1）正向扫描日志文件（即从头扫描日志文件），找出在故障发生前已经提交事务（这些事务既有 BEGIN TRANSACTION 记录，也有 COMMIT 记录），将其事务标识记入重做队列。同时找出故障发生时尚未完成的事务（这些事务只有 BEGIN TRANSACTION 记录，无相应的 COMMIT 记录），将其事务标识记入撤销队列。

2）对撤销队列中的各个事务进行撤销处理。进行处理的方法是反向扫描日志文件，对每个 UNDO 事务的更新操作执行逆操作，即将日志记录中的"更新前的值"写入数据库。

3）对重做队列中的各个事务进行重做处理。进行处理的方法是正向扫描日志文件，对每个 REDO 事务重新执行日志文件登记的操作。即将日志记录中的"更新后的值"写入数据库。

6.4.3　介质故障的恢复

发生介质故障后，磁盘上的物理数据和日志文件被破坏，这是最严重的一种故障，恢复方法是重装数据库，然后重做已完成的事务。系统的恢复步骤如下：

　　1）装入最新的数据库后备副本（离故障发生时刻最近的转储副本），使数据库恢复到最近一次转储时的一致性状态。对于动态转储的数据库副本，还需同时装入转储开始时刻的日志文件副本，利用恢复系统故障的方法（即 REDO＋UNDO），才能将数据库恢复到一致性状态。

　　2）装入相应的日志文件副本（转储结束时刻的日志文件副本），重做已完成的事务。即首先扫描日志文件，找出故障发生时已提交的事务的标识，将其记入重做队列；然后正向扫描日志文件，对重做队列中的所有事务进行重做处理。即将日志记录中的"更新后的值"写入数据库。

　　这样就可以将数据库恢复至故障前某一时刻的一致状态。

　　介质故障的恢复需要 DBA 介入，但 DBA 只需要重装最近转储的数据库副本和有关的各日志文件副本，然后执行系统提供的恢复命令即可，具体的恢复操作仍由 DBMS 完成。

小　　结

　　为了保证数据库数据的安全可靠和正确有效，DBMS 必须提供统一的数据保护。本章从数据库安全机制、完整性控制机制以及数据库恢复等三方面介绍了实现数据库保护的方法。

　　数据库的安全控制是指在数据库系统的不同层次提供安全防范措施，以免数据库系统遭到有意或无意的损坏。

　　数据的完整性可以在定义表的时候定义，也可以在定义表之后再添加。完整性机制的实施会极大地影响系统性能。

　　为了保证事务的 ACID 特性，DBMS 必须对事务故障、系统故障和介质故障等进行恢复。数据库转储和登记日志文件是恢复中经常使用的技术。恢复的基本原理就是利用存储在后备副本、日志文件等的冗余数据来重建数据库。

习　　题

一、选择题

　　1. 数据的转储属于数据库系统的_____。

　　　　A. 完整性措施　　　　　　　　B. 安全性措施

　　　　C. 并发控制措施　　　　　　　D. 恢复措施

　　2. 授权是数据库系统的_____。

　　　　A. 完整性措施　　　　　　　　B. 安全性措施

　　　　C. 并发控制措施　　　　　　　D. 恢复措施

　　3. 数据库管理系统通常提供授权功能来控制不同用户访问数据的权限，这主要是为了实现数据库的_____。

　　　　A. 可靠性　　　　　　B. 一致性　　　　　　C. 完整性　　　　　　D. 安全性

4. 恢复机制的关键在于建立冗余数据，最常用的技术是 _____。

　　A. 数据镜像　　　　　B. 数据转储　　　　　C. 建立日志文件　　　　D. B＋C

5. SQL 中的主键子句和外键子句属于数据库系统的 _____。

　　A. 完整性措施　　　　　　　　B. 安全性措施

　　C. 并发控制措施　　　　　　　D. 恢复措施

二、简答题

1. 什么是数据库的安全性？什么是数据库的完整性？两者概念有什么区别和联系？

2. 什么是数据库的完整性约束条件？分为哪几类？

3. 数据库系统中常见的故障有哪些？

4. 现有两个关系模式：

　　　职工（职工号，姓名，年龄，职务，工资，部门号）；

　　　部门（部门号，名称，经理名，地址，电话）。

请用 SQL 的 GRANT 和 REVOKE 语句（加上视图机制），完成以下授权定义或存取控制功能。

（1）用户王明对两个表有 SELECT 权力。

（2）用户李勇对两个表有 INSERT 和 DELECT 权力。

（3）用户刘星对职工表有 SELECT 权力，对工资字段具有更新权力。

（4）用户张新具有修改这两个表的结构的权力。

（5）用户周平具有对两个表的所有权力（读、插、改、删数据），并具有给其他用户授权的权力。

（6）用户杨兰具有从每个部门职工中 SELECT 最高工资、最低工资、平均工资的权力，他不能查看每个人的工资。

5. 把习题 9 中(1)～(6)的每个用户所授予的权力予以撤销。

6. SQL 语言中提供可哪些数据控制（自主存取控制）的语句？请试举例说明它们的使用方法。

第 2 篇

SQL Server 2000 数据库应用

第 7 章   SQL Server 2000 概述

📝 **本章要点**

SQL Server 2000 是微软公司的一个大型数据库管理系统，它为数据管理提供了一个强有力的客户/服务器平台。本章首先对客户/服务器结构进行介绍，接下来介绍 SQL Server 2000 的安装过程，最后介绍服务管理器、企业管理器和查询分析器等常用的管理工具。

7.1   C/S 结构

C/S 结构称为客户机/服务器模式，简称 C/S 结构，是开发模式架构两大主流技术（client/server 模式和 browser/server 模式）之一，它是一种两层的体系结构。Client/Server 是一种提供服务和使用服务的关系，凡是提供服务的一方被称之为服务器（server），服务器通常采用高性能的 PC、工作站或小型机，并采用大型数据库系统，例如 SQL Server。而使用服务的另一方则称为客户端（client），客户端需要安装专用的客户端软件。

C/S 结构充分利用两端的硬件资源优势，把整个任务合理地分配在服务器端完成的任务和在客户端完成的任务，减小了网络拥挤程度。客户端负责以一种清晰、实用的方式向用户显示数据，并为不同的工具、数据和报表提供接口，向服务器发出操作请求。而服务器端负责处理对于数据的修改和检索请求，完成需要处理大量数据的操作，把结果返回给客户端，并确保所有数据库规则完整性和数据安全性。Client/Server 模式结构图如图 7.1 所示。

B/S（browser/server）结构即浏览器和服务器结构。它是随着 Internet 技术的兴起，对 C/S 结构的一种变化或者改进的结构。在这种结构下，用户工作界面是通过 WWW 浏览器来实现的，极少部分事务逻辑在前端（browser）实现，但是主要事务逻辑在服务器端（Server）实现，形成所谓的三层结构。这样就大大简化了客户端电脑的载荷，减轻了系统维护与升级的成本和工作量，降低了用户的总体成本。

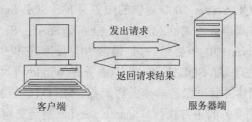

发出请求

返回请求结果

客户端　　　　　　　　　　　　服务器端

图 7.1　Client/Server 结构图

7.2　SQL Server 2000 简介

SQL Server 是一个关系数据库管理系统，既支持 C/S 模式，也支持 B/S 模式，在这两种模式下均可以利用 SQL Server 2000 构建数据库服务器。1987 年，Sybase 公司开发了基于 UNIX 平台的 SQL Server。1989 年，由 Microsoft、Sybase 和 Ashton-Tate 三家公司共同开发了基于 OS/2 平台的 SQL Server 1.0。1993 年，Microsoft 和 Sybase 公司开发了基于 Windows NT 平台的桌面数据库 SQL Server 4.2。1994 年，Microsoft 与 Sybase 公司终止合作，Sybase 公司专注于 SQL Server 在 UNIX 上的应用，而 Microsoft 公司则将 SQL Server 移植到 Windows NT 上，专注于开发、推广 SQL Server 的 Windows NT 版本。1995 年，Microsoft 公司开发了小型商业数据库 SQL Server 6.05。1996 年，Microsoft 开发了极具竞争力的 SQL Server 6.5。1998 年，Microsoft 又开发了 Web 数据库 SQL Server 7.0。2000 年 9 月，Microsoft 公司发布了 SQL Server 2000，从 SQL Server 7.0 到 SQL Server 2000 的变化是渐进的，没有从 6.5 到 7.0 变化那么大，只是在 SQL Server 7.0 的基础上进行了增强。本书介绍的 SQL Server 是 Microsoft SQL Server，以后将其简称为 SQL Server。

SQL Server 2000 的版本包括企业版、标准版、个人版、开发版、SQL Server CE 版、企业评估版。其中，最常用的是前三个版本。各个版本的功能特点及主要用途如下：

1）SQL Server 2000 企业版作为生产数据库服务器使用。支持 SQL Server 2000 中所有可用的功能，并可根据支持最大的 Web 站点和企业联机事务处理(OLTP)及数据仓库系统所需的性能水平进行伸缩。

2）SQL Server 2000 标准版作为小工作组或部门的数据库服务器使用。

3）SQL Server 2000 个人版供移动用户使用，这些用户有时从网络上断开，但所运行的应用程序需要 SQL Server 数据存储。在客户端计算机上运行需要本地 SQL Server 数据存储的独立应用程序时也使用个人版。

4）SQL Server 2000 开发版供程序员用来开发将 SQL Server 2000 用作数据存储的应用程序。虽然开发版支持企业版的所有功能，使开发人员能够编写和测试可使用这些功能的应用程序，但是只能将开发版作为开发和测试系统使用。

5）SQL Server 2000 Windows CE 版使用在 Windows CE 设备上进行数据存储。能用任何版本的 SQL Server 2000 复制数据，以使 Windows CE 数据与主数据库保持同步。

6）SQL Server 2000 企业评估版可以从 Web 上免费下载功能完整的版本。仅用于评估 SQL Server 的功能,下载 120 天后该版本将停止运行。

SQL Server 2000 是一个大规模联机事务处理(OLTP)、数据仓库和电子商务应用程序的优秀数据库平台。SQL Server 2000 提供的服务有 MS SQL Server Service 服务、SQL Server 代理服务、分布式事务协调器 MS DTC 服务和 Search Service 服务。其中 Server Service 服务是 SQL Server 中的核心组件,是最常用的服务,它提供了一般的数据库功能,包括数据存储、查询处理等。SQL Server 代理服务在 Windows NT 系统中为 SQL Server 提供调度服务,完成创建并管理服务器作业等工作。MS DTC 是 Microsoft 事务服务器的一个组件,协调分布式事务的正常执行。Search Service 是全文检索服务,完成全文检索方面的工作。

SQL Server 2000 提供的工具主要有服务管理器和企业管理器。其中服务管理器用于管理数据库服务器的启动、停止、暂停等状态。企业管理器用来实现数据库管理的各种操作,包括数据库、表、索引、视图、存储过程等的建立维护和属性管理,还包括用户的管理。SQL Server 2000 还提供查询分析器、导入和导出数据、事件探查器、联机丛书等工具,但它们同时也被集成在企业管理器中。

本章将简单介绍 SQL Server 2000 的安装配置过程和常用的管理工具。更详细的介绍请查阅系统自带的联机帮助文件或专门讲解 SQL Server 2000 的相关书籍。

7.3　SQL Server 2000 的安装与配置

在开始安装 SQL Server 2000 之前,应首先了解 SQL Server 2000 的各种版本和安装时对硬件、操作系统的要求。

安装 SQL Server 2000 需要的最低配置为 Intel 兼容机 Pentium166MHz、内存 64MB、500MB 硬盘空间。现在的主流计算机完全符合此要求。

在 SQL Server 2000 对于内存的要求中,根据操作系统的要求,可能需要额外的内存。在对硬盘空间的要求中,实际的要求因系统配置和选择安装的应用程序和功能的不同而异。

SQL Server 2000 并非只能运行在 Windows 2000 之上,实际上,在 Windows NT、Windows 2000 和 Windows XP Professional 或 Server 上都可以安装或运行它。尽管如此,不同的 SQL Server 版本对于不同操作系统版本的支持是不同的。例如,在 Microsoft Windows NT Server 4.0 上,必须安装 Service Pack5(SP5)或更高版本,这是 SQL Server 2000 所有版本的最低要求。SQL Server 2000 中文版不支持英文版的 WindowsNT 4.0 企业版。

下面介绍在 Windows XP Professional 操作系统中安装 SQL Server 2000 的过程。

1)将 Microsoft 的 SQL Server 2000 安装光盘放入光驱中,就能自动进入 SQL Server 的安装界面。用户也可以通过运行安装光盘目录下的 autorun.exe 文件进入 SQL Server 的安装界面,如图 7.2 所示。

2)用户可以根据自己的需求,选择需要安装的 SQL Server 2000 的版本。我们以选择个人版为例,其他版本的安装过程与此类似。

3)选择图 7.2 中的"安装 SQL Server 2000 简体中文个人版"选项,进入简体中文个人版的安装界面，如图 7.3 所示。

　　图 7.2　安装界面　　　　　　　　　　图 7.3　安装程序启动画面

　　4）在图 7.3 所示的画面中，单击"浏览安装/升级帮助"选项，可以查阅 SQL Server 2000 的安装帮助文件；单击"安装 SQL Server 2000 的先决条件"，可以为 Windows 95 安装公用控件库（Common Controls Library）更新文件；单击"阅读发布说明"选项，可以查阅 SQL Server 2000 的自述文件；单击"访问我们的 Web 站点"，可以打开 Microsoft 的 Web 站点，以了解 SQL Server 产品的相关说明。这里要安装 SQL Server 2000 企业版的产品组件，故单击"安装 SQL Server 2000 组件"选项，进入如图 7.4 所示的画面。

　　5）在图 7.4 所示的画面中，单击"安装数据库服务器"选项，可以安装 SQL Server 数据库端组件；单击"安装 Analysis Service"选项，可以安装 OLAP 服务器，旨在使联机分析处理（OLAP）和数据挖掘应用程序能得到更方便地使用；单击"安装 English Query"选项，可以使用户得以用英语查询 SQL Server 数据库或 Analysis Service 数据库，从而代替 SQL 语句。这里要安装 SQL Server 2000 服务器或客户端组件，所以选择"安装数据库服务器"选项。

　　6）完成 SQL Server 2000 的安装版本和安装组件的选择后，安装程序将按照用户的选择进行 SQL Server 2000 的相应版本和组件的安装操作。接下来，屏幕上显示的是 SQL Server 2000 安装向导的欢迎对话框，如图 7.5 所示。

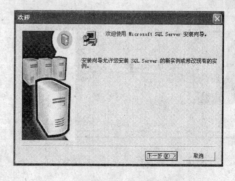

　　图 7.4　安装组件对话框图　　　　　　图 7.5　安装向导的欢迎对话框

　　7）单击"下一步"按钮，继续安装过程，进入到创建 SQL Server 新实例或修改现有 SQL Server 实例的计算机的操作界面。这里计算机可以是本地计算机，也可以是远程计算机，安装程序默认的选项是本地计算机，如图 7.6 所示。

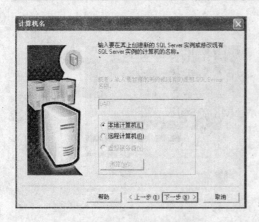

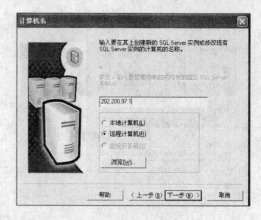

图 7.6　本地计算机安装对话框　　　　　　图 7.7　远程计算机安装对话框

8）如果是第一次安装 SQL Server 2000，则安装程序用计算机名称作为 SQL Server 的默认实例名。用户也可以通过选择"远程计算机"选项，将 SQL Server 实例安装在某台远程计算机上。此时，用户需要指定远程计算机的 IP 地址或者网络名称，如图 7.7 所示。

9）在这里将 SQL Server 2000 安装在本地计算机上，所以选择"本地计算机"选项。单击"下一步"按钮，进入"安装选择"对话框，如图 7.8 所示。

10）用户如果安装一个新的 SQL Server 实例或者安装客户端工具，可以按照安装程序的默认选项"创建新的 SQL Server 实例，或安装客户端工具"进行下一步操作。如果选择"对现有 SQL Server 实例进行升级、删除或添加组件"选项，则对现有的 SQL Server 实例进行升级、删除或添加组件操作，若是第一次安装 SQL Server，则该选项为灰色。如果选择"高级选项"，则创建无值守的可自动执行的安装文件或者对系统注册表重建从而进行修改安装 SQL Server 操作。在这里选择第一项，然后单击"下一步"按钮，进入如图 7.9 所示的填写"用户信息"对话框。

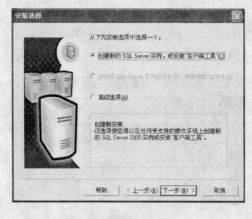

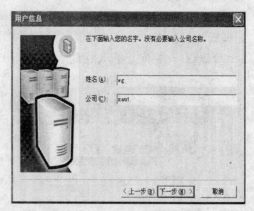

图 7.8　安装选择对话框　　　　　　　　图 7.9　用户信息对话框

11）在图 7.9 中输入必要的用户信息之后，单击"下一步"按钮，进入如图 7.10 所示的"软件许可证协议"确认的对话框。

12）在图 7.10 中，选择"是"按钮，进入如图 7.11 所示的"安装定义"对话框。在这里，用户可以根据自己的需要指定安装类型。

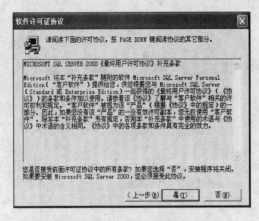
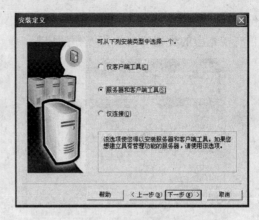

图 7.10　软件许可证协议对话框　　　　　　　图 7.11　安装定义对话框

13）为了安装 SQL Server 服务器，这里需要选择"服务器和客户端工具"选项，再单击"下一步"按钮，进入如图 7.12 所示的指定"实例名"对话框。如果进行默认安装，则选中"默认"复选框；如果清除"默认"复选框，则创建一个命名的 SQL Server 实例或维护现有的实例。一台计算机上可以有一个默认实例和多个命名实例，它们完全独立运行。当计算机上已安装了 SQL Server 实例时，"默认"复选框为灰色。

14）单击"下一步"按钮，进入如图 7.13 所示的"安装类型"对话框，选择用户需要的安装类型和安装路径。如果选择"典型"，则安装最常用的一些选项，建议初学者采用此安装类型。

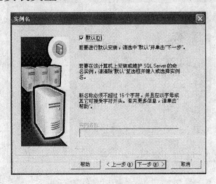
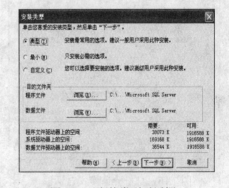

图 7.12　实例名对话框　　　　　　　　　图 7.13　安装类型对话框

15）如果选中"自定义"选项，则进入到如图 7.14 所示的"选择组件"对话框。在该对话框中，如果要安装某个组件或子组件，则选中组件名称之前的复选框，如果要跳过某个组件的安装，则清除其相应组件之前的复选框。

16）当进行完安装类型和安装路径的选择之后，单击"下一步"按钮，进入到如图 7.15 所示的"服务账户"对话框。

17）在"服务账户"对话框中使用默认设置，单击"下一步"按钮，进入如图 7.16 所示的"身份验证模式"对话框。

18）选择不同的身份验证模式将影响 SQL Server 的安全性。身份验证是 SQL Server 进行安全管理的重要手段。每个网络用户在访问 SQL Server 数据库之前，都要经过身份验证，验证用户是否有连接权，即是否允许用户访问 SQL Server 数据库服务器。如果身份验证获得成功，用户就可以连接到服务器。然后才会进入权限验证阶段，验证用户是否有在相应的数据库上执行操作的权限。

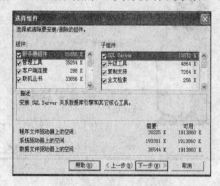

图 7.14　选择组件对话框

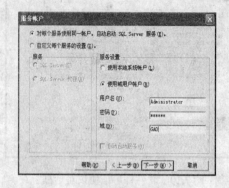

图 7.15　服务账户对话框

19）Windows 身份验证模式运行用户通过 Windows 用户账户进行连接。在混合模式下，用户能够使用 Windows 身份验证或 SQL Server 身份验证与服务器进行连接。建议初学者在自己的计算机上选择 Windows 身份验证模式。

20）单击"下一步"按钮，进入到如图 7.17 所示的"开始复制文件"界面。

21）单击"下一步"按钮，进入到如图 7.18 所示的"安装完毕"对话框，单击"完成"按钮，将完成 SQL Server 2000 的安装过程。

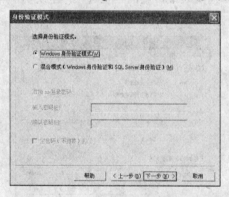

图 7.16　身份验证模式对话框

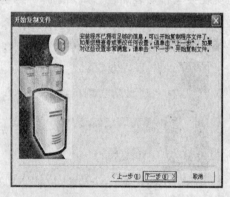

图 7.17　开始复制文件对话框

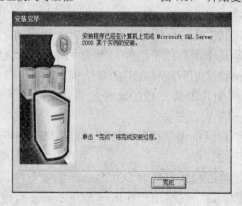

图 7.18　安装完毕对话框

7.4　SQL Server 2000 管理工具简介

SQL Server 2000 提供了一系列管理工具和实用程序，用于设置和管理 SQL Server 2000。这些管理工具的快捷方式包含在 Microsoft SQL Server 的程序组中。

当 SQL Server 2000 安装完成后，无需重新启动计算机。选择"开始"→"所有程序"→"Microsoft SQL Server"命令，包括了 SQL Server 2000 的主要管理工具的快捷方式。其中，常用的有"服务管理器"、"企业管理器"、"查询分析器"等，如图 7.19 所示。

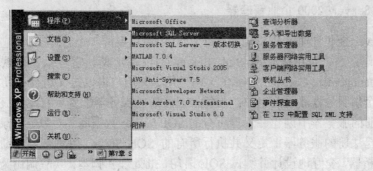

图 7.19　SQL Server　2000　管理工具

7.4.1　SQL Server 2000 服务管理器

SQL Server 服务管理器用于启动、停止和暂停服务器上的 SQL Server 2000 的进程。它可以控制多个服务器、实例以及运行 SQL Server 所需要的所有进程。在默认情况下，它显示本地服务器上的第一个实例。在对 SQL Server 数据库进行任何操作之前，必须启动本地或远程 SQL Server 服务。

要启动 SQL Server 服务管理器，选择"开始"→"所有程序"→"Microsoft SQL Server"→"服务管理器"命令，可以打开"SQL Server 服务管理器"对话框，如图 7.20 所示。

图 7.20　服务管理器窗口

在 SQL Server 服务管理器中，可以启动、暂停和停止本地或远程服务器上的 SQL Server 的服务进程。其操作步骤如下：

1）从"服务器"下拉列表中选择要连接的服务器名称。

2）从"服务"下拉列表中选择一种服务，可以是 Distributed Transaction Coordinator

（分布式事务协调管理器）、SQL Server、SQL Server Agent（SQL Server 代理）。

　　3）单击开始、暂停或停止按钮，可以启动、暂停或停止所选择的服务。

　　4）如果要在启动 Windows 操作系统时自动启动所选择的服务，可以选中"当启动 OS 时自动启动服务"复选框。

　　如果 SQL Server 正在运行，则 SQL Server 服务管理器在托盘中的图标显示为绿色箭头；否则显示为红色方块。暂停 SQL Server 服务时，当前已登录到 SQL Server 的所有用户都可以继续工作，但会禁止新用户连接到 SQL Server 中。

7.4.2　SQL Server 2000 企业管理器

　　SQL Server 企业管理器是 SQL Server 2000 中最重要的一个管理工具，它的主要用途在于管理工作方面，是用来管理 SQL Server 的前端工具。它可以在微软管理控制台（Microsoft Management Console，MMC）中使用，使用户得以定义运行 SQL Server 的服务器组；将个别服务器注册到组中；为每个已注册的服务器配置所有 SQL Server 选项；在每个已注册的服务器中创建并管理所有的 SQL Server 数据库、对象、登录、用户和权限；在每个已注册的服务器上定义并执行所有的 SQL Server 管理任务；通过唤醒调用 SQL 查询分析器，交互地设计并测试 SQL 语句、批处理和脚本；唤醒调用为 SQL Server 定义的各种向导。

　　要启动 SQL Server 企业管理器，选择"开始"→"所有程序"→"Microsoft SQL Server"→"企业管理器"命令，可以打开"SQL Server 企业管理器"对话框，如图 7.21 所示。

　　启动 SQL Server 企业管理器之后，在数据库服务器结点上单击鼠标右键，选择"编辑 SQL Server 注册属性"，弹出"已注册的 SQL Server 属性"对话框，如图 7.22 所示。其中，复选框"在连接时自动启动 SQL Server"用来指定是否在创建与 SQL Server 连接时，自动启动 SQL Server 服务。这里只有启动了 SQL Server 服务，才可以启动 SQL Server 企业管理器，但是由于 SQL Server 2000 默认在创建与 SQL Server 连接时会自动启动 SQL Server 服务，所以 SQL Server 企业管理器就可以在不启动 SQL Server 服务管理器的情况下直接启动。复选框"显示系统数据库和系统对象"用来指定在查看表、视图和存储过程时是否显示系统对象。

图 7.21　企业管理器窗口

图 7.22　已注册的 SQL Server 属性对话框

1. 服务器组的创建

SQL Server 2000 是按照服务器组进行管理的，而数据库实例属于服务器组。当 SQL Server 2000 安装完成后，默认有一个服务器组 SQL Server 组，也可以新建服务器组。新建服务器组的操作步骤为：

1）启动 SQL Server 企业管理器，在控制台树的"SQL Server 组"结点上右击，在弹出的菜单中选择"新建 SQL Server 组"，打开"服务器组"对话框，如图 7.23 所示。

2）在"服务器组"对话框中输入要新建的 SQL Server 组的名称，默认级别是"顶层组"，它是与 SQL Server 组同级别的服务器组，如果选择级别为"下面项目的子组"，则新创建的服务器组是服务器的子组。

3）单击"确定"按钮，完成服务器组的新建操作。

2. 注册服务器

在 SQL Server 2000 中，必须先在 SQL Server 企业管理器中注册该服务器，才能使用企业管理器管理本地或远程的 SQL Server 服务器，注册服务器的操作如下：

1）打开 SQL Server 企业管理器，在控制台左侧树中注册服务器所属的服务器组结点，右击打开菜单，选择"新建服务器注册"，打开"注册 SQL Server 向导"对话框，如图 7.24 所示。

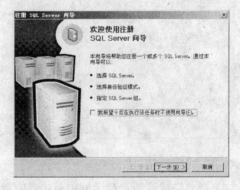

图 7.23　服务器组对话框　　　　　图 7.24　注册 SQL Server 向导对话框

2）单击"下一步"按钮，出现"选择一个 SQL Server"对话框，如图 7.25 所示。

3）在"选择一个 SQL Server"对话框中，选择或键入"可用的服务器"列表中的一个或多个服务器名，单击"添加"按钮，或者进行双击操作，则该服务器添加到服务器列表中，也可以对已经添加的服务器进行相应的删除操作，然后单击"下一步"按钮，进入如图 7.26 所示的"选择身份验证模式"对话框。

4）在图 7.26 所示的"选择身份验证"对话框中，选择要在与 SQL Server 连接时使用的身份验证模式，即 Windows 身份验证或者 SQL Server 身份验证模式。如果在安装 SQL Server 2000 过程中的"选择身份验证模式"这一步中选择的是"Windows 身份验证模式"，则在注册服务器时，只能选择第一项"Windows 身份验证"；如果在安装过程中选择的是"混合模式"，则"Windows 身份验证"和"SQL Server 身份验证"都可以选择。选择"身份验证"模式后，单击"下一步"按钮，进入到如图 7.27 所示的"选择

SQL Server 组"对话框。

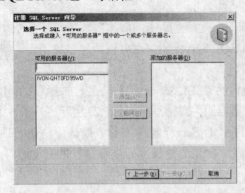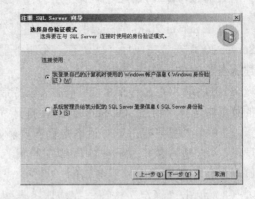

图 7.25　选择一个 SQL Server 对话框　　　　图 7.26　选择身份验证模式对话框

5）在"选择 SQL Server 组"对话框中，指定要正在注册的 SQL Server 添加到默认的 SQL Server 组中，还是添加到另外一个现有的组中，或是新建的顶层 SQL Server 组中。选择一个服务器组或新建一个服务器组后，单击"下一步"按钮，进入到如图 7.28 所示的"完成注册 SQL Server 注册向导"对话框中。

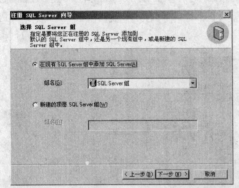

图 7.27　选择 SQL Server 组对话框　　　　图 7.28　完成注册 SQL Server 向导对话框

6）在"完成注册"对话框中单击"完成"按钮，进入到如图 7.29 所示的"注册 SQL Server 消息"对话框。单击"关闭"按钮，完成服务器的注册。

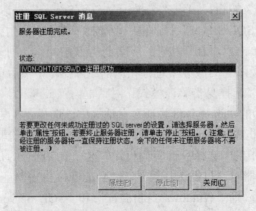

图 7.29　注册 SQL Server 消息对话框

此时，SQL Server 服务器注册成功，在 SQL Server 企业管理器左侧中依次展开 Microsoft SQL Server、SQL Server 组、注册的服务器结点，在服务器结点上的指示灯显示为绿色，则表示服务器连接成功，否则显示为红色方框。

此外，企业管理器还可以完成服务器对象管理等其他一些重要功能，在此不再介绍。

7.4.3　SQL Server 2000 查询分析器

SQL Server 2000 的查询分析器是一个图形用户界面，是一种特别用于交互式执行 Transact-SQL 语句和脚本的极好工具。若要使用 SQL Server 查询分析器，用户必须了解 Transact-SQL，有关 SQL 的内容将在下一章介绍。在 SQL Server 查询分析器中，用户可在全文窗口中输入 Transact-SQL 语句，执行语句并在结果窗口中查看结果。用户也可以打开包含 Transact-SQL 语句的文本文件，执行语句并在结果窗口中查看结果和有关的错误信息。

要启动 SQL Server 2000 查询分析器，单击"开始"→"所有程序"→"Microsoft SQL Server"→"查询分析器"命令，可以打开"SQL Server 查询分析器"对话框，选择如图 7.30 所示。

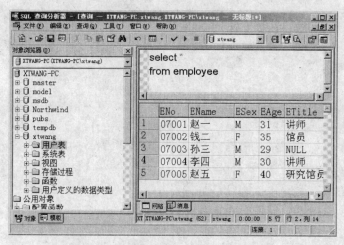

图 7.30　SQL Server 2000 查询分析器窗口

查询分析器窗口的左边是对象浏览器和模板，右边是查询脚本编辑器。右边窗口分上下两个部分，上部分是创建和编辑 T-SQL 命令的文本工作区。单击工具栏的 New Query 按钮后，就可以在工作区中输入新的 T-SQL 命令，单击 Execute 按钮，便可以执行编辑好的 T-SQL 命令。SQL 语句的执行可以是批处理或单个语句执行，工具栏中的 Open 和 Save 按钮用来打开、保存 T-SQL 命令文件，以便以后使用。

小　　结

本章主要介绍了 SQL Server 2000 数据库管理系统的发展历史和安装配置方法，以及 SQL Server 2000 中的服务管理器、企业管理器和查询分析器等常用的管理工具。学习本章内容，应以实践为主。通过学习，要掌握 SQL Server 2000 的安装过程与常用管理工具的使用方法，为进一步学习 SQL 语言打下实践基础。

习　　题

1. 什么是 C/S 结构？什么是 B/S 结构？描述这两种结构的特点。
2. 简述 SQL Server 的发展过程以及各版本的特点。
3. 描述在本地计算机安装 SQL Server 2000 服务器和客户端工具的过程。
4. SQL Server 2000 企业管理器的功能有哪些？
5. 如何启动 SQL Server 2000 查询分析器？

第8章 关系数据库标准语言 SQL

本章要点

　　本章主要介绍关系数据库标准语言 SQL，首先讲解标准 SQL 语言的特点、基本概念和基本功能。重点讲解数据查询语句的使用，包括简单查询、连接查询、嵌套查询和集合查询等。然后介绍数据的插入、删除和修改等数据更新语句。接下来讲解视图的定义、修改、删除和更新的语句。最后介绍索引的建立和删除方法以及建立索引的原则。Transact-SQL 是微软公司开发的 SQL 语言，本章结尾对此还进行了简单介绍。

8.1　SQL 语言概述

　　结构化查询语言（structured query language，SQL）是一种用来与关系数据库管理系统通信的计算机语言。SQL 语言是一种介于关系代数和关系演算之间的语言，它的功能主要包括数据查询、数据操纵、数据定义和数据控制四个方面。

　　SQL 语言是 1974 年由 Boyce 和 Chamberlin 提出的。1975 年～1979 年，IBM 公司在其研制的关系数据库管理原型系统 System R 上实现了这种语言。后来，众多计算机公司采用后，又分别对其进行了修改、扩充和完善。

　　1986 年，美国国家标准局（ANSI）的数据库委员会 X3H2 公布了作为美国标准的 SQL 语言。此后，国际标准化组织（ISO）也公布了相应的标准。ANSI 在 1989 年和 1992 年又分别公布了新的 SQL 语言标准 SQL-89 和 SQL-92。本书所讲的 SQL 语言主要与 SQL-92 标准保持一致。

　　自从 SQL 成为国际标准语言后，各个数据库厂家分别推出了支持 SQL 的产品，但是它们并不是完全符合国际标准的。为了增强产品的功能和提高产品的市场竞争力，各个开发商分别在标准 SQL 的基础上做出了自己的扩充，因此，可以说现存的各种数据库管理系统具有不同风格的 SQL。

　　SQL 语言是数据库知识学习过程中必须要掌握的重要内容。不管是通过数据库管理系统来管理数据，还是通过开发应用程序来访问数据库中的数据，都离不开 SQL 语言的支持。本章将详细介绍 SQL 语言中的语句。本章介绍的 SQL 语句将以 SQL Server 数据库管理系统中使用的 SQL 语句为主。其他数据库系统中使用的 SQL 语言虽然有所差别，但基本大同小异。读者在使用其他数据库管理系统时，可以通过查阅该产品的相关手册来使用其所支持的 SQL 语言。

8.1.1　SQL 语言的特点

1. 语言简洁、易学易用

　　SQL 语言十分简洁，完成数据库操作的核心功能只用了 9 个动词：SELECT、CREAT、

DROP、ALTER、INSERT、UPDATE、DELETE、GRANT 和 REVOKE。在使用这些动词时又很接近于英语口语，因此，很容易学习和使用。表 8.1 是这些常用动词的基本含义。

表 8.1　SQL 语言的动词含义

SQL动词	基本功能
SELECT	从一个表或多个表中检索列和行
CREATE	按特定的表模式创建一个新表
DROP	删除一张表
ALTER	在一个表格被建立之后，修改表格的字段设计
INSERT	向一个表中增加行
UPDATE	更新表中已存在的行的某几列的值
DELETE	从一个表中删除行
GRANT	向数据库中的用户授予操作权限（如修改某个表的权限、删除某个表的权限）
REVOKE	收回以前授予给当前数据库中用户的权限

2. 高度非过程化

SQL 语言是一种结构化的数据库语言。用户只需提出"做什么"，就可以得到预期的结果，至于"怎么做"，则由 RDBMS 完成，并且其处理过程对用户隐藏。这一特点大大减轻了用户负担，而且有利于提高数据的独立性。

3. 同一语法，两种使用方式

SQL 语言既可交互式使用，也可以以嵌入形式使用。前者主要用于数据库管理者等数据库用户，允许用户直接对 DBMS 发出 SQL 命令；后者主要嵌入（Java、C#和 VB 等）宿主语言中，被程序员用来开发数据库应用程序。在两种不同的使用方式下，SQL 语言的语法结构基本上是一致的。这种以统一的语法结构提供两种不同的使用方式的做法，为用户提供了极大的灵活性与方便性。

4. 面向集合的操作方式

SQL 语言采用集合操作方式，不仅查找结果可以是元组的集合，而且一次插入、删除、更新操作的对象也可以是元组的集合。

5. 统一化

SQL 语言集数据定义语言 DDL、数据操纵语言 DML 和数据控制语言 DCL 于一体，语言风格是统一的。数据的查找、插入、删除和修改都只需要一种操作符。

8.1.2　SQL 语言的基本概念

SQL 语言支持关系数据库三级模式的结构，即内模式、模式和外模式。内模式对应于存储文件，模式对应于基本表，外模式对应于视图。

根据 E.F.Codd 的定义，关系数据模型中关系（Relation）与表（Table）同义，关系数据库是表的集合，表是关系数据库的基本组成单位，数据库操作即是对表的操作。SQL 中，表分为基表（Base Table）和视图（View）。用户可以通过 SQL 语言对基本表和视图进行查询等基本操作，在用户观点中，基本表和视图都是关系。

基本表是本身独立存在的表，在 SQL 中一个关系就对应一个基本表，它也是由行和列组成的，其数据显式地存储在数据库中。一个或多个基本表对应一个存储文件。一个表可以有若干索引，索引也存放在存储文件中。存储文件及索引文件的结构是任意的。

视图是从一个或多个基本表或其他视图中导出的表，它本身不独立存储在数据库中，也就是说，数据库中只存放视图的逻辑定义，而不存放视图对应的数据，这些数据仍存放在导出视图的基本表中，因此，视图是一个虚表，它看上去和基本表似乎一模一样。

存储文件的逻辑结构组成了关系数据库的内模式。存储文件的物理结构是任意的，对用户是透明的。

8.1.3　SQL 语言的基本功能

SQL 语言的名称是结构化查询语言，而实际上它是集数据操纵（data manipulation）、数据定义（data definition）和数据控制（data control）功能于一体的，是一个功能极强的关系数据库语言。SQL 语言具有以下三个功能。

1. 数据定义功能

该功能通过 DDL（data definition language）语言来实现。可用来支持定义或建立数据库对象（如表、索引、序列、视图等），定义关系数据库的模式、外模式、内模式。常用 DDL 语句为不同形式的 CREATE、ALTER、 DROP 命令。

2. 数据操纵功能

数据操纵功能通过 DML（data manipulation language）语言来实现，DML 包括数据查询和数据更新两种语句，数据查询指对数据库中的数据进行查询、统计、排序、分组、检索等操作。数据更新指对数据的更新、删除、修改等操作。常用的 SQL 语句有 SELECT、INSERT、UPDATE、DELETE 等。

3. 数据控制功能

数据库的数据控制功能指数据的安全性和完整性。通过数据控制语句 DCL(data control language)来实现。常用的命令有 GRANT 和 REVOKE 等。

8.2　数　据　定　义

SQL 数据定义包括四部分：定义数据库、定义基本表、定义基本视图、定义索引。数据定义功能通过 CREATE、DROP、ALTER 三个动词完成。本节只介绍如何定义数据库基本表，有关定义视图和索引的内容在 8.5 节、8.6 节介绍。

本节以一个学校内的"员工—部门"数据库为例，说明 SQL 语言中各个语句的功能。在这个数据库中包括三个表：

员工表 EMPLOYEE(ENo，EName，ESex，EAge，ETitle)

各属性分别表示：员工编号、姓名、性别、年龄、职称。其中 ENo 为主码。

部门表 DEPARTMENT(DNo，DName，DSuperior，DPlace)

各属性分别表示：部门编号、部门名、上级部门和所在地。其中 DNo 为主码。

员工部门表 ED(ENo，DNo，EDPosition)

各属性分别表示：员工编号、部门编号、员工职位。其中（ENo，DNo）为主码。

三个表的数据如下所示：

EMPLOYEE

ENo	EName	ESex	EAge	ETitle
07001	赵一	M	31	讲师
07002	钱二	F	35	馆员
07003	孙三	M	29	
07004	李四	M	30	讲师
07005	赵五	F	40	研究馆员

DEPARTMENT

DNo	DName	DSuperior	DPlace
001	研招办	研究生部	行政楼
002	学位办	研究生部	行政楼
003	借书台	图书馆	图书馆
004	教材科	教务处	教一楼
005	教务科	教务处	教一楼

ED

ENo	DNo	EDPosition
07001	001	职员
07002	003	副主任
07003	004	职员
07004	004	副主任

1. 定义基本表

SQL 语言中定义基本表的命令为 CREATE TABLE，其一般格式如下：

```
CREATE TABLE <表名>
        (<列名><数据类型> [列级完整性约束条件]
        [, <列名><数据类型> [列级完整性约束条件]...]
        [, <表级完整性约束条件>]);
```

其中，<表名>是所要定义的基本表的名字，一个表可以由一个或多个列组成。每个列由<列名>指定，同时要定义列的<数据类型>，如果有与该列有关的完整性约束条件，则需在数据类型后进行说明。如果存在与多个列有关的完整性约束条件，则需在最后给出表级完整性约束条件。

列级和表级约束条件都会被存入数据字典，当用户对表中的数据操作时，DBMS 会自动检查这些操作是否符合这些完整性约束条件。

列级约束应用于单列，主要包括以下几个选项：

- DEFAULT：指定列的默认值。
- NOT NULL：说明列值不能为空值。
- UNIQUE：指定取值唯一的列名。UNIQUE 约束的列中，不能有数据相同的行。
- PRIMARY KEY：指定的列将作为表中的主码。主码约束保证实体完整性，每个表只能定义一个主码，主码列的取值必须唯一，且不允许空值（NULL）。
- FOREIGN KEY REFERENCES：指定该列为表的外码。

表级约束独立于列的定义，其约束用于多列，主要的选项为 CHECK，用来对数据的范围、格式等进行约束。

例 8.1　建立一个雇员表 Employee，它由员工编号（Eno）、员工姓名（EName）、性别（ESex）、年龄（EAge）四个属性组成。其中员工编号不能为空且取值唯一。

```
CREATE TABLE Employee
         (ENo CHAR(5) NOT NULL UNIQUE,
         EName CHAR(8),
         ESex CHAR(1),
         EAge Integer,
         EDept CHAR(15));
```

在 SQL Server 2000 的查询分析器中写入上述命令，单击工具栏上的"执行查询"按钮或 F5 键，可以在 SQL Server 中建立本表，如图 8.1 所示。

为了验证此命令的执行结果，可以到 SQL Server 2000 的企业管理器中查看。在企业管理器中依次打开 Microsoft SQL Servers→SQL Server 组→(local)→数据库→表→表所在的数据库名称→表，此时可以看到本命令所创建的 Employee 表，双击此表，可以看到此表的属性。结果如图 8.2 所示。

图 8.1　把例 1 中的命令写入查询分析器

定义表中的属性时，应确定其数据类型，不同的数据库管理系统支持的数据类型不尽相同，在 SQL Server 2000 中，主要支持以下数据类型：

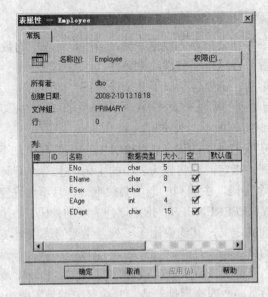

图 8.2　Employee 表属性

Bit	1 位，值为 0 或 1
Integer/Smallint	4B 整数/2B 整数
Tinyint	1B，值为 0~255 的整数
Decimal (p，s)	数字数据，固定精度为 p，宽度为 s
Char(n)/ Varchar(n)	非 unicode 字符串的固定长度/可变长度，n＝1~8000
Money	8B，存放货币类型
Datetime/Smalldatetime	8/4B，描述某天的日期和时刻，值的精确度为 1/300s
Uniqueidentifier	16B，存放全局唯一标识（GUID）
Image	可变长度二进制数
Binary(n)/Varbinary(n)	固定长度/可变长度二进制数据

2. 修改基本表

SQL 语言中修改表的结构使用 ALTER TABLE 命令。修改基本表主要指增加新列、增加新的完整性约束条件、修改原有的列定义、删除原有的列或删除已有的完整性约束条件等。ALTER TABLE 命令并不改变表中的数据。其基本格式为：

```
ALTER TABLE <表名>
        [ADD <新列名><数据类型>[完整性约束]]
        [DROP<完整性约束名><完整性约束名>]
        [MODIFY<列名> <数据类型>);
```

该语句中，<表名>指定需要修改的基本表。ADD 子句用于向表中增加新列，同时指明数据类型，如果必要，还需给出完整性约束条件。DROP 子句用于删除指定的完整性约束条件。MODIFY 子句用于修改原有的列定义，包括修改列名和数据类型。

SQL 语句中并没有直接提供删除属性列的语句。如果想删除某个列，可以通过把表中除该列以外的数据复制到一个新表中，并删除原表，然后将新表重命名为原表名。

例 8.2　向 Employee 表中增加一列"电话号码"，其数据类型为字符型。

```
ALTER  TABLE  Employee
ADD  ETel CHAR(11);
```

不论原表中是否有数据，新增加的列都为空值。

例 8.3　将 Employee 中的"年龄"改为 Tinyint 类型。

```
ALTER  TABLE  Employee
MODIFY  Eage Tinyint;
```

修改表中原有列的定义有可能会破坏已有的数据，所以，进行此操作时要谨慎。

注意：本章介绍的 SQL 语言以标准 SQL 为基础，但各数据库厂商在实现自己的产品时都对标准 SQL 做了扩充和修改，这会导致部分标准 SQL 语句不能在某些公司的产品上运行。SQL Server 2000 中使用的 SQL 语言是微软公司在标准 SQL 的基础上的修改版本，名为 Transact-SQL。此版本的 SQL 中，不能正确运行例 8-3 中的语句。查阅 SQL Server 2000 的联机丛书可以发现，修改列的数据类型要用 ALTER COLUMN 选项。把例 8-3 中的语句改为下面的写法后，则可在 SQL Server 2000 中正确执行：

```
ALTER TABLE Employee
ALTER COLUMN EAge Tinyint;
```

注意：本章后续内容仍以标准 SQL 为准进行介绍，极少部分例题不能在 SQL Server 2000 上正确执行，但不再一一给出 SQL Server 2000 中的对应语句，读者可以查阅联机帮助进行修改。

例 8.4　删除 Employee 表中"姓名"取值必须唯一的约束。

```
ALTER  TABLE Employee
DROP  UNIQUE(EName);
```

3. 删除基本表

SQL 语言中用于删除表的语句为 DROP TABLE，表一旦被删除，则其基本结构、表中的数据、在表上定义的索引都将被删除，定义在该表上的视图虽然仍将保留在数据字典中，但不能再被使用。基本格式为：

```
DROP TABLE <表名>;
```

例 8.5　删除 Employee 表。

```
DROP TABLE Employee;
```

8.3　数　据　查　询

SQL 的核心是表达查询的 SELECT 语句。数据查询功能是指根据用户的需要以一种可读的方式从数据库中提取数据。SQL 标准中通过 SELECT 语句执行数据查询功能，它具有数据查询、统计、分组、排序的功能。SELECT 语句的基本结构是由 SELECT-FROM-WHERE 组成的查询块，其基本格式如下：

```
SELECT [UNIQUE/DISTINCT]<目标表的列名或列表达式序列>
FROM <表名>[, <表名>]…
[WHERE <行条件表达式>]
[GROUP BY <列名序列> [HAVING <组条件表达式>] ]
[ORDER BY <列名> [ASC | DESC]…];
```

该语句的功能是，从 FROM 后给出的表中，查询出 SELECT 后给出的列或列表达式。WHERE 子句后给出的是查询出的元组应满足的条件。如果要把查询的结果根据某列的值分组，需要在 GROUP BY 子句后给出相应的列名，该列属性值相同的元组将被划分为一组，HAVING 子句与 GROUP BY 子句配合使用，HAVING 子句中给出的是对分组进行再选择的条件表达式。ORDER BY 子句指定对查询结果进行排序的列名。该列必须出现在结果集中，ASC 为升序，DESC 为降序，默认为降序。UNIQUE/DISTINCT 表示从查询结果中去掉重复的行，默认表示显示所有的行。

SELECT 语句可以完成简单的单表查询，也可以完成多个表的连接查询和嵌套查询。

8.3.1　简单查询

简单查询是指对一个表的选择或投影操作，用来查找出满足条件的元组的全部列值或部分列值。

1. 简单查询示例

（1）查询指定列或全部列

可以通过给出<目标表的列名或列表达式序列>来查询感兴趣的列。

例 8.6　查询指定的列，列出全体员工的姓名和年龄。

```
SELECT EName, EAge
FROM EMPLOYEE;
```

图 8.3 中是把上面的语句写到 SQL Server 2000 查询分析器后的执行结果。受篇幅所限，后续例题不再以贴图形式给出执行结果，部分例题会以文字形式直接给出结果。读者可以自己在查询分析器中对其进行验证。

可以通过在 SELECT 后给出全部列名或使用通配符"*"查询全部列，如果使用"*"，则列的显示顺序会与表中列的顺序相同。

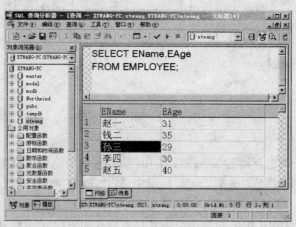

图 8.3　例 8-6 的执行结果

例 8.7　查询员工表中的全部列，列出所有员工的信息。

```
SELECT *
FROM EMPLOYEE;
```

与之等价的是如下语句：

```
SELECT ENo, EName, ESex, EAge, ETitle
FROM EMPLOYEE;
```

（2）取消重复值的查询

例 8.8　从员工部门表中查询所有的部门，去掉重复的值。

```
SELECT DISTINCT DNo
FROM  ED
```

查询结果中可能包含许多重复的行。如果想取消结果表中的重复行，必须指定 DISTINCT 短语。如果没有指定 DINTINCT 短语，则默认值为 ALL，即结果表中显示所有取值重复的行。

该例查询结果为：

```
DNo
001
003
004
```

（3）对查询结果排序

例 8.9　从员工表中查询所有员工的年龄，并按年龄升序排列。

```
SELECT EName, EAge
FROM EMPLOYEE
ORDER BY EAge;
```

在 ORDER 子句中，如果省略升序（ASC）或降序（DESC），默认为 ASC。对于空值，若按升序排序，将最后显示含空值的元组。若按降序排序，将最先显示空值的元组。多列排序时，排序列的顺序不一样，排序优先级也不同，前面的优先级高。

在此例中，如果要求降序排列，则需改为以下语句：

```
SELECT EName, EAge
FROM EMPLOYEE
ORDER BY EAge DESC;
```

年龄升序排列的查询结果为：

EName	EAge
孙三	29
李四	30
赵一	31
钱二	35
赵五	40

（4）查询时指定别名

可以通过指定一个别名来改变查询结果的列标题。

例 8.10　把例 8.9 结果中的列标题用"姓名"和"年龄"来显示。

```
SELECT EName 姓名, EAge 年龄
FROM EMPLOYEE;
```

则结果为：

姓名	年龄
孙三	29
李四	30
赵一	31
钱二	35
赵五	40

2. 查询中使用表达式和运算符

在 SQL 中可以使用运算符形成表达式作为查询条件。查询条件可以通过使用 WHERE 子句来实现。SQL 中的运算符种类如表 8.2 所示。

表 8.2　SQL 运算符

算符类型	运算符
算数运算	+、—、*、/
比较运算	=、<>、!=、>、<、>=、<=
逻辑运算	NOT、AND、OR
空值测试	IS NULL、IS NOT NULL
集合运算	IN、NOT IN、ANY、ALL
字符匹配	LIKE(_或%)、NOT LIKE
范围判断	BETWEEN AND、NOT BETWEEN AND

（1）使用算数运算符和比较运算符

例 8.11　在员工表中查询出三年后仍不满 35 岁的员工姓名和年龄。

```
SELECT EName, EAge
FROM EMPLOYEE
WHERE EAge＋3<35;
```

输出结果为：

EName	EAge
赵一	31
孙三	29
李四	30

（2）使用逻辑运算符

例 8.12　在员工表中查找 30 岁的男性员工。

```
SELECT *
FROM EMPLOYEE
WHERE EAge＝30 AND ESex＝'M';
```

输出结果为：

ENo	EName	ESex	EAge	ETitle
07004	李四	M	30	讲师

（3）测试空值

例 8.13　有些员工的信息在存储时可能不完整，从员工表中查找没有职称的员工姓名。

```
SELECT EName
FROM EMPLOYEE
WHERE ETitle IS NULL;
```

输出结果为：

```
EName
孙三
```

测试空值时请注意，空值和取值为 0 并不能等同，且不能用"＝"代替"IS"。

（4）使用集合运算符

例 8.14 在部门表中查询在行政楼和教一楼的部门。

```
SELECT *
FROM DEPARTMENT
WHERE DPlace IN ('行政楼', '教一楼');
```

输出结果为：

DNo	DName	DSuperior	DPlace
001	研招办	研究生部	行政楼
002	学位办	研究生部	行政楼
004	教材科	教务处	教一楼
005	教务科	教务处	教一楼

（5）使用通配符

在实际应用中，有时可能无法给出精确的选择查询条件，只能根据不太精确的数据进行模糊查询。例如，如果只知道数据中含有某个或某些特定的字符，这时 SQL 语言提供了 LIKE 子句和通配符进行字符匹配，从而实现模糊查询。其语法格式为：

[NOT] LIKE '<匹配串>' [ESCAPE<换码字符'>]

常用的通配符有两个：

- %（百分号），表示 0～n 个任意长度的字符。
- _（下划线），表示单个任意字符。

例 8.15 在部门表中查询编制是科的所有部门。

```
SELECT DName
FROM DEPARTMENT
WHERE DName LIKE'%科';
```

输出结果为：

DName
教材科
教务科

如果用户要查询的字符串本身就包含有%或_， 这时就要使用 ESCAPE '<换码字符'>'短语对通配符进行转义。

例 8.16 员工表中查找姓赵且姓名只有两个字的员工。

```
SELECT *
FROM EMPLOYEE
WHERE EName LIKE '赵_';
```

（6）在指定范围内查询

例 8.17 在 EMPLOYEE 表中查询年龄在 30～40 岁之间的员工姓名、年龄和职称。

```
SELECT EName, EAge, ETitle
FROM EMPLOYEE
WHERE EAge BETWEEN 30 AND 40;
```

输出结果为：

EName	EAge	ETitle
赵一	31	讲师
钱二	35	馆员
李四	30	讲师
赵五	40	研究馆员

例 8.18　在员工表中查询年龄不在 30～40 岁之间的员工姓名、年龄。

```
SELECT ENane, EAge, ETitle
FROM  EMPLOYEE
WHERE  EAge  NOT BETWEEN 30 AND 40;
```

输出结果为:

```
EName   EAge
孙三     29
```

3. SQL 中的聚集函数

为了增强检索功能, SQL 语言中提供了很多聚集函数, 它们一般作用在多条记录上。聚集函数用来对列值进行计算, 也可以先对元组进行分组, 再对每个组进行计算。SQL 中常用的应用于数值集合的聚集函数如表 8.3 所示。

表 8.3　SQL 聚集函数

函数名	说明
COUNT([DISTINCT| [ALL]*)	统计查询范围内的行数 (元组个数)
COUNT([DISTINCT|ALL]<列名>)	统计某列值的个数
SUM([DISTINCT|ALL]<列名>)	统计某列值的总和 (此列必须为数值型)
AVG([DISTINCT|ALL]<列名>)	统计某列值的平均值 (此列必须为数值型)
MAX([DISTINCT|ALL]<列名>)	统计某列值的最大值
MIN([DISTINCT|ALL]<列名>)	统计某列值的最小值

这些函数可以用于 SELECT 子句或 HAVING 子句中 (下文介绍), 其中 DISTINCT 短语表示统计计算时要取消指定列的重复值, 如果不指定 DISTINCT 短语或指定 ALL 短语, 则表示不取消重复值。如果某列中的值是全序的, 即对于某列中的任意两个值来说, 都可以按照一个已经定义好的顺序决定出一个值在另一个值的前面, 例如, 日期、时间等在它们的值上就有一个全序, 具有字母次序的字符串也是如此。

（1）使用聚集函数示例

例 8.19　在员工表中统计所有的员工人数。

```
SELECT COUNT(*)
FROM EMPLOYEE;
```

这里的 "*" 指的是行 (元组), 因此, COUNT (*) 将返回查询结果中的行数。也可以使用 COUNT 函数来计算某一列中值的数目。

例 8.20　统计所有员工年龄的平均值。

```
SELECT AVG(EAge)
FROM  EMPLOYEE;
```

例 8.21　在员工表中查找年龄最大和年龄最小的员工。

```
SELECT MIN(EAge), MAX(Eage)
FROM  EMPLOYEE;
```

（2）对查询结果分组

在实际应用中, 有时需要基于某些属性值, 将聚集函数应用到一个关系中元组的分组上, 这时需要对一些具有相同属性值的元组进行分组, 这些属性也称为分组属性。也就是说，对查询结果分组的目的是为了细化聚集函数的作用对象。如果未对查询结果分组，聚集函数将作用于整个查询结果。分组后，聚集函数将作用于每一个组。因此，使用 GROUP BY 子句可以使聚集函数对属于一组的数据起作用，使由元组构成的组应用函数所得的值可以和分组属性的值一起显示。

例 8.22　在员工表中统计不同性别的人数。

```
SELECT ESex, COUNT(*)
FROM  EMPLOYEE
GROUP  BY ESex;
```

输出结果为：

```
ESex  COUNT(*)
F       2
M       3
```

只有出现在 GROUP BY 子句中的列属性才能和聚集操作并列出现在 SELECT 子句中。

但是用户有时希望只对满足某些条件的组才检索这些函数的值，为了达到这个目的，SQL 提供了 HAVING 子句，它可以和 GROUP BY 子句配合使用。HAVING 子句指定选择组的条件，只有满足条件的组才会被检索，并进入该查询的结果中。

例 8.23　查询员工部门表中员工人数不超过 2 人的部门编号。

```
SELECT DNo
FROM ED
GROUP BY DNo
HAVING COUNT(*)<2;
```

输出结果为：

```
DNo
001
003
```

注意：WHERE子句和HAVING子句的区别在于作用对象不同。WHERE子句作用于基本表或者视图，其选择条件限定了函数作用的元组。而HAVING子句作用于分组，从分组中选择出满足条件的组。

8.3.2　连接查询

若需要从多个表中查询数据时，就需要用到连接查询。连接查询是关系数据库中重要的一类查询，包括等值和非等值查询、自然连接查询、复合条件连接、自身连接和外连接等多种类型。当进行连接查询时，需要在 FROM 子句中写出所有与查询有关的表名，在 SELECT 和 WHERE 子句中可引用有关表中的任意属性名。当不同的表具有相同的列名时，为了区分它们，需要在引用的列名之前加上其表名（表名.列名）。

1. 等值与非等值连接

等值连接是查询两个表中其连接条件中只包含相等比较，即连接中只使用比较运算符 "=" 的元组。在一个等值连接的结果中，总是有一个或多个属性在所有的元组上具有相同的值。非等值连接是查询两个表中其连接条件中使用其他比较运算符 "<>、!=、>、<、>=、<=" 的元组。连接运算的一般格式如下：

[<表名 1>.]<列名 1><比较运算符>[<表名 2>.]<列名 2>

连接条件中进行连接运算的两个列的类型必须是可比较的数据类型，但不必是相同的。例如，可以都是日期型，或都是字符型；也可以一个是实型，另一个是整型，实型和整型是可比较的。

两个表的连接操作实际上是先在两个表之间实现广义笛卡儿积，即两表中元组的交叉乘积，再根据条件选择满足条件的元组形成新表。

例 8.24　查询所有员工的部门情况。

```
SELECT DEPARTMENT.*, ED.*
FROM DEPARTMENT, ED
WHERE  DEPARTMENT.DNo＝ED.DNo;
```

查询结果如下：

DNo	DName	DSuperior	DPlace	ENo	DNo	EDPositon
001	研招办	研究生部	行政楼	07001	001	职员
003	借书台	图书馆	图书馆	07002	003	副主任
003	借书台	图书馆	图书馆	07005	003	主任
004	教材科	教务处	教一楼	07003	004	职员
004	教材科	教务处	教一楼	07004	004	副主任

进行多表连接查询时，为了避免混淆，SELECT 子句与 WHERE 子句中的属性名前都加上表名前缀。如果属性名在参加连接操作的各表中是唯一的，则可以省略表名前缀。

2. 自然连接

因为在等值连接中具有相同值的属性对中，有一个是多余的，所以引入了一个新的操作称为自然连接，用来除去出现等值连接条件中的第二个（多余的）属性。自然连接是按照两个表中的相同属性列进行等值连接，且新表的列中去掉了重复的属性列，但是保留了所有不重复的属性列。

自然连接的标准定义要求在两个表中，两个连接属性（或每对连接属性）具有相同的名字。如果不是这样，就需要先应用更名操作。如果自然连接中所指定的属性在两个关系中具有相同的名字，那么更名就是不必要的。

例 8.25　用自然连接查询所有员工的部门情况。

```
SELECT DEPARTMENT.DNo, DEPARTMENT.DName, DEPARTMENT.DSuperior,
       DEPARTMENT.DPlace, ED.ENo, EDPosition
FROM DEPARTMENT, ED
WHERE  DEPARTMENT.DNo＝ED.DNo;
```

查询结果为：

DNo	DName	DSuperior	DPlace	ENo	EDPositon
001	研招办	研究生部	行政楼	07001	职员
003	借书台	图书馆	图书馆	07002	副主任
004	教材科	教务处	教一楼	07003	职员
004	教材科	教务处	教一楼	07004	副主任

3. 复合连接

复合连接是指在查询语句中的 WHERE 子句中含有多个连接条件，连接操作除了两表连接外，还有两个以上表的多表连接和一个表与其自身的连接。

例 8.26 查询教材科中职称是讲师的 30 岁的员工姓名。

```
SELECT DISTINCT EName
FROM EMPLOYEE, DEPARTMENT
WHERE DEPARTMENT.DName='教材科' and EMPLOYEE.ETitle='讲师'
      and EMPLOYEE.EAge=30;
```

查询结果为:

DName
李四

例 8.27 查询教材科年龄小于 30 的员工姓名。

```
SELECT DISTINCT EName
FROM EMPLOYEE, DEPARTMENT, ED
WHERE EMPLOYEE.ENo=ED.ENo and DEPARTMENT.DName='教材科'
      and EMPLOYEE.EAge<30;
```

查询结果为:

DName
孙三

4. 自身连接

自身连接是使用同一个表的相同列进行比较的连接操作, 也就是说, 是一个表与其自身进行连接。这时需要对同一个表给出不相同的别名。

例 8.28 查询具有相同职称的员工编号、员工姓名和职称。

```
SELECT E1.ENo, E1.EName, E1.ETitle
FROM EMPLOYEE E1, EMPLOYEE E2
WHERE E1.ETile=E2.ETile and E1.EName<>E2.EName;
```

FROM 子句中指定了 EMPLOYEE 表的两个别名 E1 和 E2。

查询结果为:

ENo	EName	ETitle
07001	赵一	讲师
07004	李四	讲师

5. 外连接

在前面介绍的连接操作中, 查询的仅仅是满足连接条件的元组, 如果没有满足连接条件的元组, 则从连接后的查询结果中被丢弃, 连接属性列为空的元组同样也会被丢弃。但是有时候用户需要找出保留所有元组而不管它们之间是否产生匹配的这样一种查询, 就引入了外连接操作。

外连接是连接的扩展。外连接的查询结果中不仅包括符合连接条件的元组, 而且还允许在结果表中保留非匹配连接条件的元组或者数值为空的元组。通过外连接操作, 就避免了一些元组由于不满足连接匹配条件而被丢弃的情况。

外连接可分为左外连接、右外连接和完全外连接。左外连接操作保留了连接操作中左边表中的全部数据行, 如果在右边表中没有找到满足连接条件的匹配的数据行, 那么在连接结果中右边表的属性列被填入空值。右外连接操作的结果与左外连接刚好相反。而完全外连接则是在进行连接操作没有找到满足连接条件相互匹配的数据行时, 它同时保留了左边表和右边表中的所有数据行, 并且必要时填补空值。

SQL-92 标准在 FROM 子句中指定的外连接使用以下关键字：

左外连接：LEFT OUTER JOIN 或 LEFT JOIN

右外连接：RIGHT OUTER JOIN 或 RIGHT JOIN

完全外连接：FULL OUTER JOIN 或 FULL JOIN

SQL Server 2000 中就使用了上述的 SQL-92 关键字，它还支持在 WHERE 子句中使用*=和=*的运算符指定的外连接的旧式语法。由于 SQL-92 语法不容易产生歧义，而旧式的外连接语法会产生歧义，因此，建议使用 SQL-92 语法。

例 8.29 使用左外连接方式查询所有职工的信息以及其所在的部门和职位。

```
SELECT *
FROM  EMPLOYEE LEFT JOIN ED ON EMPLOYEE.ENo=ED.Eno;
```

执行结果如下：

ENo	EName	ESex	EAge	ETitle	ENo	DNo	EDPosition
07001	赵一	M	31	讲师	07001	001	职员
07002	钱二	F	35	馆员	07002	003	副主任
07003	孙三	M	29	NULL	07003	004	职员
07004	李四	M	30	讲师	07004	004	副主任
07005	赵五	F	40	研究馆员	NULL	NULL	NULL

使用旧式语法时，则上述的语句变为：

```
SELECT *
FROM  EMPLOYEE, ED
WHERE  EMPLOYEE.ENo *= ED.ENo;
```

其中 LEFT JOIN 关键字表示在左边表中不相匹配或为空值的行也作为查询结果输出。

例 8.30 使用右外连接方式查询所有职工的信息以及其所在的部门和职位。

```
SELECT *
FROM  EMPLOYEE RIGHT JOIN ED ON EMPLOYEE.ENo=ED.Eno;
```

执行结果如下：

ENo	EName	ESex	EAge	ETitle	ENo	DNo	EDPosition
07001	赵一	M	31	讲师	07001	001	职员
07002	钱二	F	35	馆员	07002	003	副主任
07003	孙三	M	29	NULL	07003	004	职员
07004	李四	M	30	讲师	07004	004	副主任

对比左外连接和右外连接的结果可以发现，赵五的信息没有在右外连接的查询结果中出现。因为右外连接是以右边的表作为基础进行查询，左外连接正好与此相反。请读者体会其中的差别。

若使用完全连接，则两个表中的行都会出现在查询结果中，未匹配的列则以 NULL 值出现。

8.3.3 嵌套查询

在 SQL 语言中，通常把一个 SELECT-FROM-WHERE 语句称为一个查询块。嵌套查询就是指将一个查询块嵌套在另一个查询块 WHERE 子句或 HAVING 短语条件中的一种查询方式，也叫做子查询。它允许用户根据一个查询的结果又进行查询。

嵌套查询的命令格式为：

```
SELECT [DISTINCT] {*|<字段名表>}
```

```
FROM <表名>
WHERE <字段名>IN | <字段名><运算符> {NOT IN | ANY | SOME | ALL | EXISTS |
NOT EXISTS }
SELECT <字段名>
    FROM <表名>
    [WHERE <查询条件>]);
```

其中 IN/NOT IN 指是或不是集合中的值；ANY/SOME 指集合中的某个值；ALL 指集合中所有的值；EXISTS/NOT EXISTS 指集合中存在（非空）值或不存在（空）值。第一个 SELECT 语句通常被称为父查询或者外层查询，其内嵌套的 SELECT 语句通常被称为子查询或者内层查询。

SQL 语言中允许多层嵌套查询，即在一个子查询中还可以存在嵌套的其他子查询。但是子查询的 SELECT 语句中不能使用排序 ORDER BY 语句，ORDER BY 语句只能对最外层的最终查询结果进行排序。

嵌套查询的处理方法是从里到外进行查询，即每个子查询都是在它上一层的查询得到处理之前进行处理，上层查询的条件就是子查询的结果。

1. 带有 IN/NOT IN 的子查询

当 IN 操作符后的数据集合需要通过查询得到时，就需要使用 IN 嵌套查询。IN 操作符确定给定的值是否与子查询或列表中的值相匹配，NOT IN 则相反。

例 8.31　查询与赵一职称相同的所有员工。

```
SELECT *
FROM EMPLOYEE
WHERE ENO IN
      (SELECT ENo
      FROM  EMPLOYEE
       WHERE EName＝'赵一');
```

执行结果如下：

ENo	EName	ESex	EAge	ETitle
07001	赵一	M	31	讲师
07004	李四	M	30	讲师

数据库服务器在执行此查询时，实际也是分步完成的，首先执行子查询，然后根据子查询的结果完成父查询。即：

首先执行子查询

```
SELECT ENo
FROM  EMPLOYEE
WHERE EName＝'赵一';
```

得到结果：

```
ENo
07001
```

然后执行父查询

```
SELECT *
FROM EMPLOYEE
WHERE ENO＝'07001';
```

得到最终结果。

2. 带有比较运算符的子查询

当用户确定子查询的返回结果是单值时，可以通过比较运算符（>、<、>=、<=、<>、!=）进行连接查询。

如果子查询的结果是一个值，则可以使用"="代替 IN。

例 8.32　查询员工中比年龄最小的讲师还要小的员工。

```
SELECT *
FROM EMPLOYEE
WHERE EAGE<
    (SELECT MIN(EAGE)
    FROM EMPLOYEE
    WHERE ETITLE='讲师');
```

查询结果如下：

ENo	EName	ESex	EAge	ETitle
07003	孙三	M	29	NULL

子查询要跟在比较运算符之后，下面的写法是错误的。

```
SELECT *
FROM EMPLOYEE
WHERE
    (SELECT MIN(EAGE)
    FROM EMPLOYEE
    WHERE ETITLE='讲师') > EAGE;
```

3. 带有 ANY、SOME 或 ALL 的子查询

当子查询的返回结果是单值，且使用 ANY/SOME/ALL 时必须同时使用比较运算符，这样通过 ANY/SOME/ALL 修改了引入子查询的比较运算符。SOME 是 SQL-92 标准中 ANY 的等效词。

以">"比较运算符为例，>ALL 表示大于每一个值，换句话说，大于最大值。>ANY 表示至少大于一个值，也就是大于最小值。要使带有 >ALL 的子查询中的某行满足外部查询中指定的条件，引入子查询的列中的值必须大于由子查询返回的值的列表中的每个值。同样，>ANY 表示要使某一行满足外部查询中指定的条件，引入子查询的列中的值必须至少大于由子查询返回的值的列表中的一个值。

其他的比较运算符和 ANY/ALL 组合时的含义如下：

- <ANY 表示小于最大值；
- <ALL 表示小于最小值；
- =ANY 表示 IN；
- <>或!=ALL 表示 NOT IN；
- >=ANY 表示大于等于最小值；
- >=ALL 表示大于等于最大值；
- <=ANY 表示小于等于最大值；
- <=ALL 表示小于等于最小值。

例 8.33　查询职称不是讲师的员工中比所有讲师年龄都小的员工。

```
SELECT *
FROM EMPLOYEE
WHERE EAGE<
ALL (SELECT MIN(EAGE)
    FROM EMPLOYEe
    WHERE ETITLE='讲师');
```

查询结果如下：

ENo	EName	ESex	EAge	ETitle
07003	孙三	M	29	NULL

4. 带有 EXISTS/NOT EXISTS 的子查询

使用存在量词 EXISTS 关键字引入一个子查询时，就相当于进行一次存在测试。外部查询的 WHERE 子句测试子查询返回的行是否存在。子查询实际上不产生任何数据，它只返回 TRUE 或 FALSE 值。

例 8.34　查询所有职位是副主任的员工。

```
SELECT *
FROM EMPLOYEE
WHERE EXISTS
    (SELECT *
    FROM ED
    WHERE EDPOSITION='副主任' AND EMPLOYEE.ENO=ED.ENO);
```

查询结果如下：

ENo	EName	ESex	EAge	ETitle
07002	钱二	F	35	馆员
07004	李四	M	30	讲师

注意：使用 EXISTS 引入的子查询在以下几方面与其他子查询略有不同。EXISTS 关键字前面没有列名、常量或其他表达式；由 EXISTS 引入的子查询的选择列表通常都是由星号（*）组成的。由于只是测试是否存在符合子查询中指定条件的行，所以不必列出列名。

由于通常没有备选的非子查询的表示法，所以 EXISTS 关键字很重要。尽管一些使用 EXISTS 表示的查询不能以任何其他方法表示，但所有使用 IN 或由 ANY 或 ALL 修改的比较运算符的查询都可以通过 EXISTS 表示。

NOT EXISTS 的作用与 EXISTS 正相反。如果子查询没有返回行，则满足 NOT EXISTS 中的 WHERE 子句。

8.3.4　集合查询

集合查询属于 SQL 关系代数的集合运算。由于 SELECT 语句执行结果是元组的集合，所以多个 SELECT 语句的结果可以进行集合操作，集合操作主要包括完成并操作的 UNION、交操作的 INTERSECT、差操作的 EXCEPT/MINUS。标准 SQL 和 Transact-SQL 中没有直接提供集合交操作和差操作的运算符。

实现多个查询结果集合的并运算的命令格式为：

```
SELECT <语句 1>
UNION [ALL]
```

```
SELECT <语句2>
```

UNION 用于实现两个基本表的并运算,它指定组合多个结果集并将其作为单个结果集返回。UNION 操作的结果表中, 如果没有指定 ALL, 则不存在两个重复的行, 若在 UNION 后指定 ALL, 则在结果中包含所有的行, 并使两个表中相同的行在合并后的结果表中重复出现。使用 UNION 组合两个查询的结果集有两个基本规则, 一是参加 UNION 操作的所有查询中的列数和列的顺序必须相同, 二是数据类型必须相同。

例 8.35 查询上级部门是教务处和上级部门是研究生部的所有部门。

```
SELECT *
FROM DEPARTMENT
WHERE DSuperior='教务处'
UNION
SELECT *
FROM DEPARTMENT
WHERE DSuperior='研究生部';
```

执行结果如下:

DNo	DName	DSuperior	DPlace
001	研招办	研究生部	行政楼
002	学位办	研究生部	行政楼
004	教材科	教务处	教一楼
005	教务科	教务处	教一楼

标准 SQL 中没有直接提供集合交操作和集合差操作, 但可以用嵌套查询或在 WHERE 子句中设置条件等方法实现相同的功能。

8.4 数 据 更 新

数据更新指的是向表中添加、删除或修改数据, 分别使用 INSERT、DELETE 和 UPDATE 命令。

8.4.1 插入数据

SQL 中向表中插入数据的语句是 INSERT, 使用 INSERT 可以一次插入一个元组或者通过使用带子查询的语句一次插入多个元组。

1. 插入一个元组

插入一个元组的格式如下:

```
INSERT INTO  <表名>  [(列名[, 列名]…)]
    VALUES(值[, 值]…);
```

插入一个不完整的元组时, 要按顺序在表名后面给出表中的每个列名, 在 VALUES 后面依次给出要插入的值。如果要插入一个完整的元组, 可以省略列名, 直接按顺序给出各值。

例 8.36 向员工表中插入一个新的员工数据。

```
INSERT INTO EMPLOYEE
    VALUES('07006', '张三', 'M', 31, '讲师');
```

插入数据后表的内容如下:

ENo	EName	ESex	EAge	ETitle
07001	赵一	M	31	讲师
07002	钱二	F	35	馆员
07003	孙三	M	29	NULL
07004	李四	M	30	讲师
07005	赵五	F	40	研究馆员
07006	张三	M	31	讲师

例 8.37　向员工表中插入一个新员工，职工编号是"07007"姓名是"李六"，其他信息未知。

```
INSERT  INTO  EMPLOYEE(ENo, EName)
VALUES('07007', '李六');
```

2. 利用子查询插入多个元组

使用子查询插入多个元组的语句格式为：

```
INSERT  INTO  <表名>  [(列名[，列名]…)]  <SELECT 语句>
```

例 8.38　对每种职称的员工，求其平均年龄，并把结果存入数据库中。

首先在数据库中建立一个新表，其中一列存职称名称，另一列存相应职称的平均年龄。

```
CREATE TABLE AVERAGE
(TITLE CHAR(8),
AVGAGE  TINYINT);
```

然后对 **EMPLOYEE** 表按职称分组求平均年龄，再把系名和平均年龄存入新表中。

```
INSERT INTO AVERAGE(TITLE, AVGAGE)
     SELECT ETitle, AVG(EAge)
     FROM EMPLOYEE
     GROUP BY ETitle;
```

插入数据后，表 **AVERAGE** 中的数据如下：

TITLE	AVGAGE
NULL	29
馆员	35
讲师	30
研究馆员	40

8.4.2　删除数据

SQL 中从表中删除数据的语句是 DELETE，使用 DELETE 语句可以从表中删除一个或多个满足条件的元组。删除语句的格式为：

```
DELETE
FROM  <表名>
[WHERE  <条件表达式>];
```

该语句的功能是从指定的表中删除满足 WHERE 子句中条件表达式的元组。省略 WHERE 子句将删除表中的所有元组，但表并不会被删除。DELETE 只能删除表中的数据，删除表的定义要使用 DROP 语句。

例 8.39　删除员工表中所有职称是讲师的元组。

```
DELETE
FROM  EMPLOYEE
```

```
WHERE  ETitle='讲师';
```
执行结果如下:

ENo	EName	ESex	EAge	ETitle
07002	钱二	F	35	馆员
07003	孙三	M	29	NULL
07005	赵五	F	40	研究馆员
07006	张三	M	31	讲师

例 8.40　删除教材科员工的职位信息。

```
DELETE
FROM  ED
WHERE DNo=(SELECT DNo
FROM  DEPARTMENT
WHERE  DName='教材科');
```

本例结果不再给出,本例中删除条件中嵌入了一个子查询。这在 SQL 中是允许的。

在删除数据时要注意保持数据的完整性。如果在员工表中删除了一个员工,则相应的要把他的职位信息和工作部门在 ED 表中同时删除,否则会违反完整性约束。

8.4.3　修改数据

SQL 语句中修改数据的语句是 UPDATE。UPDATE 语句的格式为:

```
UPDATE  <表名>
SET <列名>=<表达式>[, <列名>=<表达式>…]
[WHERE  <条件表达式>];
```

该语句可以根据 WHERE 子句中给出的条件修改指定表中指定列的值。

例 8.41　在本章开始提供的 EMPLOYEE 表中把 07001 号员工的职称改为副教授。

```
UPDATE EMPLOYEE
SET ETitle='副教授'
WHERE ENO='07001';
```

执行后结果如下:

ENo	EName	ESex	EAge	ETitle
07001	赵一	M	31	副教授
07002	钱二	F	35	馆员
07003	孙三	M	29	NULL
07004	李四	M	30	讲师
07005	赵五	F	40	研究馆员
07006	张三	M	31	讲师

例 8.42　在例 8.41 的结果中把员工表中所有职工的年龄都加 1。

```
UPDATE EMPLOYEE
SET EAge=EAge+1;
```

执行语句后, 表 EMPLOYEE 中的数据如下:

ENo	EName	ESex	EAge	ETitle
07001	赵一	M	32	副教授
07002	钱二	F	36	馆员
07003	孙三	M	30	NULL
07004	李四	M	31	讲师
07005	赵五	F	41	研究馆员
07006	张三	M	32	讲师

8.5　视　　图

视图是用来表示查询结果的表，是一个基于单表或多表查询结果的逻辑表。从这个角度来说，视图是从一个或几个基本表(或视图)导出的表，它与基本表不同，是一个虚表。数据库中只存放视图的定义，并不存放视图的数据，数据仍然存放在原来的基本表中。视图提供了查看基本表数据的一个"窗口"，用户可以通过这个窗口查看基本表中感兴趣的数据。基本表中数据的变化也会反映在视图上。

对视图所引用的基本表来说，视图的作用类似于筛选。用户可以像使用基本表一样使用视图。它可以被查询、被删除，也可以在一个视图中再定义新的视图，只有在权限许可的条件下，才可以通过视图来插入、删除或修改基本表中的数据。也就是说，对视图的增、删、改操作会有一定的限制。视图的维护由 DBMS 自动完成。

使用视图有以下四个优点。

1. 提供了一定程度上的数据独立性

视图可以使应用程序和数据库表在一定程度上独立。如果没有视图，应用程序一定是建立在表上的。有了视图之后，程序可以建立在视图之上，从而使程序与数据库表被视图分割开来。修改了基本表后，可以通过视图避免修改应用程序。当应用发生变化时，也可以在表上建立视图，通过视图屏蔽应用的变化，从而使数据库表不动。

2. 简化了应用程序和用户的查询操作

可以通过定义视图，使用户眼中的数据库结构简单、清晰，并且可以简化用户的数据查询操作。例如，那些定义了由若干张表连接生成的视图，就将表与表之间的连接操作对用户隐蔽起来了。用户所做的只是对一个虚表的简单查询，无需处理复杂的连接操作。

3. 提供了观察同一数据的不同角度

对于相同的基本表，可以在上面定义不同的视图。用户可以通过这些视图从不同的角度去观察相同的数据。这也为用户提供了较高的灵活性。

4. 提高了系统的安全性

基本表中存放的通常是某个对象的完整信息，如果不想让某用户查看表中的全部信息。可以对该用户定义一个视图，只将允许该用户看到的信息加入视图，这样就可以为该用户提供数据的同时屏蔽一些需要保密的数据。

8.5.1　视图的定义

SQL 中通过 CREATE VIEW 语句定义视图。其一般格式为

```
CREATE VIEW<视图名>[(<列名>[,<列名>]…)]
AS   <子查询>
```

```
[WITH  CHECK  OPTION];
```

其中的列名是指视图的列名。视图的列名要么都指定，要么都不指定，缺省情况下，视图的列名与子查询中的目标列名相同。但当出现下列情况之一时必须指定列名：

- 视图中的列来自算术表达式、函数或常量时。
- 查询子句中由于连接多个表，不同表中的列具有相同的列名时。
- 为了方便对视图中的某些列需要使用别名。

子查询语句是一个定义视图的 SELECT 语句，可以是任何合法的查询语句。但通常不含有 ORDER BY 子句和 DISTINCT 短语。

WITH CHECK OPTION 选项表示对视图的修改、插入和删除操作时元组必须满足子查询语句中 WHERE 子句设置的条件。

例 8.43 建立所有在行政楼的部门的视图。

```
CREATE  VIEW  DEPARTMENT_ADMIN
AS
  SELECT  *
  FROM  DEPARTMENT
  WHERE  DPlace='行政楼';
```

视图创建后，可以用 SELECT 语句查询其中的数据。例如执行下列语句

```
SELECT  *
FROM  DEPARTMENT_ADMIN
```

结果如下所示：

DNo	DName	DSuperior	DPlace
001	研招办	研究生部	行政楼
002	学位办	研究生部	行政楼

本例中省略了视图名后的列名，则该视图由子查询中 SELECT 语句中的列名组成。

DBMS 在创建视图时并没有执行子查询语句，只是把视图的定义存入数据字典。在查询视图时才会按照定义从基本表中将数据取出。

例 8.44 建立包含所有女性员工的视图，要求对该视图进行修改和插入时，仍然要保证视图中只有女性员工。

```
CREATE  VIEW  FEMPLOYEE
AS
  SELECT  Eno, EName, EAge, ETitle
  FROM  EMPLOYEE
  WHERE  ESex='F'
  WITH  CHECK  OPTION;
```

例 8.45 建立一个包含所有女性并且职位是副主任的视图。

```
CREATE  VIEW  FDEMPLOYEE
AS
    SELECT  *
    FROM  EMPLOYEE, ED
    WHERE  EMPLOYEE.ENo=ED.ENo
      AND  ESex='F'
      AND  EDPosition='副主任';
```

在定义基本表时，表中只有基本数据，可以定义一个视图来存储根据这些基本数据计算出来的数据。这种视图也被叫做带表达式的视图。

例 8.46　定义一个反映员工出生年份的视图。

```
CREATE  VIEW  BIRTHEMPLOYEE(ENo, EName, EBirth)
AS
  SELECT  ENo, EName, 2007-EAge
  FROM  EMPLOYEE;
```

本例执行后，查询视图可以看到如下结果：

ENo	EName	EBirth
07001	赵一	1975
07002	钱二	1971
07003	孙三	1977
07005	赵五	1966

定义视图时的表达式也可以由集合函数构成。

8.5.2　视图的修改

修改视图就是修改视图的定义，用新的子查询代替原来视图定义中的子查询。格式如下：

```
ALTER  VIEW  <视图名>
AS  <子查询语句>；
```

例 8.47　把例 8.44 中的视图修改为男性员工的视图。

```
ALTER  VIEW  FEMPLOYEE
AS
  SELECT  Eno, EName, EAge, ETitle
  FROM  EMPLOYEE
  WHERE  ESex='F'
  WITH  CHECK  OPTION;
```

8.5.3　视图的删除

SQL 语句中删除视图的语句为 DROP VIEW，该语句的格式为：

```
DROP  VIEW  <视图名>；
```

视图删除后，其定义会从数据字典中被删除。但是在该视图上定义的其他视图仍然存在于数据字典中，不过再使用这些视图时会出错。删除视图时，并不会影响与视图关联的基本表中的数据。

例 8.48　删除视图 BIRTHEMPLOYEE

```
DROP  VIEW  BIRTHEMPLOYEE;
```

如果在此视图上还定义了其他视图，则应同时删除。

8.5.4　视图的更新

更新视图的语句也是 UPDATE，格式与更新基本表一样。由于视图是虚表，对视图的更新操作是通过视图对基本表的插入、修改和删除数据的操作。为了防止通过视图对基本表中数据的更新操作破坏数据的完整性，定义视图时可以使用 WITH CHECK OPTION 选项，检查更新数据是否满足视图定义中的约束条件。

不同的 DBMS 对视图的更新操作有不同的限制，使用时要参照具体 DBMS 的说明作相应的修改。对于 SQL Server 来说也有些限制，例如，定义视图时不能使用 UNION

操作符，不能在视图上建立触发器和索引，不能更新由多表连接所定义的视图。

8.6 索　引

建立索引是加快查询速度的一个有效手段，用户可以根据应用的需要，在基本表上建立一个或多个索引，以加快查询速度。

假设你想找到本书中的某一个句子，可以一页一页地逐页搜索，但这会花很多时间。而通过使用本书的索引，可以很快地找到要搜索的主题。我们可以认为表的索引就是表中数据的目录。

在进行数据查询时，如果不使用索引，就需要将数据文件分块，逐个读到内存中进行查找比较操作。如果使用索引，可先将索引文件读入内存，根据索引项找到元组的地址，然后再根据地址将元组数据读入内存，并且由于索引文件中只含有索引项和元组地址，文件很小，而且索引项经过排序，索引可以很快地读入内存并找到相应元组地址，极大地提高了查询的速度。对一个较大的表来说，通过加索引，一个通常要花费几个小时来完成的查询只要几分钟就可以完成。

索引分为两种，聚簇索引和非聚簇索引。

在聚簇索引中，索引树的叶级页包含实际的数据；记录的索引顺序与物理顺序相同。非常类似于目录表，目录表的顺序与实际页码顺序相同。

在非聚簇索引中，叶级页指向表中的记录，记录的物理顺序与逻辑顺序没有必然关系。非簇聚索引更像书的标准索引表。索引表的顺序与实际的页码顺序是不同的。一本书也许有多个索引，例如，允许同时有主题索引和作者索引。同样，一个表也可以同时有多个非聚簇索引。

8.6.1　索引的建立

在 SQL 语言中建立索引使用 CREATE INDEX 语句，其一般格式为：

```
CREATE [UNIQUE][CLUSTER] INDEX<索引名>
    ON <表名>(<列名>[<次序>][, <列名>[<次序>]]…);
```

其中表名是要建立索引的基本表的名字。索引可以建立在该表的一列或多列上，各列名之间用逗号分割。每个列后还可以用 ASC 或 DESC 指定升序或降序，默认为 ASC。UNIQUE 表示此索引的每一个索引值对应一个唯一的数据记录。CLUSTER 表示要建立的索引是聚簇索引。

例 8.49　为 EMPLOYEE 表上按年龄字段建立升序唯一索引。

```
CREATE UNIQUE INDEX AGE ON EMPLOYEE(EAge);
```

8.6.2　索引的删除

删除索引后，系统自动回收由索引占用的空间。删除索引的语句格式为：

```
DROP INDEX <索引名>;
```

例 8.50　将 EMPLOYEE 表上的索引 AGENO 删除。

```
DROP INDEX AGE;
```

8.6.3　索引的建立原则

索引的建立与维护由 DBA 和 DBMS 完成。索引由 DBA 和 DBO（表的属主）负责建立与删除，其他用户不得随意建立与删除。维护工作由 DBMS 自动完成。大表应当建索引，小表不必建索引，一个基本表不宜建较多索引。索引要占用文件目录和存储空间，对于记录较多的表，有必要建立索引，但也不宜过多。索引自身需要维护，当基本表数据增加、删除或修改时，索引文件都要随之变化，以与基本表保持一致。根据查询要求建立索引。对于一些查询频度高、实时性要求高的数据一定要建立索引。

8.7　SQL 综合示例

例 8.51　假设学生-课程数据库关系模式如下：

```
Student （ Sno , Sname , Sage , Ssex）
Course （Cno , Cname , Teacher ）
SC（Sno , Cno , Grade）
```

1）找出刘老师所授课程的课程号和课程名。

```
SELECT  Cno , Cname
FROM    Course
WHERE  Teacher LIKE '刘%'
```

2）找出年龄小于 22 岁的女学生的学号和姓名。

```
SELECT  Sno, Sname
FROM    Student
WHERE  Sage < 22  AND  Ssex='F'
```

3）找出至少选修刘老师讲的一门课的学生姓名。

```
SELECT  Sname
FROM  Student , SC , Course
WHERE Student.Sno = SC.Sno AND SC.Cno = Course.Cno
  AND Teacher LIKE '刘%'
```

4）找出"程序设计"课成绩 90 分以上的学生的姓名。

```
SELECT  Sname
FROM  Student , SC , Course
WHERE Student.Sno = SC.Sno AND SC.Cno = Course.Cno
  AND Cname ='程序设计' AND Grade > 90
```

5）找出不学 C3 课的学生姓名。

```
SELECT Sname
FROM Student
WHERE NOT EXISTS
  (SELECT  *
  FROM  SC
  WHERE Sno = Student.Sno  AND  Cno ='C3')
```

6）求孙老师讲的每门课的学生平均成绩。

```
SELECT Cno , AVG（Grade）
FROM SC , Course
WHERE SC.Sno = Course.Cno AND Teacher LIKE '孙%'
```

7）统计选修各门课程的学生人数。输出课程号和人数。查询结果按人数降序排列，若人数相同，则按课程号升序排列。

```
SELECT  Cno  COUNT（*）
FROM    SC
GROUP  BY Cno
ORDER  BY COUNT（*）DESC, Cno
```

8）向学生关系 Student 中插入一个学生元组（990012，章强，21，男）

```
INSERT INTO Student
VALUES ( 990012 , '章强' , 21 , 男)
```

9）从学生选课关系 SC 中删除张良同学的所有元组。

```
DELETE FROM SC
WHERE Sno  IN
    (SELECT Sno
    FROM Student
    WHERE  Sname='张良')
```

10）在学生选课关系 SC 中，把英语课的成绩提高 10%。

```
UPDATE  Cno  SET  Grade = 1.1 * Grade
WHERE  Cno  IN
    (SELECT  Cno
    FROM    Course
    WHERE  Cname='英语')
```

小　结

　　SQL 是关系数据库环境下标准的数据库语言，由于其非过程性、简单易用性和面向集合的操作特点，SQL 已经成为当今数据库管理系统的重要组成部分。本章主要介绍了 SQL 语言的基本功能，包括数据定义、数据查询、数据更新以及视图和索引的基本知识。

　　数据定义包括定义数据库、基本表、视图和索引，数据定义功能通过 CREATE、DROP、ALTER 三个动词完成。数据查询是数据库操作中最重要的一类语句，包括对一个表的简单查询、对多个表的连接查询和嵌套查询以及使用集合操作的集合查询，完成数据查询的动词为 SELECT，关于 SELECT 的用法需重点掌握。数据更新指的是对数据的插入、删除和修改，涉及的动词有 INSERT、DELETE 和 UPDATE。视图是从一个或几个基本表（或视图）中导出的虚表。视图的定义和删除分别使用 CREATE VIEW 和 DROP VIEW，对视图的其他操作与基本表相同。索引是加快查询速度的一个重要手段，建立和删除索引分别使用 CREATE INDEX 和 DROP INDEX。

　　学习本章内容要多实践，在 SQL Server 2000 中建立相应的表，并在查询分析器中书写相关的 SQL 语句，掌握 SQL 语言的格式和应用方法。

习　题

1. SQL 语言的特点有哪些？
2. SQL 语言的数据定义有哪些，主要由哪些动词来完成？

3. 在 SQL Server 2000 中建立如下三个表，并输入相应的数据。

"学生"表：　Student (Sno，Sname，Ssex，Sage，Sdept)，其中 Sno 为主码。

"课程"表：　Course(Cno，Cname，Cpno，Ccredit)，其中 Cno 为主码

"学生选课"表：　SC(Sno，Cno，Grade)，其中(Sno，Cno)为主码。

Student 表

Sno	Sname	Ssex	Sage	Sdept
1001	张三	女	20	CS
01006	李四	男	21	CS
02001	王五	男	18	IS
02007	陈六	女	17	IS
02010	刘七	男	19	MA

Course 表

Cno	Cname	Cpno	Ccredit
1	数据库	5	4
2	高等数学		2
3	信息系统	1	4
4	操作系统	6	3
5	数据结构	7	4
6	数据处理		2
7	C 语言	6	4

SC 表

Sno	Cno	Grade
01001	4	82.
01001	5	80
02007	1	75
02007	2	91
02010	2	83
02010	3	50

4. 针对第 3 课中的三个表，使用 SQL 语言完成以下各项操作：

（1）找出所有学生的姓名和年龄。

（2）找出所有课程的先修课程。

（3）找出所有计算机系（CS）的学生。

（4）找出数据库课程先修课的先修课。

（5）找出张三所修课程及分数。

（6）把 C 语言的课程名称改成 C 语言程序设计。

（7）删除刘七的选课及成绩记录。

（8）将（8，微机原理，7，4）插入课程表。

（9）为选课成绩建立视图，该视图包括学生学号（Sno）、姓名（Sname）、课程号（Cno）、课程名称（Cname）和分数（Grade）。

5. 什么是基本表？什么是视图？两者之间的区别和联系是什么？

6. 使用视图有哪些优点？

7. 是否所有的视图都可以更新？哪些视图不能更新？请举例说明。

8. 是不是所有的表都应该建立索引？索引的建立原则是什么？

9. 在习题 3 中统计男生的人数，如果男生人数多于三个，则把每个男生的年龄增加一岁，否则为每个女生的年龄减小一岁。试写出对应的 Transact-SQL 语句。

第 9 章　存储过程与触发器

　　在大型的数据库系统中，存储过程和触发器具有很重要的作用。存储过程和触发器都是 SQL 语句和流程控制语句的集合。触发器是一种特殊的存储过程。存储过程的执行计划被保留在数据库中，因此，以后对其再运行时，其执行速度很快。本章首先介绍存储过程的概念，使用存储过程的优点以及存储过程的创建、执行、查看、修改和删除的方法，最后介绍触发器的概念以及创建、修改和删除触发器的方法。

9.1　存储过程概述

9.1.1　存储过程的概念

　　存储过程是存储在服务器上的一组预先定义并编译好的，用来实现某种特定功能的 SQL 语句。存储过程在创建时，可以定义参数的可选列表。用户通过指定存储过程的名字并给出参数来执行它，存储过程也可以返回相应的值。

　　存储过程在第一次执行时进行语法检查和编译，编译好的存储过程作为数据库对象存储在高速缓存中用于后续调用。因此，在数据库中保存着存储过程的执行计划，每当存储过程被执行时就使用。存储过程的这个属性提供了重要的好处，过的重复编译总几乎是被省略，这样使得存储过程执行的速度加快，提高了重复性任务的性能和一致性。存储过程通过应用程序被激活，而不是系统自动执行。

　　在 SQL Server 中的存储过程可以分为系统提供的存储过程和用户自定义的存储过程两类。系统存储过程主要存储在 master 数据库中，并以 sp_为前缀标识，可以在任何数据库中调用系统存储过程，在调用时不必在存储过程名称前面加上数据库的名称。系统存储过程主要是从系统表中获取信息，从而为系统管理员的系统管理、权限设置等工作提供支持。用户自定义的存储过程是指由用户创建并能完成某一种特定功能（例如查询用户需要的数据信息）而编写的存储过程。用户自定义的存储过程也叫做本地存储过程，它包括临时存储过程、远程存储过程和扩展存储过程。临时存储过程又包含局部的和全局的临时存储过程，局部的临时存储过程的名称前面加单个#,它只能由创建它的用户执行，而且只能在同一个连接过程中执行。全局的临时存储过程的名称加上两个##，它可以由全部用户执行，并且直到执行它的最后的连接结束。远程存储过程是 SQL Server 的早期功能，现在在分布式查询中使用。扩展存储过程使 SQL Server 能够动态装载并执行 DLL 动态链接库，它以 xp_作为前缀标识。本章所涉及到的存储过程主要是用户自定义的存储过程。

　　在前面章节中已经介绍了视图是存放在服务器端被命名的一些 SQL 查询语句,而存储过程是存放在服务器端被命名的一些 SQL 语句和流程控制语句,系统预先要对它进行编译。但是二者的区别还是很明显的，如表 9.1 所示。

表 9.1　视图和存储过程的区别

	视图	存储过程
语句	只能是SELECT语句	包含SELECT语句和程序流控制语句
输入、返回结果	不能接收参数，只能返回结果集	可以有输入/输出参数和返回值
应用场合	多个表的连接查询	完成某种特定功能

9.1.2　存储过程的优点

作为服务器端代码的存储过程，具有以下优点：

1. 提高了执行速度

存储过程在第一次执行被预编译后，便驻留在高速缓存中，以后再执行时就省去了重新分析、优化和编译的过程，从而提高了系统的执行性能。

2. 提供了模块化编程

存储过程是用户为完成某种特定功能而编写的一个功能模块。存储过程一旦被创建，就可以在程序中被多次调用，而不用重新编写存储过程，实现了代码的重用性。当修改了存储过程和参数时，而不需要修改前端应用程序就升级了客户的应用程序，因为前端应用程序的源代码只包含了存储过程的调用语句，这样就提高了程序的独立性和可移植性。

3. 减少了网络流量负载

由于存储过程是由一条或多条 SQL 语句组成并存放在服务器端的。当前端应用程序需要执行存储过程时，只需要执行一条命令就得到执行完存储过程所返回的结果，从而完成在服务器端和客户端的数据传输，而不需要在网络上发送许多条 SQL 语句，从而减少了网络流量负载。

4. 提高了数据库的安全性

存储过程是数据库安全性的一个重要组成部分，如果只授予用户访问存储过程的权限，而不授予用户直接访问存储过程所涉及到的表或视图的权限，这样就只有授权的用户才可以通过运行指定的存储过程来访问数据库，从而避免了用户直接操作数据库的数据，保证了数据库中数据的安全性。

9.2　存储过程的使用和管理

对存储过程的使用和管理包括存储过程的创建、执行、查看、修改、重命名和删除操作。

9.2.1　创建存储过程

存储过程使用与其他数据库对象同样的方法来创建，也就是通过使用数据定义语言方法。在 SQL Server 2000 中也可以使用企业管理器或者使用系统提供的创建向导来完成。

创建存储过程时，需要确定存储过程的三个组成部分：

1）所有的输入参数以及传给调用者的输出参数。

2）被执行的针对数据库的操作语句，包括调用其他存储过程的语句。

3）返回给调用者的状态值，以指明调用是成功还是失败。

T-SQL 中使用 CREATE PROCEDURE 语句创建存储过程，其格式如下：

```
CREATE  PROC[EDURE]  <存储过程名>[参数1, …, 参数 n]
[WITH {RECOMPILE | ENCRYPTION | RECOMPILE, ENCRYPTION}]
AS  <SQL 语句>
```

其中，参数格式为: (@参数名　数据类型[=默认值][OUTPUT])，OUTPUT 表示该参数是一个返回参数，用 OUTPUT 可以向调用者返回数据。RECOMPILE 选项表示所创建的存储过程不在高速缓存中保存，每次执行前都要重新编译；ENCRYPTION 选项表示存储在系统中的存储过程定义文本进行加密，避免他人查看或修改。SQL 语句是指定义对存储过程中具体操作的 SQL 语句，在这个语句中不能使用 CREATE VIEW、CREATE TRIGGER 等语句，同时要慎重使用其他的 CREATE 和 DROP 语句。

例 9.1　创建一个不带参数的存储过程，在第 8 章的员工表中查找 35 岁以下的青年员工。

创建该存储过程的语句如下：

```
CREATE  PROCEDURE YOUNGMAN
AS
    SELECT *
    FROM  EMPLOYEE
    WHERE  EAge<35
```

在 SQL Server 2000 中的查询分析器中可以写入上面的语句，产生该存储过程。如图 9.1 所示。

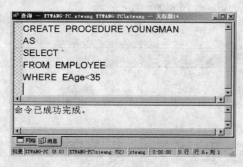

图 9.1　使用查询分析器创建存储过程

例 9.2　创建一个带输入参数的存储过程。

```
CREATE  PROCEDURE  MANAGE ( @age  INT )
AS
```

```
SELECT *
FROM  EMPLOYEE
WHERE  EAge<@age
```

例 9.3　创建带输出参数的存储过程，返回某性别的员工的最大年龄，默认返回男性员工的最大年龄。

```
CREATE  PROCEDURE  MAXAGE ( @maxage INT OUTPUT, @sex CHAR(1)='M')
AS
    SELECT MAX(EAge)
    FROM  EMPLOYEE
    WHERE  ESex= @sex
```

9.2.2　执行存储过程

当执行存储过程时，该存储过程是在服务器上运行的。当需要执行存储过程时，使用 EXECUTE 语句。EXECUTE 语句的语法格式如下：

```
EXEC[UTE]] { [[@整型变量=]<存储过程名>[标示号] }
    [[@参数名=][{值 | @变量[OUTPUT] | [DEFAULT]}[,…n]
    [WITH RECOMPILE]
```

其中，整型变量用于保存存储过程的返回状态。使用 EXEC 语句前，该变量必须在批处理、存储过程或函数中声明过；标示号用于将相同名称的存储过程进行组合，当执行与其他同名存储过程处于同一组中的存储过程时，应当指定此存储过程在组内的标示号；@参数名给出在定义存储过程时出现的参数；@变量用来保存参数或者返回提供参数的变量。OUTPUT 选项用来说明存储过程必须返回一个参数；DEFAULT 选项根据过程的定义提供参数的默认值；WITH RECOMPILE 子句用于强制编译。建议尽量少使用该选项，因为它消耗较多的系统资源。

例 9.4　执行存储过程 YOUNGMAN，找出所有不超过 35 岁的员工。

在 SQL Server 2000 中，执行该存储过程的语句如下：

```
Execute YOUNGMAN
```

在查询分析器中输入上述语句并执行，结果如图 9.2 所示。

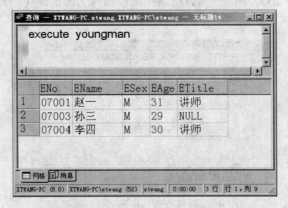

图 9.2　在查询分析器中执行存储过程

9.2.3　查看存储过程

存储过程创建后，可以通过企业管理器或有关的系统存储过程查看该存储过程的定义等信息。

在企业管理器中查看存储过程的步骤如下：

1）在企业管理器中，依次展开服务器组、服务器、数据库结点。

2）选中相应的数据库，单击其展开结点下的"存储过程"结点，鼠标右键单击要查看的存储过程，选择"属性"。

3）在弹出的"存储过程属性"对话框中列出了该存储过程的名称、所有者、创建时间等属性，并给出了存储过程的定义。如图 9.3 所示。

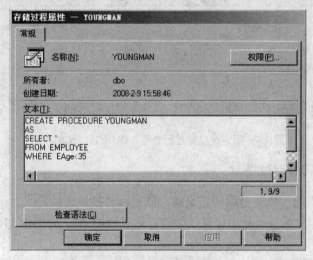

图 9.3　存储过程属性

在"存储过程属性"对话框中，可以通过"检查语法"按钮检查存储过程是否有语法错误，还可以查看与该存储过程有关的权限信息。

除了在企业管理器中查看存储过程的定义以外，还可以使用 SQL Server 2000 中的系统存储过程来查看用户自定义存储过程的有关信息。分别使用如下命令来查看存储过程的定义、参数和相关性。

查看存储过程的定义为：

```
[execute] sp_helptext 存储过程名称
```

查看存储过程参数为：

```
[execute] sp_help  存储过程名称
```

查看存储过程相关性为：

```
[execute] sp_depends 存储过程名称
```

例 9.5　用有关系统存储过程查看 xtwang 数据库中名称为 YOUNGMAN 的存储过程的定义、参数和相关性。代码如下：

```
Use xtwang
Go
Execute sp_helptext YOUNGMAN
Execute sp_help YOUNGMAN
Execute sp_depends YOUNGMAN
```

结果如图 9.4 所示。

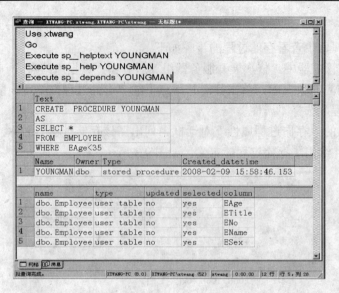

图 9.4　用系统存储过程查看 YOUNGMAN 的信息

9.2.4　修改和删除存储过程

更改存储过程的实质就是用新定义的存储过程替换原来的定义，但不推荐这种先删除再创建的做法。SQL Server 中提供了修改存储过程的语句 ALTER PROC，该语句格式如下：

```
ALTER PROC[EDURE]  <存储过程名>[参数 1，…，参数 n]
[WITH {RECOMPILE | ENCRYPTION | RECOMPILE, ENCRYPTION}]
AS  <SQL 语句>
```

从数据库中删除存储过程使用 DROP PROC 语句，一个删除语句可以删除多个存储过程。其语句格式如下：

```
DROP  PROC[EDURE]  <存储过程名>[，……<存储过程名>]
```

9.3　触发器概述

9.3.1　触发器的基本概念

触发器本质上也是一种存储过程，是与表事件相关的特殊存储过程，是依附于表存在的一种数据库对象。触发器不能像存储过程一样由用户通过名称直接调用。它们定义在表上，当对表进行 UPDATE、DELETE 和 INSERT 操作时被触发自动执行，用来防止对数据进行的不正确或不一致的修改。

使用触发器可以完成比 CHECK 约束更复杂的限制，它具有以下几个优点：

1. 强制比 CHECK 约束更复杂的数据完整性

可以使用 CHECK 约束实现数据完整性，但是在 CHECK 约束中不允许引用其他表中的列来完成检查操作，而在触发器中可以引用其他表中的列，从而实现更复杂的数据完整性约束。例如，在向第 8 章的员工部门表中添加记录时，需要在员工表和部门表中先检查是否存在该员工和部门，而在员工部门表中使用 CHECK 约束不能引用这两个表中的数据，这种情况可以使用触发器来完成完整性约束。

2. 对比数据库修改前后数据的状态

大多数触发器都提供了访问由 INSERT、UPDATE 或 DELETE 语句引起的数据变化的前后状态的能力。触发器能够找出某个表在数据修改前后状态的差异，然后根据这些差异执行特殊的处理。

3. 实现多个表的级联修改

用户可以通过触发器实现对数据库中多个表的级联修改。例如，在员工表的 ENo 上定义一个删除触发器，可以实现当从该表中删除某个员工时，从员工部门表自动删除对应的记录。

4. 向用户提供更多的报错信息

用户有时需要在数据完整性遭到破坏的情况下，系统能发出自定义好的错误信息。通过使用触发器，用户可以捕获破坏数据完整性的操作并返回自定义的错误信息。

9.3.2　创建触发器

在 SQL Server 中创建触发器的语句的格式为：
```
CREATE  TRIGGER  <触发器名>
ON  <表名|视图名>
[WITH  ENCRYPTION]
FOR  {INSERT, UPDATE, DELETE}
AS  <SQL 语句>
```
其中表名或视图名是触发器的作用对象；说明会触发触发器的事件，一个定义语句允许定义多个触发事件，用逗号隔开，且第二个只能是插入或更新语句；WITH ENCRYPTION 选项用来对触发器定义的文本加密；SQL 语句指定触发器触发时完成的操作。该语句可以是用 BEGIN…END 定义的语句块。

根据触发事件的不同，可以把触发器分为 INSERT 触发器、UPDATE 触发器和 DELETE 触发器。

例 9.6　定义一个 DELETE 触发器。当从第 8 章的员工表中删除一个员工的记录时，同时在员工部门表中删除相应的记录。
```
CREATE  TRIGGER  deltrige
ON  EMPLOYEE
FOR  DELETE
AS
   DELETE  ED
   FROM  EMPLOYEE
   WHERE  ED.ENo=EMPLOYEE.ENo
```
把上述语句写入 SQL Server 2000 的查询分析器中，运行并生成该触发器，结果如图 9.5 所示。

可以在企业管理器中查看所有触发器的信息或使用一些系统存储过程获得相关触发器的信息。

使用企业管理器查看触发器的具体过程如下：

1）在企业管理器中，依次展开服务器组、服务器、数据库结点。

2）选中相应的数据库和触发器所依附的表，鼠标右键单击表名，在弹出的菜单中选择"所有任务"，在扩展菜单中选择"管理触发器"。

3）在"触发器属性"对话框的"名称"下拉列表中选择要查看的触发器名。

使用 SQL Server 2000 中的系统存储过程查看触发器信息的命令如下：

查看触发器名称、类型、所有者、建立时间等信息：

    [execute] sp_help 触发器名称

查看触发器类型：

    [execute] sp_helptrigger 触发器所属表的名称

查看触发器定义：

    [execute] sp_helptext 触发器名称

查看触发器的依赖关系：

    [execute] sp_depends 触发器名称

查看例中所创建的触发器 deltrige 的结果如图 9.6 所示。

图 9.5　定义 DELETE 触发器

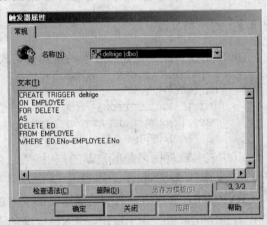

图 9.6　触发器属性

9.3.3　修改和删除触发器

修改触发器使用的命令是 ALTER　INTRIGGER，其格式为：

```
ALTER  TRIGGER  <触发器名>
ON  <表名|视图名>
[WITH  ENCRYPTION]
FOR  {INSERT, UPDATE, DELETE}
AS  <SQL 语句>
```

当触发器所依附的表被删除时，触发器也随之被自动删除，也可以用 DROP TRIGGER 语句删除已定义的触发器，一个删除语句可以同时删除多个触发器，该语句的格式为：

```
DROP  TRIGGER  <触发器名>[, <触发器名>]
```

小　结

存储过程是存储在服务器上的一组预先定义并编译好的，用来实现某种特定功能的 SQL 语句。本章主要介绍了存储过程的概念和特点，并介绍了创建和执行存储过程的方法以及查看、修改和删除存储过程的方法。触发器是与表事件相关的特殊存储过程，本章还介绍了触发器的基本概念，以及创建、修改和删除触发器的基本方法。学习本章内容要在理解概念的基础上结合实践，学习本章内容后可以更高效地使用数据库管理系统。

习　题

1　什么是存储过程？使用存储过程有哪些优点？

2. 在第 8 章的员工表上创建一个带参数的存储过程，查找小于某一年龄的员工。

3. 如何执行已有的存储过程？

4. 什么是触发器？使用触发器有哪些优点？

5. SQL Server 中创建触发器的语句是什么？根据触发事件不同，触发器可以分为哪几类？

6. 触发器和存储过程有哪些区别和联系？

第 10 章　数据恢复技术及其在

SQL Server 2000 中的应用

本章要点

　　尽管数据库系统中采用了各种保护措施来防止数据库的安全性和完整性被破坏，保证并发事务的正确执行，但是计算机系统中的硬件故障、软件错误、操作失误以及恶意破坏仍旧无法避免，这些故障轻则造成事务非正常中断，影响数据库中数据的正确性，重则破坏数据库，使数据库中全部或部分数据丢失，因此，需要经常对数据库进行备份，一旦故障发生后，使用备份把数据库从错误状态恢复到最近一个已知的正确状态，数据恢复技术中一个重要的方法就是数据库的还原。SQL Server 2000 中数据库的备份、还原技术对 SQL Server 2000 数据库的可靠程度起着决定性的作用，对系统运行效率有很大影响。

　　通过本章的学习，读者应该掌握以下内容：

MS SQL Server 2000 数据库的备份

MS SQL Server 2000 数据库的还原

MS SQL Server 2000 数据的导入/导出

10.1　MS SQL Server 2000 数据库的备份

　　MS SQL Server 2000 数据库备份就是对 SQL Server 数据库或事务日志进行备份，数据库备份记录了在进行备份这一操作时数据库中所有数据的状态，以便在数据库遭到破坏时能够及时地将其还原。

　　备份操作是把数据导向物理设备（physical device），如磁带、磁盘或管道等，物理设备名通过操作系统来分配，同时还原也必须相应地使用操作系统分配的名称来进行。

　　由于物理设备名称比较难于记忆，所以人们常常为物理设备起一个比较容易记忆的别名，这种别名被称为逻辑设备（logical device）。这些逻辑设备只存在于 SQL Server 中，并且只能由 SQL Sever 备份使用，因此，也可以将它视为逻辑备份设备（logical backup device）。如果要将数据备份到逻辑装置上，就必须预先建立这个逻辑备份设备。

10.1.1　创建逻辑备份设备

　　创建逻辑备份设备有两种方法：

1. 使用 SQL Server 2000 企业管理器创建逻辑备份设备

使用 SQL Server2000 企业管理器创建逻辑备份设备的步骤如下：

1）启动 SQL Server 2000 企业管理器，登录到指定的数据库服务器，打开数据库文件夹。

2）打开"管理"文件夹，然后选择"备份"图标。

3）右击"备份"，在弹出的菜单中选择"新建备份设备"选项，弹出"备份设备属性–新设备"对话框，在"名称"栏中输入设备名称，该名称是备份设备的逻辑名，如图 10.1 所示。

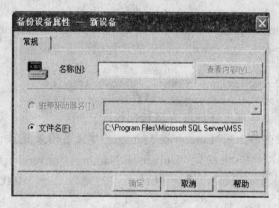

图 10.1　备份设备属性对话框

4）选择备份设备类型，如果选择"文件名"，表示使用硬盘做备份，只有正在创建的设备是硬盘文件时，该选项才起作用。如果选"磁带驱动器名"，表示使用磁带设备，只有正在创建的备份设备是与本地服务器相连的磁带设备时，该选项才起作用。

5）单击"确定"按钮创建备份设备。

2. 使用系统存储过程创建逻辑备份设备

在 SQL Server 2000 中，可以使用 sp_addumpdevice 系统存储过程创建备份设备，利用 Transact SQL 语句创建备份设备的语法格式如下：

```
sp_addumpdevice [ @devtype = ] 'device_type' ,
    [ @logicalname = ] 'logical_name' ,
    [ @physicalname = ] 'physical_name'
    [ , { [ @cntrltype = ] controller_type
      | [ @devstatus = ] 'device_status'
      }
    ]
```

其中：

- @devtype 表示设备类型，其值可以是 disk（硬盘文件）、pipe（命名管道）、tape（由 Microsoft Windows NT® 支持的任何磁带设备，其默认值为 noskip），数据类型为 varchar(20)，当使用磁盘（本地主机硬盘或远程主机上的硬盘）作为备份设备时，备份是以文件的方式存储的。
- @logicalname 表示备份设备的逻辑名称，该逻辑名称用于 BACKUP 和 RESTORE 语句中，数据类型为 sysname，没有默认值，并且不能为 NULL。
- @physicalname 表示备份设备的物理名称。物理名称必须遵照操作系统文件名称的规则或者网络设备的通用命名规则，并且必须包括完整的路径。physical_name 的数据类型为 nvarchar(260)，没有默认值，并且不能为 NULL。

- @cntrltype 和@devstatus 可以不必输入，@cntrltype 不同取值代表不同的含义，2 表示磁盘、5 表示磁带、6 表示管道。@devstatus 有两种值：skip 和 noskip。

例 10.1　添加一个名为 mydiskdump 的本地磁盘备份设备，其物理名称为 C:\Dump\Dump1.bak。

```
USE master
EXEC sp_addumpdevice 'disk', 'mydiskdump', 'c:\dump\Dump1.bak'
```

例 10.2　添加一个名为 networkdevice 的远程磁盘备份设备。

```
USE master
EXEC sp_addumpdevice 'disk', 'networkdevice',
'\\servername\sharename\path\filename.ext'
```

注意：①必须对该远程文件拥有存取控制权限。

②不能在远程服务器上用 Enterprise Manager 建立备份装置。

③必须像实体名称一样指定 Universal Naming Convention (UNC)的全名，如 '\\ptc4\c$\backup\netbackup1.bck'，也可以使用 IP 地址，如'\\100.100.100.1\c$\backup\netbackup1.bck'。

④一旦建立了备份设备，就能够使用 Enterprise Manager 或者 T-SQL 语句将数据备份进去。

例 10.3　添加一个名为 tapedump1 的磁带备份设备，其物理名称为 \\.\Tape0。

```
USE master
EXEC sp_addumpdevice 'tape', 'tapedump1', '\\.\tape0'
```

说明：如果要备份数据到一个已经使用过的磁带装置上，但这个磁带事先没有清除，也没有指定要覆盖磁带，你将发现磁带的空间很快就用完了，在附加模式中，备份程序将只使用磁带末端的可用空间。

10.1.2　删除逻辑备份设备

删除备份设备的过程与创建的过程类似，只需在 SQL Server 2000 企业管理器中选中要删除的备份设备，在弹出的菜单中选择删除选项，即可删除该备份设备。

或者在 SQL Server 2000 中，使用 sp_dropdevice 系统存储过程删除备份设备，利用 Transact-SQL 语句的语法格式如下：

```
sp_dropdevice[@logicalname=]'device'[, [@delfile=]'delfile']
```

其中：

- @logicalname 表示备份设备的逻辑名称，该名称在 master.dbo.sysdevices.name 中列出，device 的数据类型为 sysname，没有默认值。
- @delfile 指出是否应该删除物理备份设备文件。delfile 的数据类型为 varchar(7)。如果将其指定为 DELFILE，那么就会删除物理备份设备磁盘文件。

例 10.4　删除例 10.1 创建的名为 mydiskdump 的磁盘备份设备。

```
sp_dropdevice 'mydiskdump', 'c:\dump\Dump1.bak'
```

例 10.5　删除例 10.3 创建的名为 tapedump1 的磁带备份设备。

```
sp_dropdevice 'tapedump1', '\\.\tape0'
```

10.1.3　备份的执行

SQL Server 2000 系统提供了三种数据库备份操作的方法：SQL Server 企业管理器操作、备份向导操作、Transact-SQL 语句操作。

1. 使用 SQL Server 2000 企业管理器进行备份

使用 SQL Server 2000 企业管理器进行备份的步骤如下：

1）启动 SQL Server 2000 企业管理器，登录到指定的数据库服务器，打开数据库文件夹，用鼠标右键单击所要进行备份的数据库图标，在弹出的快捷菜单中选择所有任务，再选择备份数据库。

2）出现 SQL Server 备份对话框，对话框中有两个选项卡，即常规和选项选项卡。

3）在"常规"选项卡中，选择备份数据库的名称、操作的名称、描述信息、备份的类型、备份的介质、备份的执行时间。

注意：①备份的名称会依据数据库的名称自动产生，可以在"名称"文本框中键入一个备份的名称来改写自动产生的名称。也可以在"描述"文本框中键入一个备份说明。

②备份的类型有四种选择：

- 完整备份：执行一个完全数据库备份，将备份数据库中的所有数据。
- 差异备份：执行一个差异数据库备份，将备份自上次备份以来变更的所有数据。
- 事务日志文件备份：执行一个事务日志文件备份，它将同时删减这个记录文件。
- 档案及档案群组备份：备份单一档案群组或档案，您可以指定备份的档案群组或档案。

只能选择其中一种备份类型，要执行完全数据库备份和交易记录文件备份，必须执行两次备份程序。

4）在"目的地"区域，通过单击"添加"按钮选择备份设备，必须指定备份是到磁带还是磁盘上，可以加入多个逻辑或物理备份设备，可以指定一个文件名称或从 Backup Device 下拉式列表中选取备份装置。

5）选择启用复选框，来改变备份的时间安排，如图 10.2 所示。

6）在对话框中进行附加设置，可以指定在 SQL Server 代理程序启动时是否自动启动备份，是否只要 CPU 闲置就启动备份，以及备份是否只执行一次或是将反复执行。如果选择执行一次备份，可以使用"日期"来选择备份执行日期，并使用"时间"选择方块来选择时间。如果要设定循环备份，请点选"反复出现"和"更改"，这时将出现"编辑执行作业调度"对话框，如图 10.3 所示，这个对话框提供了很好的调度灵活度。在"每天"、"每周"和"每月"选项中，可以安排每个工作的频率和持续时间。

注意：使用 SQL Server 2000 企业管理器备份数据库，可以同时选择多个备份设备。

2. 使用备份向导

要使用建立数据库备份向导来执行一个备份，操作步骤如下。

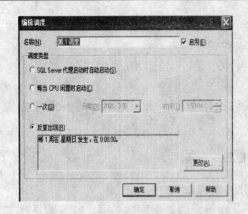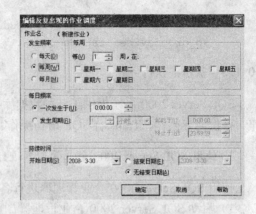

图 10.2　编辑调度对话框　　　　　图 10.3　编辑反复出现的作业调度对话框

1）在 Enterprise Manager 中，单击选择要建立备份的数据库，然后从"工具"菜单中选择"向导"，显示向导对话框。在向导对话框中展开"管理"数据夹，选择"备份向导"，接着单击"确定"按钮。此时出现"欢迎使用数据库备份向导"画面。

2）单击"下一步"按钮进入选取要备份的数据库对话框，如图 10.4 所示，在这个画面中，指定将要备份的数据库。

3）单击"下一步"按钮进入输入备份的名称及描述画面，如图 10.5 所示，提供备份的名称和说明，在"名称"文本框中键入名称，在"描述"文本框中键入说明，如果拥有很多备份，建议键入一些说明。

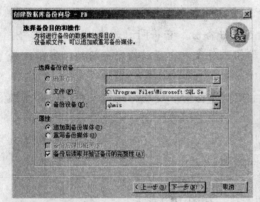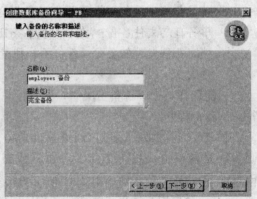

图 10.4　输入备份名称和描述信息对话框　　　图 10.5　设置备份介质类型和属性对话框

4）单击"下一步"按钮进入"选取备份类型"画面，选择想要执行备份的类型：备份整个数据库、差异数据库备份或事务日志备份。

5）单击"下一步"按钮进入"选取备份目的地及动作"画面，在"选取备份装置"区域中，指定是否要备份数据到磁带、档案或是一个特定备份装置上，如果需要，请在适当的文本框中输入文件名称或装置名称。在"属性"区域中，指定是否应该覆盖或附加备份媒体，在备份后是否要弹出磁带（如果您使用磁带），以及是否应该确认备份的完整性。确认备份的完整性是很好的想法，因为坏的磁带可能导致整个备份失效，SQL Server 透过读取磁带并确认所有数据是可读取的来确认备份的完整性。

注意：使用备份向导备份数据库，只能选择一个备份设备。

3. 使用 Transact-SQL 语句备份数据库

在 SQL Server 2000 中，可以使用 Backup database 语句创建数据库备份，其工作过程如图 10.6 所示。

图 10.6 Backup database 语句工作过程

实现语句的语法形式如下：

```
Backup database {database_name|@database_name_var}
to < backup_device >[, …n]
[ WITH
  [ BLOCKSIZE={ blocksize | @blocksize_variable } ]
  [ [ , ] DESCRIPTION={ 'text' | @text_variable } ]
  [ [ , ] DIFFERENTIAL ]
  [ [ , ] EXPIREDATE={ date | @date_var }
   |RETAINDAYS={ days | @days_var } ]
  [ [ , ] PASSWORD={ password | @password_variable } ]
  [ [ , ] FORMAT | NOFORMAT ]
  [ [ , ] { INIT | NOINIT } ]
  [ [ , ] MEDIADESCRIPTION={ 'text' | @text_variable } ]
  [ [ , ] MEDIANAME={ media_name | @media_name_variable } ]
  [ [ , ] MEDIAPASSWORD={ mediapassword | @mediapassword_variable } ]
  [ [ , ] NAME={ backup_set_name | @backup_set_name_var } ]
  [ [ , ] { NOSKIP | SKIP } ]
  [ [ , ] { NOREWIND | REWIND } ]
  [ [ , ] { NOUNLOAD | UNLOAD } ]
  [ [ , ] RESTART ]
  [ [ , ] STATS [ = percentage ] ]
]
```

各项说明如下：

- database 指定需要备份的数据库。假如指定了一个文件和文件组的列表，那么仅有这些被指定的文件和文件组被备份，在进行完整数据库备份或差异数据库备份时，Microsoft® SQL Server™备份足够的事务日志，以生成一个将在还原数据库时使用的一致的数据库，在 master 数据库中只能采用完整数据库备份。

- {database_name | @database_name_var}指定了一个数据库，从该数据库中对事务日志、部分数据库或完整的数据库进行备份。如果作为变量（@database_name_var）提供，则可将该名称指定为字符串常量（@database_name_var＝database name）或字符串数据类型（ntext 或 text 数据类型除外）的变量。

- < backup_device >指定备份操作时要使用的逻辑或物理备份设备。这里的逻辑备份设备必须是已创建的备份设备的逻辑名称，物理备份设备是由{DISK|TAPE|PIPE} ＝ 'physical_backup_device_name' | @physical_backup_ device_name_var 完整路径和文件名指定的磁盘或磁带，例如，DISK='C:\Program Files\Microsoft SQL

Server\MSSQL\ BACKUP\Mybackup.dat' 或者 TAPE＝'\\.\TAPE0'，也可以指定用
逗号格开的一组备份设备，如 Backup_dev_1，Backup_dev_2，Backup_ dev_3，
再如 TAPE＝'\\.\Tape0'，TAPE＝'\\.\Tape1'，TAPE＝'\\.\Tape2'。在执行 BACKUP
语句之前不必存在指定的物理设备。

- n 是表示可以指定多个备份设备的占位符。备份设备数目的上限为 64。
- BLOCKSIZE 表示实体区块大小，单位为字节。
- DESCRIPTION 指定备份集合的文字说明。对于还原时定位正确的备份集合十
  分有用。
- DIFFERENTIAL 指定一个差异备份。这个选项只在使用完全数据库备份时有用。
- EXPIREDATE＝{date‖@date_var }指定备份集到期和允许被重写的日期。
- RETAINDAYS＝days EXPIREDATE 选项指定备份集合到期的日期（可以被覆
  盖）。
- RETAINDAYS 选项指定备份集合到期前的天数。
- PASSWORD＝password 指定备份的密码。提供备份本身较大的安全性。
- FORMAT‖NOFORMAT FORMAT 选项指定媒体标题将被重写，因此，会使媒体
  中的原始数据无效。NOFORMAT 指定媒体标题将不被重写。
- INIT‖NOINIT INIT 选项指定备份集合位于媒体的第一个档案中并保存媒体标
  题，但覆盖媒体中的所有数据。也就是说，INIT 覆盖在磁带上的任何内容。NOINIT
  选项指定备份附加到媒体中。如果您要重新使用磁带，将需要使用这个选项。
- MEDIADESCRIPTION＝text 设定媒体集合的说明。
- MEDIANAME＝media_name 指定媒体的名称。
- MEDIAPASSWORD＝password 指定媒体集合的密码。
- NAME＝backup_set_name 设定备份集合名称。
- NOSKIP‖SKIP NOSKIP 选项指定在备份集合被覆盖前，检查媒体中备份集合的
  到期日期。SKIP 选项不检查到期日期。
- NOREWIND 指定 SQL Server 在备份操作完成后使磁带保持打开。
- NO_TRUNCATE 指定在备份后不删减事务日志文件，这个选项只在记录文件备
  份中有用。
- NOUNLOAD‖UNLOAD NOUNLOAD 选项指定在完成备份后，媒体不被卸载
  （例如，不退出磁带）。UNLOAD 选项指定在完成备份后，卸载媒体。
- RESTART 指示 SQL Server 重新启动被中断的备份。
- STATS[＝percentage]在完成指定备份的百分率后，显示一个信息。如果想要检测
  操作的过程，这个选项将会是有用的。

如果仅仅备份指定的文件、文件组或者仅仅备份数据库日志，命令格式请参加 MS
SQL Server 2000 数据库用户手册。

备份事务日志文件的命令格式是：

```
BACKUP LOG database_name
```

{[WITH { NO_LOG‖TRUNCATE_ONLY }]]‖ {TO backup_device }[WITH options]
其中：

- database_name 是数据库名称。
- NO_LOG 和 TRUNCATEONLY 选项是同义的，都将只删除日志文件，而不使用备份复制。
- backup_device 是备份设备名称。

其他选项及其含义与 Backup database 命令相同。

注意： 仅使用 BACKUP LOG 命令，无法使数据库还原到故障点，所以谨用。

例 10.6 完整备份数据库 Northwind 到物理文件'c:\Northwind.bak'。

```
BACKUP DATABASE Northwind    TO DISK='c:\Northwind.bak'。
```

例 10.7 备份整个数据库。先创建用于存放 Northwind 数据库完整备份的逻辑备份设备，然后在此设备上备份整个 Northwind 数据库。

```
USE master
EXEC sp_addumpdevice 'disk',   'Northwind_1', DISK = 'c:\Program
Files\Microsoft SQL Server\MSSQL\BACKUP\Northwind_1.dat'
BACKUP DATABASE Northwind TO Northwind_1
```

例 10.8 备份整个数据库及日志文件。将数据库备份到名称为 Northwind_2 的逻辑备份设备上，然后将日志备份到名称为 NorthwindLog1 的逻辑备份设备上。

```
USE master
    EXEC sp_addumpdevice 'disk' , 'Northwind_2' , 'c:\Program
Files\Microsoft SQL Server\MSSQL\BACKUP\Northwind_2.dat'
BACKUP DATABASE Northwind TO Northwind_2
USE master
EXEC sp_addumpdevice 'disk' , 'NorthwindLog1' , c:\Program
Files\Microsoft SQL Server\MSSQL\BACKUP\NorthwindLog1.dat'
BACKUP LOG Northwind TO NorthwindLog1
```

例 10.9 备份 Example 数据库，其中备份设备是 Backup_Dev_1 和 Backup_Dev_2，并设置当每完成备份的 5%就会显示统计数字。

```
BACKUP DATABASE Example TO Backup_Dev_1, Backup_Dev_2
WITH
DESCRIPTION="DB backup of example", STATS=5
GO
```

注意： 如果在一个小的数据库中测试这个例子，例如，Northwind，可能看到的统计数字并不是 5%的增量，可能看到如 7%、16%等的增量。这种差异的出现是因为备份程序一次读取和写入大于整个备份的 5%，这时就显示那些较大的增量。对于较大的数据集合，写入的增量将比 5%小，所以将按照设置的显示。

例 10.10 备份 Example 数据库的事务日志文件，其中备份设备是 Backup_Dev_3 和 Backup_Dev_4，统计数字将显示出 25%的间隔时间。

```
BACKUP LOG Example TO Backup_Dev_3, Backup_Dev_4
WITH
DESCRIPTION="DB backup of example", STATS=25
GO
```

输出结果显示已完成操作和备份结果的百分率，并通知备份了多少页面、备份花了多长时间，以及备份的速度（MB/sec）。

例 10.11 使用自编写存储过程进行数据库备份。

该存储过程如下：

```
CREATE PROCEDURE S_数据库备份 @FilePathAndName varchar(255)
AS
COMMIT TRANSACTION backup database MS_DB to disk＝@FilePathAndName
with INIT
```

COMMIT TRANSACTION 写在前面是为了在备份前，确保没有别的事务在进行。其中 @FilePathAndName varchar(255) 是用户输入的备份文件名(包括路径，如：d:\xlc\datzabase\BackUp.bak)。对于 INIT 选项，SQL Server 系统将覆盖备份介质上除头信息之外的任何信息。

4. 使用 SQL Server Agent 服务进行备份

加入一个备份作业(job)于 SQL Server Agent 服务中，设置其执行计划(Schedules)，输入自动备份的时间间隔，就可实现定期的自动备份。该操作只需执行一次，如需改变备份的时间间隔，重新执行一次自动备份操作即可。

应用程序将自动添加或修改 SQL Server 中的作业，每次由作业调用备份存储过程实现定时备份。自动备份的文件保存在程序指定的目录下，新生成的将覆盖原有的。

(1) 设置 SQL Server Agent 备份

设置 SQL Server Agent 备份的流程如下。

1) 设置 SQL Server Agent 为自动执行。SQL Server Agent 负责 SQL Server 系统的警报、作业、调度等任务，从而可以实现自动化任务。可以在程序安装时设置 SQL Server Agent 为 Auto-start Service When OS starts（开机运行）。

2) 调用生成作业的存储过程（S_Auto_BackUp_Set），添加作业的步骤为：

①判断该作业是否已存在，存在则删除。

```
DECLARE @JobID BINARY(16)
SELECT @JobID＝job_id
FROM msdb.dbo.sysjobs
WHERE (name＝N'XlcMis AutoBackUp')
--其中 XlcMis AutoBackUp 为设定的作业名
IF (@JobID IS NOT NULL)
BEGIN
......
END
```

②执行系统存储过程 sp_add_job 产生一个作业，包括作业名称、作业级别等参数。

③执行系统存储过程 sp_add_jobstep，设定作业中要执行的步骤(也就是要执行的命令)，以及其他一些参数。该作业的步骤只有一个就是执行备份的存储过程 (S_Auto_BackUp_Once)。简要代码如下：

```
set @strcommand="exec S_Auto_BackUp_Once"
EXECUTE @ReturnCode＝msdb.dbo.sp_add_jobstep @job_id
＝@JobID, @step_id＝1, @step_name＝N'Step 1', @
command＝@strcommand, ......□
```

④执行系统存储过程 sp_add_jobschedule 设定作业执行的计划，如时间间隔、触发时机等。修改时间间隔是通过修改参数 @freq_interval 实现的，在这种情况下设定间隔类型为 Day。

⑤执行系统存储过程 sp_add_jobserver，指定作业要运行的目标服务器。

```
EXECUTE @ReturnCode＝msdb.dbo.sp_add_jobserver @job_id
＝@JobID, @server_name＝N'(local)'
```

3）执行备份的存储过程（S_Auto_BackUp_Once），该过程是通过作业每次调用的。关键代码如下：

```
select @newfilename＝@strpath＋"\BackUp"＋rtrim(ltrim(str(@
ncount)))＋".bck"
COMMIT TRANSACTION
backup database XlcMis to disk＝@newfilename
```

@strpath 表示文件路径，@ncount 表示备份的号码（1～5）。一个完整的文件描述为："D:\XlcMis\DataBackUp\BackUp2.bck"。

路径、备份号码、时间间隔等参数都统一存放于表"Re_服务器参数"中，方便程序从中调用。

SQL Server 在进行备份时，允许用户继续操作数据库。由于 SQL Server 设定了使用时间的最大值，因此，不管使用者当时是否正在存取数据库，备份过程都会执行。

（2）管理备份计划

要管理（浏览、删除和修改）备份计划，步骤如下：

1）在 Enterprise Manager 的左边窗格中，展开一个服务器数据夹，展开管理数据夹，展开"SQL Server 代理"文件夹，并单击"作业"，这时已经安排的工作会列在 Enterprise Manager 的右侧窗格中。

2）要删除一个作业，只要在作业名称上单击鼠标右键，并从快捷菜单中选择"删除"即可。

3）要浏览或修改一个作业，在工作名称上单击鼠标右键，并从快捷菜单中选择"内容"来显示属性窗口。执行修改，然后单击"应用"和"确定"按钮。

4）因为 T-SQL 指令 BACKUP 不在 Enterprise Manger 下执行，因此，不能在 SQL Server Agent 下执行，所以不能通过 BACKUP 指令来调度一个工作。可以使用"SQL Server Agent"功能来调度一个"T-SQL BACKUP"指令，一旦调度了这个工作，就能够和管理 Enterprise Manager 备份一样来管理这个工作了。

10.1.4　备份的类型

备份的类型有多种：完全备份、差异备份、日志文件备份、文件群组备份和数据文件备份。不同的备份类型有不同的作用。

（1）完全备份

完全备份（full backup）指备份一个完整的数据库，包括数据库、档案群组及数据文件中的所有数据。将备份所有作为数据库一部分的档案群组和数据文件。如果有多个数据库，应该备份所有的数据库。对于备份小规模的数据库，完全备份可能是使用最普遍的方法。根据数据库的大小，整个过程可能相当占用时间。因此，如果时间很长，可能应该考虑执行差异备份或档案群组备份。注意，一旦开始备份，就没有办法将它暂停，备份过程将一直继续到整个数据库完成备份。

（2）差异备份

差异备份（differential backup）指只备份那些自上次备份以来变更过的资料。由于它们只备份一部分数据，差异备份比完全备份速度快，而且占用较少的空间。然而差异备份的还原比完全备份更困难，花费的时间更多。还原差异备份需要最近完全备份的还原，所有差异备份都自上次完全备份后产生。

（3）日志文件备份

日志备份（transaction log backup）用来备份和删减日志记录文件。（正如我们所见，备份交易记录文件是很重要的 DBA 任务，因为交易记录数据是用来和数据库备份连接的）档案群组备份（File 群组 backup）和数据文件备份（datafile backup）用来备份数据库中特定的档案群组或数据文件。

（4）文档群组备份

文档群组备份将备份与数据库中的单一文档有关的所有数据文件。这个过程和完全备份类似，它将备份数据文件中所有的数据，而不考虑数据上次备份的时间。可以根据系统设定，使用文档群组备份来备份和特定的部门或工作群组有关联的文档群组。如果系统分成各个独立部门的数据，并存取它们自己的文档群组，可以按照不同的安排分别备份每个部门的数据。

（5）数据文件备份

数据文件备份能备份文件群组中的单一档案。这种备份类型和 SQL Server 2000 分别还原单一数据文件的能力一起运作。如果没有足够的时间备份整个文档群组，数据文件备份将非常有用，它允许循环备份数据文件。当磁盘故障事件发生时，有某个数据文件遗失或受到破坏，你只需还原这个特定的数据文件，然而数据文件备份的时间越久，还原过程所花的时间会越长。

所有的 SQL Server 备份都对特定的数据库执行，不要忘记备份 master 数据库。

10.2　MS SQL Server 2000 数据库的还原

数据库备份后，一旦系统发生崩溃或者执行了错误的数据库操作，就可以从备份文件中还原数据库。数据库还原是指将数据库备份加载到系统中的过程。系统在还原数据库的过程中，自动执行安全性检查、重建数据库结构以及完整的数据库内容。

10.2.1　使用 SQL Server 2000 企业管理器还原数据库

使用 SQL Server 2000 企业管理器还原数据库的步骤如下：

1）打开企业管理器，单击要登录的数据库服务器，单击"数据库"文件夹，鼠标右键单击数据库，指向"所有任务"子菜单，然后单击"还原数据库"命令，如图 10.7 所示，弹出"还原数据库"对话框，如图 10.8 所示。

2）在"还原数据库"对话框中，如果要还原的数据库名称与显示的默认数据库名称不同，请在其中进行输入或选择，若要用新名称还原数据库，请输入新的数据库名称，在"还原"组中通过单击单选按钮来选择相应的数据库备份类型。

图 10.7　选择还原数据库　　　　　　　　图 10.8　还原数据库常规属性

3）在"要还原的第一个备份"列表中，选择要还原的备份集。

4）在"还原"列表中，单击要还原的数据库备份。

5）单击"属性"按钮，可以查看数据库备份的属性。

6）单击"选项"选项卡，在"还原为"中输入组成数据库备份的各数据库文件的新名称或新位置。单击"使数据库可以继续运行，但无法还原其他事务日志"，如果没有其他要应用的事务日志或差异数据库备份。如果要应用另一个事务日志或差异数据库备份，则单击"使数据库不再运行，但能还原其他事务日志"。

10.2.2　使用 Transact-SQL 语句还原数据库

在 SQL Server 2000 中，可以使用 Transact-SQL 命令 Backup database 创建数据库备份。实现语句的语法形式如下：

```
Restore database
[from <backup_device[], …n>]
[with
[[, ]file=file_number]
[[, ]move 'logical_file_name' to 'operating_system_file_name']
[[, ]replace]
[[, ]{norecovery|recovery|standby=undo_file_name}]
]
<backup_device>::={{backup_device_name|@backup_device_name_evar}
|{disk|tape|pipe}
={temp_backup_device|@temp_backup_device_var}
```

其中参数的含义同 Backup database 命令。

应用 Restore　database 进行数据库还原的例子如下。

例 10.12　从数据库完整备份设备 MyNwind_1 中还原完整数据库 MyNwind

```
RESTORE DATABASE MyNwind FROM MyNwind_1
```

例 10.13　在还原完整数据库备份的基础上还原差异备份（差异备份追加到包含完整数据库备份的备份设备上）。

```
RESTORE DATABASE MyNwind    FROM MyNwind_1   WITH NORECOVERY
RESTORE DATABASE MyNwind    FROM MyNwind_1   WITH FILE=2
```

例 10.14 使用 RESTART 选项重新启动因服务器电源故障而中断的 RESTORE 操作。

```
--This database RESTORE halted prematurely due to power failure.
RESTORE DATABASE MyNwind   FROM MyNwind_1
-- Here is the RESTORE RESTART operation.
RESTORE DATABASE MyNwind   FROM MyNwind_1 WITH RESTART
```

例 10.15 还原完整数据库和事务日志，并将已还原的数据库移动到 C:\Program Files icrosoft SQL Server\MSSQL\Data 目录下。

```
RESTORE DATABASE MyNwind        FROM MyNwind_1     WITH NORECOVERY,
MOVE 'MyNwind' TO 'c:\Program Files\Microsoft SQL Server\MSSQL\
Data\NewNwind.mdf',
MOVE 'MyNwindLog1' TO 'c:\Program Files\Microsoft SQL Server\MSSQL\
Data\NewNwind.ldf'
RESTORE LOG MyNwind   FROM MyNwindLog1   WITH RECOVERY
```

例 10.16 使用自编写存储过程进行数据库的还原。

该存储过程如下：
```
CREATE PROCEDURE S_数据库恢复 @FilePathAndName varchar(255)
AS
COMMIT TRANSACTION restore database xlcmis from disk=@FilePathAndName
with replace
```

注意： COMMIT TRANSACTION 写在前面是为了在恢复前确保没有别的事务在进行。其中@FilePathAndName varchar(255)是用户选择的备份文件名称及路径。

例 10.17 使用 BACKUP 和 RESTORE 语句创建 Northwind 数据库的副本，RESTORE FILELISTONLY 语句用于确定待还原数据库内的文件数及名称，该数据库的新副本称为 TestDB ，MOVE 语句使数据和日志文件还原到指定的位置。

```
BACKUP DATABASE Northwind      TO DISK='c:\Northwind.bak'
RESTORE FILELISTONLY     FROM DISK='c:\Northwind.bak'
RESTORE DATABASE TestDB FROM DISK='c:\Northwind.bak'
    WITH MOVE 'Northwind' TO 'c:\test\testdb.mdf',
        MOVE 'Northwind_log' TO 'c:\test\testdb.ldf'
GO
```

例 10.18 将数据库还原到其在 1998 年 4 月 15 日中午 12 点时的状态，并显示涉及多个日志和多个备份设备的还原操作。

```
RESTORE DATABASE MyNwind FROM MyNwind_1, MyNwind_2 WITH NORECOVERY
RESTORE LOG MyNwind FROM MyNwindLog1 WITH NORECOVERY
    RESTORE LOG MyNwind FROM MyNwindLog2  WITH RECOVERY,  STOPAT='Apr
15, 1998 12:00 AM'
```

例 10.19 还原一个包含两个文件、一个文件组和一个事务日志的数据库。

```
RESTORE DATABASE MyNwind
FILE='MyNwind_data_1',
FILE='MyNwind_data_2',
FILEGROUP='new_customers' FROM MyNwind_1 WITH NORECOVERY
--Restore the log backup.
RESTORE LOG MyNwind FROM MyNwindLog1
```

例 10.20　从 TAPE 备份设备还原完整数据库备份。

```
RESTORE DATABASE MyNwind    FROM TAPE='\\.\tape0'
```

其中：

1）与备份过程不同的是，当 SQL Server 正在执行时，还原过程无法进行。

2）还原系统数据库的步骤为：

① 关闭 SQL Server，运行系统安装目录下 bin 子目录下的 rebuilem.exe 文件，这是个命令行程序，运行后可以重新创建系统数据库。

② 系统数据库重新建立后，启动 SQL Server。

③ SQL Server 启动后，系统数据库是空的，没有任何系统信息。因此，需要从备份数据库中还原。一般是先还原 master 数据库，再还原 msdb 数据库，最后还原 model 数据库。

3）数据表无法个别还原。如果一个使用者遗失了数据库中的某些数据，遗失的数据很难还原，因为还原操作将还原整个数据库或者部分数据，而从数据库的所有数据中区分出单一使用者的数据是相当困难的。

4）恢复机制将自动开启。当 SQL Server 从系统失效后重新启动时，恢复机制将自动开启。恢复机制利用日志文件来确定哪些事务需要恢复，哪些不需要恢复，SQL Server 从最后的检查点开始读取事务文件。

10.3　MS SQL Server 2000 数据库数据的导入/导出

很多单位经常需要将自己的分散数据集中起来进行决策，MS SQL Server 2000 数据库提供了把分散的不同格式的数据进行数据转换的服务——数据导入/导出服务（DTS）。DTS 是一组图形化的工具和可编程对象集，它允许取出、转换和合并不同来源的数据到一个或多个目标数据库中。本节将介绍 DTS 提供的各种工具，内容包括：导出数据向导、导入数据向导和管理 DTS 包。

10.3.1　导出数据向导

可以有三种方法启动 MS SQL Server 2000 数据导入/导出向导：一是在提示符状态下运行 dtswiz 命令；二是运行程序组中的"导入和导出数据"工具；三是在企业管理器中，右键单击数据库结点，选择"所有任务"下的"导出数据"选项。

此时将出现数据转换服务导入/导出向导的启动界面。然后选择要进行的数据转换的数据源，可以在"数据源"下拉列表中选择一种数据库类型，再选择目的数据库，指定导出数据库的方式，可以复制数据库中的表或视图，也可以使用 SQL 语句指定要复制的数据，还可以复制数据库对象。单击"预览"按钮可以查看被导出数据对象中的数据，在"保存、调度和复制包"对话框中，可以选择立即运行或者保存 DTS 包，完成后将显示此次转换数据任务的摘要信息，单击"完成"按钮即可立即执行转换数据的任务。

下面通过几个案例来说明数据导出操作过程。

1. 导出数据库至 Access

导出数据库至 Access 的步骤如下。

1）打开企业管理器，展开指定的服务器，右单击该服务器图标，从弹出的快捷菜单中选择所有任务（all tasks）选项，然后再从子菜单中选择导出数据选项，则会出现数据转换服务导入和导出向导对话框。

2）单击"下一步"按钮，就会出现选择导出数据的数据源对话框。

3）单击"下一步"按钮，则会出现选择目的对话框。

4）选定目标数据库后，单击"下一步"按钮，则出现指定表复制或查询对话框。

5）单击"下一步"按钮，则出现选择源表和视图对话框，如图 10.9 所示。

6）单击"下一步"按钮，则会出现保存、调度和复制包对话框，如图 10.10 所示。

7）单击"下一步"按钮，就会出现导出向导结束对话框。

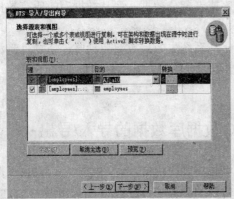
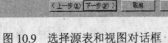
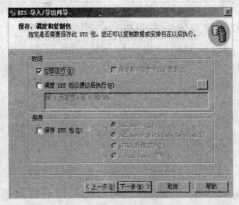

图 10.9　选择源表和视图对话框　　　　　图 10.10　保存、调度和复制包对话框

2. 导出数据库至文本文件

导出数据库至文本文件的步骤如下。

1）启动企业管理器，展开选定的服务器，右击该服务器图标，从弹出的快捷菜单中选择所有任务选项，然后再从子菜单中选择导出数据选项，就会出现欢迎使用数据转换服务导入和导出向导对话框。

2）单击"下一步"按钮，则会出现选择数据源对话框。

3）单击"下一步"按钮，就会出现选择目的数据库类型对话框。

4）单击"下一步"按钮，就会出现指定表复制或查询对话框，单击"转换"按钮，出现"列映射和转换"对话框，如图 10.11 所示。

5）单击"下一步"按钮，则出现"选择目的文件格式"对话框，如图 10.12 所示。

6）单击"下一步"按钮，就会出现保存、调度和复制包对话框，其中可以设定是否创建 DTS 包，何时执行复制操作，以及将该包以何种方式存放。

7）单击"下一步"按钮，则出现数据转换服务的导出向导结束对话框，其中显示了在该向导中进行的设置。

8）如果在该向导中选择了立即执行，在向导结束后，则会出现执行数据导出对话框，该对话框显示了复制的执行结果。

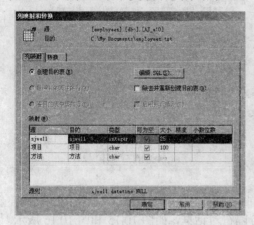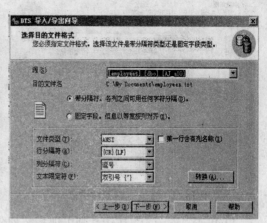

图 10.11　"列映射和转换"对话框　　　　　图 10.12　"选择目的文件格式"对话框

10.3.2　导入数据向导

把其他类型数据库数据导入到 MS SQL Server 2000 数据库中同样使用数据导入/导出向导，操作步骤和方法与从 MS SQL Server 2000 导出数据一样，只是在选择数据源和目的的时候，需要将 MS SQL Server 2000 数据库服务器作为目的，将其他类型数据库作为数据源。

下面通过几个案例来说明数据导入操作过程。

1. 导入 FoxPro 数据库

导入 FoxPro 数据库的步骤如下：

1）打开 Enterprise Manager（企业管理器），展开选定的服务器，启动数据导入向导工具，就会出现欢迎使用向导对话框。

2）单击"下一步"按钮，则出现选择数据源对话框。

3）单击"下一步"按钮，则出现选择导入的目标数据库类型对话框。

4）单击"下一步"按钮，就会出现选择源表和视图对话框。

5）单击"下一步"按钮，则会出现保存、调度和复制包对话框。

6）单击"下一步"按钮，则出现保存 DTS 包对话框。

7）单击"下一步"按钮，则出现向导确认完成对话框。

2. 导入文本文件数据库

导入文本文件数据库的步骤如下：

1）启动企业管理器，展开选定的服务器，用鼠标右键单击该服务器图标，从快捷菜单中选择所有任务，然后再从子菜单中选择导入数据，启动数据导入向导工具，就会出现欢迎使用向导对话框。

2）单击"下一步"按钮，则出现选择数据源对话框，如图 10.13 所示。

3）单击"下一步"按钮，则出现选择文件格式对话框，如图 10.14 所示。

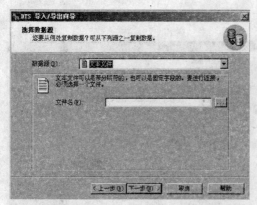
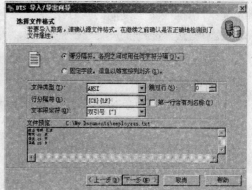

图 10.13　选择数据源对话框　　　　　　　图 10.14　选择文件格式对话框

4）单击"下一步"按钮，则出现指定列分隔符对话框，如图 10.15 和图 10.16 所示。

5）单击"下一步"按钮，就会出现选择目的数据库类型对话框。

6）单击"下一步"按钮，则出现保存、调度和复制包对话框。

7）单击"下一步"按钮，则出现确认导入数据对话框。

8）如果在向导中设定了立即执行，在向导结束后，则会出现数据导入对话框，该对话框执行向导中定义的复制操作。

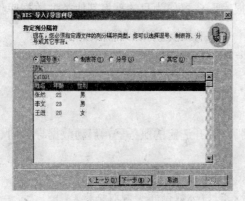

图 10.15　指定列分隔符对话框　　　　　　图 10.16　选择源表和视图对话框

10.3.3　使用 DTS 设计器

DTS 设计器与 DTS 导入、导出向导一样，都是在同构或者异构数据源之间进行数据导入、导出和转换，但是 DTS 设计器是一个图形工具，它使创建和编辑 DTS 包的工作变得更加简单和轻松，而且它提供了比 DTS 向导更强大的功能。

利用 DTS 设计器创建 DTS 包，首先要添加连接，每个包包含目标连接和源连接，在连接中指明 OLE DB 提供者数据源，接着定义源连接和目标连接间的数据转换，然后要定义包将执行的任务，也可以自定义任务，最后决定是否运行包或者将其存储以备后用。

1. 导入数据库添加连接

1）打开企业管理器后，登录到指定的服务器，右击 Data Transformation Services 文件夹，从弹出的快捷菜单中选择 New Package 选项，就会出现 DTS Package 对话框，如图 10.17 所示。

2)在主菜单中单击 Connection 菜单项，从下拉菜单中选择 Microsoft OLE DB Provider for SQL Server 选项，则打开 Connection Properties 对话框，如图 10.18 所示。

2. 定义和设置数据转换任务

数据转换任务是将数据从源连接传递到目标连接的主要机制。每个数据转换任务都要引用一个 DTS Data Dump 和 OLE DB 服务提供者。源连接和目标连接创建完成后，应创建数据转换。其方法是选中源连接后，按住 Shift 键不放，再选择目标连接，两者都选中后右键单击目标连接，从弹出的快捷菜单中选择 Transform Data Task，则在 DTS 设计器工作区会出现从源连接到目标连接的箭头，用于表明数据的流向。

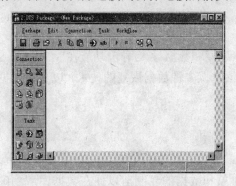

图 10.17　DTS Package 对话框　　　　图 10.18　Connection Properties 对话框

在完成数据转换属性设置之后，可以向 DTS 包中添加自定义任务，其操作步骤为：

1）从左边的任务栏中，将要添加的任务类型用鼠标左键拖到 DTS 设计器工作区，然后右击进行属性设置，其属性对话框如图 10.19 所示。

2）添加完自定义任务之后，则应在转换数据任务和自定义任务之间定义优先级条件。如图 10.20 所示。

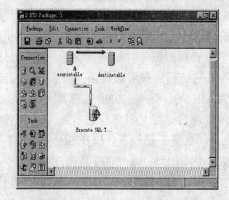

图 10.19　执行 SQL 脚本任务属性设置对话框　　图 10.20　定义优先级条件对话框

3）在创建完包之后，可以单击工具栏上的 Run 按钮运行包，在包执行的过程中，可以通过暂停和停止按钮来对执行过程进行控制，如图 10.21 所示。

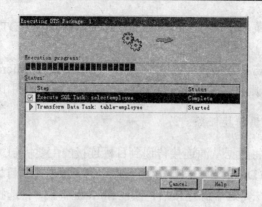

图 10.21　运行包对话框

小　　结

MS SQL Server 2000 数据库的备份、还原和数据导入/导出功能在 MS SQL Server 2000 数据库维护中占据很重要的地位，应该掌握多种数据恢复的技术，以备在数据库故障发生时灵活应对。

习　　题

1. _____就是制作数据库结构、对象和数据的复制，以便在数据库遭到破坏的时候能够修复数据库。数据库恢复就是指将_____加载到系统中。

2. SQL Server 提供四种备份和恢复的方式：_____备份、_____备份、_____备份和文件或文件组备份。

3. 备份设备包括_____、_____和命名管道。

4. 使用数据库维护计划向导可以安排好对服务器中每一个数据库的备份时间表，这样可以使备份完全_____执行，很少或根本不需要操作员的干预。

5. 什么是数据库的备份和恢复？

6. MS SQL Server 2000 数据库备份有几种方法，请分别使用这几种方法对新建立的一个学籍管理数据库，其中包含学生表 student、教师表 teacher、课程表 course 和选修表 sc（各表的结构请参考教材前几章的描述）进行备份，简述其区别。

7. MS SQL Server 2000 数据库还原有几种方法，请分别使用这几种方法对已经建立的学籍管理数据库几种备份进行还原，简述其区别。

8. 什么是备份设备，SQL Server 2000 可以使用哪几种备份设备？

9. MS SQL Server 2000 数据库数据导入/导出有几种方法，具体步骤是什么？

10. 某企业的数据库每周日晚 12 点进行一次全库备份，每天晚 12 点进行一次差异备份，每小时进行一次日志备份，数据库在 2000/12/23 3:30 崩溃，应如何将其恢复使数据损失最小。

11. 试验把学籍管理数据库导出到 Access 数据库中，然后再导回 MS SQL Server 2000 数据库中。

第 11 章 数据库安全技术在 SQL Server 2000 中的应用

本章要点

数据库安全是数据库管理系统的一个重要组成部分，SQL Server 的安全性是基于用户、角色、对象和权限概念，由登录-用户-权限进行控制的。安全性就是确保有授权的用户才能使用数据库中的数据和执行相应的操作，它包括两方面的内容：一是用户能否登录系统和如何登录的管理，二是用户能否使用数据库中的对象和执行相应操作的管理。SQL Server 2000 系统提供了一整套完整的安全机制，包括选择认证模式和认证过程、登录账户管理、数据库用户账户管理、角色管理、权限管理等。

本章主要内容如下：

- SQL Server 2000 数据库服务器登录验证机制。
- 登录管理。
- 用户管理。
- 角色管理。
- 权限管理。

11.1 SQL Server 2000 登录验证机制

MS SQL Server 2000 对数据库的保护体现在四个方面：操作系统的登录安全保护、SQL Server 的登录安全保护、对数据库的安全保护、对数据库内对象的安全保护。这四个方面保护的实现依赖于对账户、用户、角色、许可的管理。

MS SQL Server 2000 有两种登录验证机制：Windows 验证机制和混合验证机制。

11.1.1 Windows 验证机制

Windows 验证机制是指要登录到 SQL Server 系统的用户身份由 Windows NT 系统来进行验证，即登录到客户端上的 Windows 操作系统时，用户身份由 Windows 域控制器进行验证，用户的网络安全特性在这时建立。SQL Server 2000 sysadmin 固定服务器角色成员必须首先向 SQL Server 2000 指定所有允许连接到 SQL Server 2000 的 Windows NT 或 Windows2000 账户或组。

在 Windows 验证模式下，首先对有域的网络在 Windows 域用户管理器中添加域用户，对无域的网络在用户和组中添加用户。当用户连接到 SQL Server 时，SQL Server 回叫 Windows NT 以获得相应的登录信息，包括客户的 Windows NT 组及用户账户，SQL

Server 得到用户的账户信息，并将它们与定义为有效的 SQL Server 登录的 Windows 账户相匹配，如果 SQL Server 找到匹配的项，则接受这个连接。

在这种方式下，SQL Server 通过使用用户的网络安全特性控制登录访问，不需再提供登录名或密码让 SQL Server 验证，SQL Server 只是基于网络用户名允许或拒绝登录访问。如果对已经连接的用户的可访问权限进行更改，则当用户重新连接到 SQL Server 实例或登录到 Windows NT/Windows 2000 Server 时（取决于更改的类型），这些更改才会生效。

使用 Windows 验证有如下特点：

- 由 Windows 管理用户账户，数据库管理员的工作只管理数据库。
- Windows 有功能很强的用户账户管理功能，如安全验证和密码加密、审核、密码过期、最短密码长度以及多次登录请求失败后锁定账户。
- 可以在 SQL Server 中增加用户组。

当使用 Windows 身份验证连接到 SQL Server 2000 时，用户标识即是 Windows 组或用户账户。

11.1.2 混合验证机制

混合验证机制是指用户登录到 SQL Server 系统时，其身份由 Windows NT 和 SQL Server 共同进行。

在混合验证模式下，使用 Windows NT/Windows 2000 Server 用户账户连接的用户既可以使用 Windows 信任连接进行验证，也可以使用 SQL Server 身份验证。

如果用户在登录时提供了 SQL Server 2000 登录账户，则系统将使用 SQL Server 身份验证对其进行验证，SQL Server 检测输入的登录名和密码是否与系统表 sysxlogins 中记录的登录名和密码相匹配，如果找到匹配的项，则接受这个连接。如果没有提供 SQL Server 2000 登录账户或请求 Windows 身份验证，则使用 Windows 身份验证对其进行身份验证，若验证失败，用户将收到错误信息。

其中，SQL Server 中的用户登录账户由 SQL Server 系统管理员负责建立和维护。提供 SQL Server 身份验证是为了考虑非 Windows 客户及向前兼容，因为为 SQL Server 7.0 版或更早的版本编写的应用程序可能要求使用 SQL Server 登录和密码。另外，当 SQL Server 实例在 Windows 98 上运行时，必须使用 SQL Server 身份验证，因为在 Windows 98 上不支持 Windows 身份验证模式。因此，在 Windows 98 上运行的 SQL Server 实例必须使用混合模式（但只支持 SQL Server 身份验证）。非 Windows 客户端也必须使用 SQL Server 身份验证。

混合验证模式具有如下特点：

- 混合模式允许非 Windows 客户、Internet 客户和混合的客户组连接到 SQL Server 中。
- 增加了安全性方面的选择。

图 11.1 显示了 Windows NT/Windows 2000 Server 的用户和用户组与 SQL Server 的安全账户的映射关系，以及非 Windows NT4.0/Windows 2000 Server 的用户到 SQL Server 账户的映射关系。

如果指定了 Windows 认证机制，那么系统只能使用 Windows 认证机制，如果指定了混合认证机制，那么既可以使用 Windows 认证机制，也可以使用 SQL Server 认证机制。

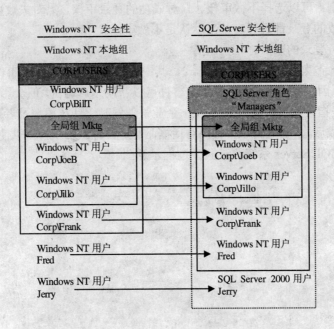

图 11.1　操作系统与 SQL Server 数据库服务器的安全性映射

说明：在 SQL Server 中使用的协议是命名管道 Named pipes 和 TCP/IP，其他的网络通信协议都是非信任连接协议。当使用命名管道连接到在 Windows NT 4.0 或 Windows 2000 上运行的 SQL Server 实例时，用户必须有连接到 Windows NT 命名管道 IPC\\\IPC$ 的权限。如果用户没有连接权限，则不能使用命名管道连接到 SQL Server 实例，除非计算机上的 Windows NT 4.0 或 Windows 2000 guest 账户已启用（默认情况下禁用），或者给用户账户授予"从网络访问该计算机"的权限。

11.1.3　设置验证机制

可以在 SQL Server 系统的安装过程中，指定系统的认证机制，即 Windows 认证机制或者混合认证机制。

也可以由系统管理员（DBA）使用 SQL Server 企业管理器来进行登录验证模式的设置或改变。

使用 SQL Server 企业管理器设置或改变登录验证模式的步骤如下：

1）启动 SQL Server 企业管理器。

2）单击"SQL Server 服务器组"及要设置验证机制的服务器旁边的"＋"号，把服务器展开；

3）在服务器的名字上右击，选择"属性"，系统将弹出如图 11.2 所示的"SQLServer 属性（配置）"窗口。

4）单击"安全性"选项卡，可以看到"安全性"选项卡中包括三部分：

- 身份验证：允许用户选择一种安全机制，可以选择"SQL Server 和 Windows[S]"模式，也可以选择"仅 Windows[W]"模式。
- 审核级别：可以选择不做审核、只对成功的登录审核、只对失败登录审核、对成功和失败的登录都进行审核。默认是不做审核。
- 决定服务登录的账户。

选择一种登录模式和登录的审核方式，其中选择审核登录失败的事件，将有助于检查登录失败的原因，选择审核成功登录的事件可以帮助用户调试，但会影响登录的速度。启动服务账户是指设置当启动 SQL Server 企业管理器时，默认的登录者是哪一位用户。

5）设置完成后，单击"确认"关闭对话框，重新启动 SQL Server 以使修改的值生效。

图 11.3 是 SQL Server 系统登录验证过程示意图。

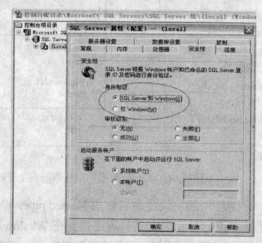

图 11.2　SQL Server 2000 属性

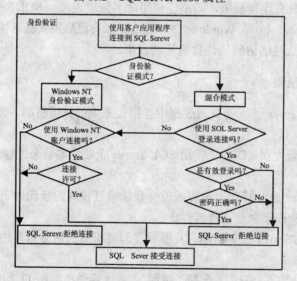

图 11.3　SQL Server 系统登录验证过程示意图

说明：也可以通过修改注册表的方式来改变，如图 11.4 所示，它保存在

HKEY_LOCAL_MACHINE\SOFTWARE\Microsoft\MSSQLServer\MSSQLServer 下 的 LoginMode 中。

LoginMode 的键值：1 表示 Windows 身份验证模式，2 表示混合模式。

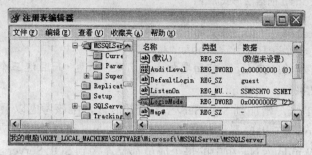

图 11.4 注册表编辑器

11.2 登 录 管 理

登录管理是基于服务器级使用的用户名称，在 Windows 验证机制下，可以在 Windows 全局组或域用户中创建登录，在混合验证机制下，除了可在 Windows NT 全局组或域用户中创建登录外，还可以在 Windows NT 的非全局组、非域用户甚至非 Windows 用户中创建登录。创建登录账户只能由系统管理员完成。

11.2.1 系统管理员账户

SQL Server 有两个默认的系统管理员登录账户：sa 和 BUILTIN\Administrators，这两个登录账户具有 SQL Server 系统和所有数据库的全部权限，sa 是一个特殊的登录名，它代表混合验证机制下 SQL Server 的系统管理员，sa 始终关联 dbo 用户，BUILTIN\Administrators 是 Windows NT 系统的管理员组。

具体地说，系统管理员负责如下工作：
- 创建登录名。
- 配置服务器。
- 创建、删除数据库。
- 无需考虑所有权和权限，可以操作各种数据库对象。
- 停止、启动服务器。
- 停止在服务器上运行的无效过程。

某些权限只能被系统管理员拥有并且不能被授予其他用户，用于管理存储空间，管理用户进程及改变数据库选项。

11.2.2 用 T-SQL 语句创建、查看、删除 SQL Server 登录账户

1. 将已经存在的 Windows NT 登录（组或者用户）添加到 SQL Server 登录账户中

使用系统存储过程 sp_grantlogin、sp_denylogin、sp_revokelogin 可以分别允许、阻

止、删除 Windows NT 组或用户到 SQL Sever 的连接。

      sp_grantlogin 的语法形式如下：

```
sp_grantlogin <'login'>
```

      sp_denylogin 的语法形式如下：

```
sp_denylogin <'login'>
```

      sp_revokelogin 的语法形式如下：

```
sp_revokelogin <'login'>
```

注意：在要增加的账户 login 前面要加上域名及 "\"，而且这三个系统存储过程不能放在同一个批中执行。

将 Window NT 账户增加到 SQL Server 系统的时候，应该考虑以下因素：

- 如果 Window NT 用户不是 SQL Server 组的成员，可以为其建立一个登录账户。
- 如果某个 Windows NT 组中的每个成员都要连接到 SQL Server 上，可以为该组建立一个登录账户。
- 删除 Windows NT 组或用户，不会删除 SQL Server 中对应的登录账户。

2. 创建、查看、删除 SQL Server 登录账户

1）使用系统存储过程 sp_addlogin 可以创建一个登录账户。sp_addlogin 系统存储过程的语法形式如下：

```
sp_addlogin <'login'> [, password [, 'default_database']]
```

其中：

- login 表示要被创建的登录账户。它是唯一必须给定的参数，而且必须是有效的 SQL Server 对象名。
- password 表示新登录账户的密码。
- default_database 表示新登录账户访问的默认数据库。

2）SQL Server 登录账户的查看，语法格式如下：

```
sp_helplogins
```

3）登录账户的删除。

删除登录账户时需要在数据库中做较复杂的检查，以确保不会在数据库中留下孤儿型的用户。一个孤儿型的用户是指一个用户没有任何登录名与其映射。

删除一个登录账户时，SQL Server 必须确认这个登录账户没有关联的用户存在于数据库系统中。如果存在用户和被删除的登录名关联，SQL Server 将返回错误提示信息，指出数据库中哪个用户与被删除的登录账户相关联，此时必须先用 sp_revokedbaccess 系统存储过程将每个数据库中与该登录账户关联的用户对象清除，然后才能删除登录账户。如果登录账户是数据库所有者，则需要使用系统存储过程 sp_changedbowner 将所有权转授给其他的登录账户。

删除一个登录账户使用系统存储过程 sp_droplogin，语法形式如下：

```
sp_droplogin <'login'>
```

其中 login 是要被删除的登录账户。

11.2.3　使用企业管理器创建、查看、删除 SQL Server 登录账户

用企业管理器可以很方便地创建、查看、删除 SQL Server 登录账户。

1. 将已经存在的 Windows NT 组增加到 SQL Server 中

可以使用企业管理器将一个 Windows NT 账号映射成一个 SQL Server 登录名，也可以将 Windows NT 中的一个组映射成一个 SQL Server 登录名。每个登录都可以在指定的数据库中创建用户名，这个特性可以让 Windows NT 组中的用户直接访问服务器上的数据库。至于这些用户的权限，可以另行指定。

使用企业管理器将已经存在的 Windows NT 组或用户增加到 SQL Server 中的操作步骤如下：

1）启动 SQL Server 企业管理器。展开服务器后，展开"安全性"文件夹。

2）单击"登录"图标，右击右边窗格中授权的 NT 组或用户，在弹出的快捷菜单中单击"属性"，出现如图 11.5 所示的 SQL Server 登录属性窗口。

3）单击"数据库访问"选项卡，选择该 NT 用户组或用户可以访问的数据库，并可选择其在该数据库中允许担任的数据库角色。应该注意的是，在选择该登录可以访问的数据库的同时，企业管理器将创建与登录名完全相同的数据库用户。

4）单击"确定"按钮，一个 NT 组或用户即可增加到 SQL Server 登录账户中。

2. 创建、删除 SQL Server 登录账户

用企业管理器创建 SQL Server 登录账户的具体步骤如下：

1）启动 SQL Server 企业管理器。

2）单击要连接的服务器左侧的加号连接该服务器。

3）单击"安全性"文件夹左侧的加号，将"安全性"文件夹展开。

4）右击"登录"，选择"新建登录"菜单项，进入图 11.6 所示的 SQL Server 登录属性-新建登录窗口。

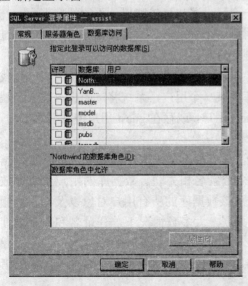

图 11.5　SQL Server 登录属性-数据库访问

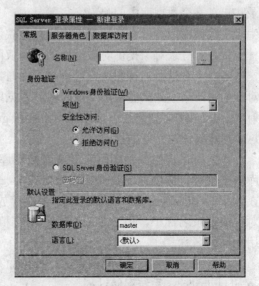

图 11.6　SQL Server 登录属性-新建登录

5）选择一种身份验证机制，如选择 Windows 验证模式，则需要选择域名，再单击名称栏右边的▇按钮，在所选择的域中选择一个账户，然后指定该账户默认登录的数据库和默认语言（这里要注意，系统新建登录时把系统库 master 设为默认库，建议改成实际使用的数据库）；如果选择 SQL Server 验证模式，则需要输入登录账户名称、密码及确认密码。单击"服务器角色"选项卡可授予该登录用户服务器范围内的权限，单击"数据库访问"选项卡，可指定该登录账户可以访问的数据库。

6）单击"确定"按钮，这时会弹出一个错误提示框，提示用户没有访问被选择数据库的权限，单击"是"按钮，即可增加一个登录账户。

3. 查看及删除登录账户

增加一个新的登录账户后，可以在企业管理器中查看其详细信息。查看一个账户的步骤如下：

1）启动 SQL Server 企业管理器，并展开到"安全性"。

2）单击"登录"，右边窗格显示的是 SQL Server 当前的登录账户的列表。

3）右击该窗口中的某一登录账户，在系统弹出的菜单上单击"属性"可进入"SQL Server 登录属性"窗口查看该登录账户的信息；单击"删除"可以删除该登录账户。

11.3 用 户 管 理

在 SQL Server 中，登录账户和数据库用户是 SQL Server 进行权限管理的两种不同的对象。登录账户的定义存放在 master 数据库的 sysxlogins 表中，登录账户是访问 SQL Server 的通行证，它仅仅赋予了使用合法登录账户的用户进入 SQL Server 数据库服务器的权限。一个登录账户可以与服务器上的所有数据库进行关联，而数据库用户是一个登录账户在某个数据库中的映射，也就是说，一个登录账户可以映射到不同的数据库，产生多个数据库用户，一个数据库用户只能映射到一个登录账户。为数据库用户授权的过程也就是为登录对象提供对数据库的访问权限的过程。

当一个登录账户试图访问某个数据库时，SQL Server 将在库中的 sysusers 表中查找对应的用户名，如果登录名不能映射到数据库的某一个用户，系统将试图将该登录名映射成 guest 用户，如果当前数据库中不存在 guest 用户，或存在 guest 用户但映射不成功，这个用户将无法访问数据库。

数据库用户由数据库所有者或者数据库管理员基于登录账户的基础上在特定数据库内来创建，所创建的数据库用户必须与一个登录名相关联。数据库的用户信息存放在此数据库的 sysusers 表中，这个表中存放了该数据库的所有用户对象以及与它们相对应的登录名标识，用户名没有密码与它相关联，大多数情况下，登录名和用户名使用相同的名称。

为了在 SQL Server 数据库中增加用户账户，可以使用企业管理器或者 sp_grantdbaccess 系统存储过程。

11.3.1　使用企业管理器创建、查看、删除数据库用户

1. 使用企业管理器创建和查看数据库用户

与创建登录账户一样，也可以使用企业管理器创建数据库用户，步骤如下：

1）启动企业管理器，展开要操作的数据库服务器及要创建用户的数据库。

2）鼠标右键单击此数据库中的"用户"文件夹，从弹出的快捷菜单中选择"新建数据库用户"，弹出"新建用户"窗口，如图 11.7 所示。

图 11.7　新建数据库用户

3）输入需要创建的数据库用户的名称，然后在下拉列表中选择欲使其对应的数据库服务器登录名，并在"数据库角色成员"组合框中选择适当的数据库角色。

4）单击"确定"按钮，将新用户添加到数据库中。

2. 使用企业管理器删除数据库用户

使用企业管理器删除数据库用户的步骤如下：

1）启动企业管理器，展开要操作的数据库服务器及要删除用户所在的数据库。

2）单击选定数据库的"用户"文件夹，右边显示该数据库所有的库用户。

3）右击要删除的用户，在系统弹出的快捷菜单中选择"删除"选项删除这个用户。

11.3.2　使用 T-SQL 语句创建、查看、删除数据库用户

为一个数据库添加用户，查看已经建立的用户或者删除已经存在的用户，也可以使用 T-SQL 语句。

1. 用 T-SQL 语句创建数据库用户

使用系统存储过程 sp_grantdbaccess 可以创建数据库用户。其具体的语法形式如下：

```
sp_grantdbaccess <'login'> [, name_in_db]
```

其中，login 表示一个数据库的登录名，可以是 Windows 用户账户、Windows 组账户或 SQL Server 的 login 账户，name_in_db 表示新创建的用户名。

注意：

- 只有 sysadmin 固定服务器角色、db_accessadmin 和 db_owner 固定数据库角色的成员才能执行此系统存储过程。
- 如果第二个参数被省略，一个和登录名相同的用户名将被添加到数据库中，通常省略这个参数。
- 这个系统存储过程只对当前的数据库进行操作，所以在执行系统存储过程前应该首先确认当前使用的数据库是否是要操作的数据库。
- 新创建的用户名对应的数据库服务器登录账户必须在执行系统存储过程前已经存在。

2. 用 T-SQL 语句查看数据库用户

在查询分析器中输入 sp_helpuser，单击"执行"，可显示某个数据库中的有效用户。

3. 用 T-SQL 语句删除数据库用户

对数据库用户的删除操作也可以使用 T-SQL 的 sp_revokedbaccess 系统存储过程来实现。删除数据库的一个用户即从数据库内的 sysusers 表中删除用户名，sp_revokedbaccess 系统存储过程具体语法如下：

```
sp_revokedbaccess [@name_in_db=]<'name'>
```

其中 name 是要删除的用户名，可以是 SQL Server 的用户名或存在于当前数据库中的 Windows NT 的用户名或组名。

系统存储过程 sp_revokedbaccess 不能在用户定义的事务内执行，并且此系统存储过程不能删除以下角色、用户：

- public 角色、dbo、数据库中的固定角色。
- master 和 tempdb 数据库中的 guest 用户账户。
- Windows NT 组中的 Windows NT 用户。

11.3.3　改变数据库所有权

在数据库中有一个用户是数据库所有者，该用户拥有数据库中所有的对象。一个数据库只能有一个数据库所有者。数据库所有者不能被删除。通常，登录名 sa 映射到数据库中的用户是 dbo。要改变数据库所有权，只能使用系统存储过程 sp_changedbowner，这个系统存储过程是唯一改变数据库所有权的方法。系统存储过程 sp_changedbowner 只有一个参数，即新的所有者的登录标识。在企业管理器中没有类似功能。

guest 用户账户允许那些没有 user 账户的 login 用户来访问数据库，可以把 guest 用户看作是与任意 login 账户对应的 user 账户，除了 master 数据库和 tempdb 数据库中的 guest 用户账户不能被删除外，其他数据库中的 guest 用户账户都可以被删除和创建。在数据库中创建 guest 用户时，不必使其对应一个 login 账户。

一个登录账户 login 访问数据库的具体过程是：首先查看此 login 账户是否在该数据

库中拥有对应的 user 账户，如果有，就以此 user 账户进入数据库访问它，进行 user 账户权限内的操作；如果没有，就以 guest 账户的身份访问数据库，进行 guest 账户权限内的操作；如果欲访问的数据库中没有 guest 账户，则此 login 账户不能访问此数据库。

11.4　角 色 管 理

SQL Server 具有对用户账户进行分组管理的能力，数据库中所谓的组，是指对相同数据具有相同权限的用户集合，组简化了管理员对用户账户的权限管理，组是通过角色机制来实现的。

11.4.1　角色的概念

角色是为了进行管理而组织的用户组，SQL Server 2000 中的用户一般是属于一个角色的，角色不仅可以把 user 账户作为成员，而且可以把其他用户定义的角色定义为成员。

对一个角色授予、拒绝或废除的权限也适用于该角色的任何成员，可以建立一个角色来代表单位中一类工作人员所执行的工作，然后给这个角色授予适当的权限。当工作人员开始工作时，只需将他们添加为该角色成员，当他们离开工作时，将他们从该角色中删除，而不必在每个人接受或离开工作时，反复授予、拒绝和废除其权限。权限在用户成为角色成员时自动生效。

SQL Server 2000 中的角色有两种类型：服务器角色和数据库角色。服务器角色是服务器级的一个对象，只能包含登录名；数据库角色是数据库级的一个对象，只能包含数据库用户名，而不能包含登录名。

11.4.2　固定服务器角色

1. 固定服务器角色及功能

固定服务器角色提供了组合服务器级用户权限的一种机制，安装完 SQL Server 2000 后，系统自动创建了 8 个固定的服务器角色，具体名称及功能描述见表 11.1 所示。它在服务器级别上被定义，存在于数据库外面，它是不能被创建的。

表 11.1　固定服务器角色及功能

固定服务器角色		描述
sysadmin	系统管理员	可以在 SQL Server 中执行任何活动
securityadmin	安全管理员	可以管理登录和 CREATE DATABASE 权限，还可以读取错误日志和更改密码
serveradmin	服务器管理员	可以设置服务器范围的配置选项，关闭服务器
setupadmin	设置管理员	可以管理链接服务器和启动过程
processadmin	进程管理员	可以管理在 SQL Server 中运行的进程
diskadmin	磁盘管理员	可以管理磁盘文件
dbcreator	数据库创建者	可以创建、更改和除去数据库
bulkadmin	BULK 管理员	可以执行 BULK INSERT 语句

固定服务器角色存放在 master 数据库的 sysxlogins 表中。执行系统存储过程 sp_helpsrvrole 可查看服务器上的固定服务器角色，执行系统存储过程 sp_srvrolepermission 可查看某个固定服务器角色的权限，执行系统存储过程 sp_helpsrvrolemember 可以查看某个固定服务器角色成员的信息，这三个系统存储过程执行权限默认授予 public 角色。

如在查询分析器中执行语句：exec sp_srvrolepermission sysadmin，可查看固定服务器角色 sysadmin 的权限。

2. 为登录账户指定及收回服务器角色

使用 sp_addsrvrolemember 系统存储过程或企业管理器可为一个登录账户指定服务器角色。

（1）使用系统存储过程为登录账户指定及收回服务器角色

指定服务器角色的系统存储过程是 sp_addsrvrolemember，具体语法如下：

```
sp_addsrvrolemember <'login'> , 'role'
```

其中 login 是登录名，role 是服务器角色名。

收回服务器角色的系统存储过程是 sp_dropsrvrolemember，具体语法如下：

```
sp_dropsrvrolemember <'login'> , 'role'
```

其中参数的含义同上。

sysadmin 固定服务器的成员可以将成员添加到任何固定服务器角色或从任何固定服务器角色中删除某一个成员。固定服务器角色的成员可以执行 sp_addsrvrolemember 将成员只添加到同一个固定服务器角色或从同一个固定服务器角色删除其他成员。

（2）使用企业管理器为登录账户指定及收回服务器角色

使用企业管理器为服务器角色增加成员的步骤如下。

1）启动企业管理器。

2）展开要操作的服务器，展开"安全性"文件夹。

3）单击"安全性"结点下的"服务器角色"，右边窗格将显示系统的 8 个服务器角。

4）右击要添加登录到的服务器角色（如 sysadmin），选择"属性"，系统将弹出如图 11.8 所示的"服务器角色属性"窗口。

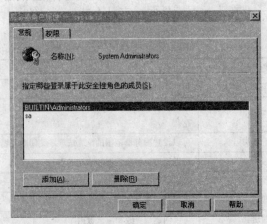

图 11.8　服务器角色属性

5）如要收回某登录账户的服务器角色，只需从图 11.8 中选择该登录账户，然后单击"删除"按钮即可。

6）如要为登录账户指定服务器角色，单击"添加"按钮，出现"添加成员"窗口。

7）在"添加成员"窗口中选择相应的用户，并单击"确定"按钮将它们加入到组中。

8）再次单击"确定"按钮，退出"服务器角色属性"窗口。

注意：把某个 login 账户添加到某个服务器角色时，该账户在系统表中的相应行自动被修改为该角色的一个成员，并且具有与该服务器角色一致的权限。当指定某个 login 账户作为一个固定的服务器角色成员，应该考虑下面一些因素：

- 固定的服务器角色不能被增加、修改或删除。
- 某个服务器角色的任意一个成员都可以把其他 login 账户增加到该服务器角色中。
- 不能在用户自己定义的事务中执行系统存储过程 sp_addsrvrolemember。

11.4.3　固定数据库角色

固定的数据库角色提供了组合数据库级管理员权限的方法。在安装完 SQL Server 2000 后，系统将自动建立 10 个固定数据库角色，其名称和功能如表 11.2 所示。

固定数据库角色在数据库级别上定义，并存在于每个数据库的 sysusers 系统表中，可将任何有效的用户账户（Windows NT 4.0 或 Windows 2000 用户或组，或 SQL Server 用户或角色）添加为固定数据库角色成员，于是每个成员都获得应用于固定数据库角色的权限。固定数据库角色的任何成员都可将其他用户添加到角色中。

表 11.2　固定数据库角色及功能

固定服务器角色		描述
db_owner	数据库所有者	在数据库中有全部权限
db_accessadmin	数据库访问管理员	可以添加或删除数据库用户和角色
db_securityadmin	数据库安全管理员	可以管理全部权限、对象所有权、角色和角色成员资格
db_ddladmin	数据库 DDL 管理员	能够添加、修改或删除数据库中的对象，但不能进行权限管理
db_backupoperator	数据库备份操作员	有备份、恢复数据库的权限
db_datareader	数据库数据读取者	能够从库内任意用户表中读数据
db_datawriter	数据库数据写入者	添加、更改或删除库内所有用户表的数据
db_denydatareader	数据库拒绝数据读取者	不能读库内任何用户表中的任何数据
db_denydatawriter	数据库拒绝数据写入者	不能更改库内任何用户表中的任何数据
public		维护默认的许可

其中 public 角色是一个特殊的数据库角色，数据库中的每位用户都是 public 角色的成员，不能将用户和组或角色指定为 public 角色，public 角色负责维护数据库中用户的全部默认许可，如果没有给用户专门授予对某个对象的权限，他们就使用指派给 public 角色的权限。

（1）使用企业管理器管理固定数据库角色

在使用 Windows NT 验证模式时，推荐使用企业管理器将 Windows NT 的组加入到指定的数据库中，并为 NT 组成员提供登录名和数据库用户名，在这里，用户被定义成某种数据库角色，利用这种方法，数据库管理员可以减轻创建组时的工作量。

（2）使用系统存储过程管理固定数据库角色

- 运行系统存储过程 sp_helpdbfixedrole 可以显示单个或所有固定数据库角色的成员列表及描述，执行权限默认授予 public 角色。
- 运行系统存储过程 sp_addrolemember 可以添加安全账户（包括所有有效的 SQL Server 用户、SQL Server 角色或是所有已经授权访问当前数据库的 Windows NT 用户或组）作为当前数据库中现有 SQL Server 数据库角色的成员。只有 sysadmin 固定服务器角色和 db_owner 固定数据库角色中的成员可以将成员添加到固定数据库角色。角色所有者可以将成员添加到自己所拥有的任何 SQL Server 角色。db_securityadmin 固定数据库角色的成员可以将用户添加到任何用户定义的角色。
- 运行系统存储过程 sp_droprolemember 可以从当前数据库中的 SQL Server 角色中删除安全账户，只有 sysadmin 固定服务器角色、db_owner 和 db_securityadmin 固定数据库角色的成员才能执行 sp_droprolemember。只有 db_owner 固定数据库角色的成员才可以从固定数据库角色中删除用户。
- 所有的用户都可以执行系统存储过程 sp_dbfixedrolepermission 显示每个固定数据库角色的权限。

有如下几点需要注意：

- 数据库角色在数据库级别上被定义，存在于数据库之内，数据库角色存放在每个库 sysusers 表中。
- 固定数据库角色不能被删除、修改、创建。
- 固定数据库角色可以指定给其他登录账户。

11.4.4　自定义数据库角色

用户也可以创建自己的数据库角色，以便管理企业中同一类雇员所执行的工作，当雇员改变工作时，只需要把其作为某个角色的成员即可。如果该雇员从所指定的工作岗位调走，那么可以简单地将其从角色中删除。这样就不必对该雇员反复进行授予许可和回收许可。

自定义数据库角色有两种：标准角色和应用程序角色。其中应用程序角色需要设置密码。标准角色型的自定义数据库角色将已经存在的数据库用户作为它的成员。

1. 创建自定义数据库角色

创建自定义数据库角色和许多其他任务一样，在 SQL Server 中有两种方法完成增加角色的工作。可以使用 Transact-SQL 语句或企业管理器。

（1）使用 Transact-SQL 语句创建自定义数据库角色

使用 Transact-SQL 语句创建自定义数据库角色使用的是系统存储过程 sp_addrole，它只有一个参数，即要增加的角色名。这个角色名必须遵照 SQL Server 的命名规则，而且不能和任何用户名相同，具体语法如下：

```
sp_addrole 'role' [, 'owner']
```

其中 role 是指新增的数据库角色，owner 是新增数据库角色的属主。

（2）使用企业管理器创建自定义数据库角色

使用企业管理器创建自定义数据库角色的步骤如下：

1）启动企业管理器。

2）展开要操作的服务器，展开想添加角色的数据库。

3）右击"角色"文件夹，并选择"新建数据库角色"，系统将弹出如图 11.9 所示的"数据库角色属性–新建角色"对话窗口。

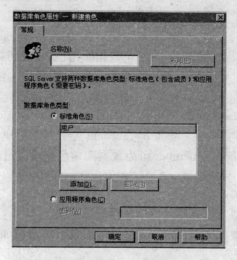

图 11.9　数据库角色属性–新建角色

4）输入角色名，单击"权限"按钮，为自定义数据库角色指定权限。

5）选择作为角色成员的用户。单击"添加"按钮，用户被显示在"用户"列表框内，选中相应的用户并单击"确定"按钮，将它们加入到角色中。

6）再次单击"确定"按钮，退出"数据库角色属性–新建角色"窗口。

2. 删除自定义数据库角色

用户自定义数据库角色可以删除，从数据库中删除"角色"和从数据库中删除用户非常类似。但是和固定服务器角色一样，固定数据库角色不能被删除。

（1）使用系统存储过程删除自定义数据库角色

删除自定义数据库角色的系统存储过程是利用 sp_droprole 语句，其语法形式如下：

```
sp_droprole <'role'>
```

其中，role 是要删除的自定义数据库角色。

在执行 sp_droprole 时要注意的一点是：要删除的角色必须没有成员。被删除角色中的所有成员必须删除或被事先改变到其他的角色中。如果使用 sp_droprole 删除一个非空的角色时，系统将会给出如下的错误信息：

服务器：消息 15144，级别 16，状态 1，过程 sp_droprole，行 53

该角色有成员。角色必须为空白后才能除去。

（2）使用企业管理器删除自定义数据库角色

使用企业管理器删除自定义数据库角色的步骤如下：

1）启动企业管理器。

2）展开需要操作的服务器，并展开要操作的数据库。

3）展开"角色"，鼠标右键单击要删除的自定义数据库角色，在系统弹出的快捷菜单中选择"删除"。

4）确认"删除"操作，如该角色无成员，该角色将被删除，如该角色有成员，系统将给出提示。

3. 为数据库角色添加及删除成员

使用系统存储过程或企业管理器为一个数据库角色添加及删除成员。

（1）使用系统存储过程为数据库角色增加及删除成员

系统存储过程 sp_addro1emember 可为数据库角色增加成员，具体语法如下：

```
sp_addrolemember <'role'>, 'security_account'
```

其中，role 是数据库角色名，security_account 是数据库用户名。

系统存储过程 sp_dropro1emember 可为数据库角色删除成员，具体语法如下：

```
sp_droprolemember <'role'>, 'security_account'
```

其中参数的含义同上。

（2）使用企业管理器为数据库角色增加及删除成员

使用企业管理器为数据库角色增加及删除成员的具体步骤如下：

1）启动企业管理器。

2）展开要操作的服务器，并展开要添加用户的数据库。

3）单击"角色"文件夹，右边窗格出现该数据库的所有角色列表，鼠标右键单击某个角色，在弹出的菜单中选择"属性"，系统将弹出类似"数据库角色属性"的对话窗口。

4）如要删除该数据库角色的某个成员，可单击该成员，再单击"删除"即可。

5）如要为该数据库角色添加成员，单击"添加"按钮，出现"添加角色成员"窗口。

6）在"添加角色成员"窗口中，选择某一用户并单击"确定"按钮，将它们加入到组中。

7）在用户增加完后，单击"确定"按钮，一个数据库角色的成员就添加进去了。

11.4.5　应用程序角色

除了上面介绍的标准角色之外，SQL Server 还包括应用程序角色，使用这种角色可以限制用户只能通过指定的应用程序来执行某些操作，而不能直接执行这些操作。应用程序角色的特点如下：

- 应用程序角色没有成员，只有运行该应用程序的用户才能激活该角色。
- 激活应用程序角色需要提供该角色的口令。
- 激活的应用程序角色覆盖用户在当前数据库中的其他许可。

应用程序角色的管理可以使用系统存储过程来完成，创建应用程序角色的系统存储过程为 sp_addapprole，其语法形式如下：

```
sp_addapprole 'role', 'password'
```

其中 role 是将要建立的应用程序角色名，password 是该应用程序角色的口令。

创建了应用程序角色后，应该为该角色授予一定的许可，这样，该应用程序角色就拥有了执行某些操作的权限。

应用程序角色在使用前还必须激活，激活应用程序角色的操作可以使用 sp_setapprole 系统存储过程来完成，其语法形式如下：

```
sp_setapprole 'role', 'password'
```

应用程序角色的激活一般在应用程序中执行，这样只有通过该应用程序才能执行允许该应用程序角色的操作。

另外，可以使用 sp_dropapprole 系统存储过程删除已经定义的应用程序角色，而 sp_approlepassword 系统存储过程可以修改应用程序角色的口令。

在使用应用程序角色时，由于应用程序角色的许可覆盖了激活该角色所拥有的许可，所以要非常小心。例如，如果某个用户是数据库所有者，他永远执行数据库中所有操作的许可，如果该用户在连接服务器的过程中，激活了某个应用程序许可，且该应用程序角色只能检索表中的数据，那么该用户在数据库中可以执行的操作就是检索表中的数据。只有结束这次连接，该用户才能恢复正常身份，拥有正常的许可。

11.5　权　限　管　理

SQL Server 中的权限管理是通过许可机制来实现的。许可的概念在 SQL Server 中非常重要，使用许可可以指定用户的权限，如可以使用哪些对象以及对这些对象可以进行哪些操作，有没有执行创建数据库对象语句的权限等。如果用户没有被明确赋予对数据库中某个对象的访问权限，就不能访问该对象。

许可管理就是对 user 账户授予许可、收回许可和否定许可等操作。

11.5.1　许可类型

SQL Server 2000 中，许可有三种类型：默认许可、对象许可和语句许可。

1. 默认许可

SQL Server 中包含很多对象，每个对象都有一个属主。一般来说，对象的属主是创建该对象的用户。如果系统管理员创建了一个数据库，系统管理员就是这个数据库的属主。如果一个用户创建了一个表，这个用户就是这个表的属主，显然，系统管理员具有这个数据库的全部操作权限，创建表的用户具有对这个表全部操作的权限，这就是数据库对象的默认许可。默认许可也称为暗指许可。

数据库中的用户根据它们在数据库中的角色被设定了某些默认权限，也就意味着这些用户获得某些默认许可。这样的用户有 4 类，第 1 类是系统管理员，可以创建和删除数据库，配置服务器。系统管理员永远拥有 master 数据库。第 2 类是数据库属主，可以创建和管理数据库中的对象以及管理整个数据库。第 3 类是对象属主，是特定对象的属主。对数据库来说，dbo 就是对象属主。一个对象属主可以在对象上进行授予或回收权限的操作，而且可以删除对象。第 4 类是数据库用户，其默认许可取决于创建数据库用户时的设置。

使用以下 T-SQL 语句不需要许可：

- **BEGIN TRANSACTION**：明确定义事务的开始。
- **COMMIT TRANSACTION**：明确提交完成的事务。
- **ROLLBACK TRANSACTION**：明确取消未完成的事务。
- **PRINT**：显示用户定义的消息。
- **RAISERROR**：显示用户定义的复杂消息。

2. 对象许可

对象许可是指对数据库特定对象的访问和操作权限，如果没有对象的许可，用户将不能访问该对象。对象许可有：查询、插入、修改、删除、执行和引用。

- **SELECT**：该许可授予数据库中某个特定表的用户，具备这种许可的用户才能访问、操作该表的数据（表、视图、列）。
- **INSERT**：该许可授予数据库中某个特定表的用户可以向表中插入数据（表、视图）。
- **UPDATE**：该许可授予数据库中某个特定表的用户可以对表中的数据（表、视图、列）进行更新。
- **DELETE**：该许可授予数据库中某个特定表的用户可以删除表中的数据（表、视图）。
- **EXECUTE**：该许可授予数据库中某个特定的用户，具有这种许可的用户可以执行存储过程（包括用户定义函数）。
- **REFERENCES**：该许可授予数据库中某个特定表的用户可以对表中的数据（列）进行引用。

3. 语句许可

语句许可通常授予需要在数据库中创建对象或修改对象、执行数据库和事务日志备份的用户。只有 sysadmin、db_owner、db_securityadmin 角色的成员才能授予语句许可。如果一个用户获得某个语句的许可，该用户就具有了执行该语句的权力。

以下是可以用于进行许可设置的语句。

- **BACKUP DATABASE**：允许用户执行备份数据库的操作。
- **BACKUP LOG**：允许用户执行备份事务日志库的操作。
- **CREATE DATABASE**：允许用户创建新的数据库。
- **CREATE DEFAULT**：允许用户创建缺省。
- **CREATE PROCEDURE**：允许用户执行创建存储过程的操作。
- **CREATE FUNCTION**：允许用户创建用户定义函数。
- **CREATE RULE**：允许用户创建规则。
- **CREATE TABLE**：允许用户创建表。
- **CREATE VIEW**：允许用户创建视图。

语句许可授予用户执行相应命令的能力，语句许可适用于创建和删除对象、备份和恢复数据库。

11.5.2　许可的验证

针对每一个数据库及数据库对象，管理员为用户指定了执行某些操作的许可。当用户执行某个操作时，系统首先进行许可检查，用户获得许可，可以执行该操作，否则不允许执行该操作，系统返回错误信息。

SQL Servezr 2000 进行许可验证的步骤如下：

1）用户执行某项操作，相应的 SQL 语句通过网络发送到 SQL Server 服务器。

2）SQL Server 服务器收到 SQL 语句后，检查该用户是否具有对操作对象的许可权限及执行这些语句的权限。

3）如果 SQL Server 服务器许可验证通过，SQL Server 系统执行相应的操作，否则，系统给出错误信息。

11.5.3　许可管理

1. 管理许可的用户

以下四种用户可以对部分或全部语句授权：

- 系统管理员（system administrator）：有 SA 账户或具有相同权限的用户。
- 数据库的属主（database owner）：当前数据库的拥有者。
- 对象的属主（object owner）：当前对象的拥有者。
- 数据库用户（user）：不同于以上用户的其他用户。

2. 许可的状态

许可管理具有以下三种状态：

1）授予许可：授予允许用户账户执行某些操作的语句权限和对象权限。

2）禁止许可：禁止某些用户或角色的权限，删除以前授予用户、组或角色的权限，停用从其他角色继承的权限并确保用户、组或角色不继承更高级别的组或角色的权限。

3）撤销许可：可以废除以前授予或禁止的权限。撤销许可类似于禁止许可，二者都是在同一级别上删除已授予的权限。但是，撤销许可是删除已授予的许可，并不妨碍用户、组或角色从更高级别继承已授予的许可。

许可的授予、撤销及禁止只能在当前数据库中进行。

3. 用 T-SQL 语句设置许可的授予、撤销和禁止

（1）授予许可

授予许可使用的是 grant 语句，其语法形式如下：

```
grant <permission> on <object> to <user>
```

其中：

- permission：可以是相应对象的任何有效权限的组合。可以使用关键字 all 来替代权限组合表示所有权限。

- object：被授权的对象。这个对象可以是一个表、视图、表或视图中的一组列，或一个存储过程。
- user：被授权的一个或多个用户或组。

例 11.1　授予用户 ABC 在数据库 JWGL 中创建表及对表 student 具有查询、删除权的许可。

```
grant create table to ABC
grant select , delete on table to ABC
```

（2）撤销许可

撤销许可使用的是 revoke 语句，其语法形式如下：

```
revoke <permission> on <object> from <user>
```

其中的参数含义同 grant 语句。

例 11.2　撤销用户 ABC 在数据库 JWGL 中创建表及对表 student 具有查询、删除权的许可。

```
revoke create table from ABC
revoke select, delete on student from ABC
```

（3）禁止许可

禁止许可使用的是 deny 语句，其语法形式如下：

```
deny <permission> on <object> to <user>
```

其中的参数含义同上 grant 语句。

例 11.3　禁止用户 ABC 对数据库中表 student 的查询、删除权。

```
deny select, delete on student to ABC
```

4. 用企业管理器设置许可的授予、撤销和禁止

1）启动 SQL Server 企业管理器。

2）展开要操作的服务器，展开要设置许可的数据库。

3）单击"表"，再右键单击右边窗格中要设置许可的一个表，分别单击"属性"、"权限"，可以看到该数据库所有的用户对该表对象 SELECT、INSERT、DELETE、UPDATE等权限的许可。如果要授予用户许可，在用户对应的方框上单击，直至看到一个绿色的"√"，如要撤销用户的许可，再次在对应的方框上单击，直至看到一个红色的"×"，如要禁止用户的许可，再次在对应的方框上单击，直至看到一个"口"。

4）单击"用户"，再右击右边窗格中要设置许可的一个用户，分别单击"属性"、"权限"，在弹出的"数据库用户属性"窗口显示该用户被授予的许可。此时，可以设置该用户的许可，设置方法同上。

小　　结

本章主要讨论了 SQL Server 数据库服务器的安全管理。通过本章学习，主要应该理解和掌握：

- SQL Server 2000 数据库服务器保护体系。
- SQL Server 数据库服务器登录验证概念及过程。

- SQL Server 数据库服务器登录管理方法。
- SQL Server 数据库服务器用户管理方法。
- SQL Server 数据库服务器角色管理方法。
- SQL Server 数据库服务器权限管理方法。

总之，为了 SQL Server 数据库服务器的安全，系统管理员应该规划一个高效的安全模式，一个高效的安全模式主要包括以下内容：

- 做详细的、具有前瞻性的安全规划。
- 选择安全形式。
- 配置安全角色。
- 指定对象及语句许可权限。

习　　题

1. SQL Server 安全规划要考虑哪些内容？
2. SQL Server 有哪两种身份验证模式？
3. 写出 SQL Server 系统的登录验证过程。
4. 登录账户和数据库用户的关系如何？
5. 在 SQL Server 2000 中有哪几种数据库角色？固定数据库角色能删除吗？
6. 在 SQL Server 2000 中有哪几种许可，具体内容是什么，哪些用户可以管理许可？

第 3 篇　数据库技术发展

第 12 章　数据库技术发展动态

📖 **本章要点**

了解面向对象的数据库、分布式数据库、多媒体数据库、主动数据库和数据仓库的概念和特点，以及各种数据库的结构。

数据库技术自从 20 世纪 60 年中期产生到今天，虽然仅仅几十年的历史，但其发展速度之快，使用范围之广是其他技术所望尘莫及的。在此几十年期间，无论是在理论还是在应用方面，数据库技术一直是计算机领域的热门话题。数据库技术已经成为计算机科学的一个重要分支。数据库系统也在不断地更替、发展和完善。

数据库技术的发展可以分为三个阶段：20 世纪 70 年代广泛流行的网状、层次数据库系统称为第一代数据库系统；在 20 世纪 80 年代广泛使用的关系数据库系统称为第二代数据库系统；现在使用的以面向对象模型为主要特征的数据库系统称为第三代数据库系统。数据库技术与网络通信技术、人工智能技术、面向对象程序设计技术、并行计算技术等相互渗透，相互结合，成为当前数据库技术发展的主要特征。

本章将介绍学术界在数据库领域的几个热点，即面向对象的数据库系统、分布式数据库、数据仓库及数据挖掘技术以及其他新型的数据系统，最后分析数据库系统的研究与发展趋势。

12.1　面向对象的数据库系统

面向对象的数据库系统（object – oriented database system，OODBS）是数据库技术与面向对象程序设计方法相结合的产物。它既是一个 DBMS，又是一个面向对象系统，因而，既具有 DBMS 的特性，如持久性、辅存管理、数据共享（并发性）、数据可靠性（事务管理和恢复）、查询处理和模式修改等，又具有面向对象的特征，如类型/类、封装性/数据抽象、继承性、复载/滞后联编、计算机完备性、对象标识、复合对象和可扩充等特性。

数据库技术在商业领域的巨大成功，导致数据库应用领域迅速扩展。20 世纪 80 年代以来，出现了大量的新一代数据库应用。设计目标源于商业事务处理的层次、网状和关系数据库系统，面对层出不穷的新一代数据库应用显得力不从心。人们一直在研究支持新一代数据库应用的技术和方法，试图研制和开发新一代数据库管理系统。

面向对象程序设计在计算机的各个领域都产生了深远的影响，也给数据库技术带来了机会和希望。人们把面向对象程序设计方法和数据库技术相结合，能有效地支持新一代数据库应用。于是，面向对象数据库系统研究领域应运而生，吸引了相当多的数据库工作者，获得了大量的研究成果，开发了很多面向对象的数据库管理系统。

有关面向对象数据模型和面向对象数据库系统的研究在数据库研究领域是沿着三条路线展开的：

第一条是以关系数据库和 SQL 为基础的扩展关系模型。例如，美国加州伯克利分校的 POSTGRES 就是以 INGRES 关系数据库系统为基础，扩展了抽象数据类型 ADT，使之具有面向对象的特性。目前，Informix、DB2、Oracle、Sybase 等数据库厂商，都在不同程度上扩展了关系模型，推出了数据库产品。

第二条是以面向对象程序设计语言为基础，研究持久的程序设计语言，支持面向对象模型。例如，美国 Ontologic 公司的 Ontos 是以面向对象程序设计语言 C++ 为基础的；Servialogic 公司的 GemStone 则是以 Smalltalk 为基础的。

第三条是建立新的面向对象数据库系统，支持面向对象数据模型。例如，法国 O2 Technology 公司的 O2、美国 Itasca System 的 Itasca 等。

12.1.1　面向对象的程序设计方法

面向对象是一种新的程序设计方法学。Simula-67 被认为是第一个面向对象语言，随后又开发出了 Smalltalk 面向对象语言。有的面向对象语言则是扩充了传统的语言，例如，Obiective C 和 C++ 是 C 语言的扩充。

与传统的程序设计方法相比，面向对象的程序设计方法具有深层的系统抽象机制。由于这些抽象机制更符合事物本来的自然规律，因而它很容易被用户理解和描述，进而平滑地转化为计算机模型。面向对象的系统抽象机制是对象、消息、类和继承性。

面向对象程序设计方法支持模块化设计和软件重用方法。它把程序设计的主要活动集中在对象和对象之间的通信上，一个面向对象的程序就是相互联系（或通信）的对象的集合。

面向对象程序设计的基本思想是封装和可扩展性。传统的程序设计为"数据结构＋算法"，而面向对象的程序设计是把数据结构和它的操作运算封装在一个对象之中，一个对象就是某种数据结构和其运算的结合体。对象之间的通信通过信息传递来实现。用户并不直接操纵对象，而是发一个消息给一个对象，由对象本身来决定用哪种方法实现，这就保证了对象的界面独立于对象的内部表达。对象操作的实现（通常称为"方法"，即 method）以及对象和结构都是不可见的。

面向对象程序设计的可扩展性体现在继承性和行为扩展两个方面。一个对象属于一个类，每个类都有特殊的操作方法用来产生新的对象，同一个类的对象具有公共的数据结构和方法。类具有层次关系，每个类可以有一个子类，子类可以继承超类（父类）的数据结构和操作。另一方面，对象可以有子对象（实例），子对象还可以增加新的数据结构和新的方法，子对象新增加的部分就是子对象对父对象发展的部分。面向对象程序设计的行为扩展是指可以方便地增加程序代码来扩展对象的行为，这种扩展不影响该对象上的其他操作。

12.1.2 面向对象的数据模型

面向对象数据库系统支持面向对象数据模型。一个面向对象的数据库系统是一个持久的、可共享的对象库的存储和管理者；而一个对象库是由一个面向对象数据模型所定义的对象集合体。

1. 面向对象数据模型的基本概念

一个面向对象数据模型是用面向对象的观点来描述现实世界实体（对象）的逻辑组织、对象间限制、联系的模型。一系列面向对象的核心概念构成了面向对象数据模型的基础。面向对象数据模型的核心概念有以下五个。

（1）对象与对象标识

现实世界的任一实体都被统一地模型化为一个对象（object），每一个对象有一个唯一的标识，称为对象标识（object identifier，OID）。对象是现实世界中实体的模型化，它与记录、元组相似，但远比它们复杂。

（2）封装

每一个对象是其状态与行为的封装（encapsulation），其中状态是该对象一系列属性值的集合，而行为是在对象状态上操作方法的集合。

（3）类

共享同一属性结合和方法集合的所有对象组合在一起构成了一个对象类（class，简称类），一个对象是某一类的一个实例（instance）。例如，学生是一个类，具体某一个学生，如王英是学生类中的一个对象。在数据库系统中有"型"和"值"的概念，而在 OODB 中，"型"就是类，对象是某一类的"值"。类属性的定义域可以为基本类，如字符串、整数、布尔型，也可以为一般类，即包含属性和方法的类。一个类的属性也可以定义为这个类自身。

（4）类层次

一个系统中所有类组成的一个有根的有向无环图称为类层次（class hierarchy）。如同面向对象程序设计一样，在面向对象的数据库模型中，可以定义一个类（如 C1）的子类（C2），类 C1 称为类 C2 的父类（或超类）。子类还可以再定义子类，例如，C2 可以再定义子类 C3。这样面向对象数据库模式的一组类就形成一个有限的层次结构，这就是类层次。一个类可以有多个超类，有的是直接的，有的是间接的。例如，C2 是 C3 的直接超类，C1 是 C3 的间接超类。一个类可以继承它的所有超类（包括直接超类和间接超类）的属性和方法。

（5）消息

在面向对象数据库中，对象是封装的，对象之间的通信和面向对象程序设计中的通信机制相似，也是通过消息（message）传递来实现的，即消息从外部传递给对象，存取和调用对象中的属性和方法，在内部执行要求的操作，操作的结果仍以消息的形式返回。

2. 对象结构与对象标识

（1）对象结构

对象是由一组数据结构和在这组数据结构上的操作程序代码封装起来的基本单位。对象之间的界面由一组消息构成。一个对象通常包括以下几个部分。

1）属性集合。所有属性构成了对象数据的数据结构。属性描述对象的状态、组成和特性。对象的某一属性可以是单值或多值的，也可以是一个对象。如果对象的某一属性还是对象，对象就形成了嵌套，这种嵌套可以继续，从而组成各种复杂对象。

2）方法集合。方法用于描述对象的行为特性。方法的定义包括方法的接口和方法的实现两部分，方法的接口用以说明方法的名称、参数和结果返回值的类型，也称为调用说明；方法的实现是一段程序代码，用以实现方法的功能，即对象操作的算法。

3）消息集合。消息是对象向外提供的界面，消息由对象接收并响应。消息是指对象之间操作请求的传递，它并不管对象内部是如何处理的。

（2）对象标识

面向对象数据库中的每个对象都有一个唯一的、不变的标识，即对象标识（OID）。对象通常与实际领域的实体对应，在现实世界中，实体中的属性值可能随着时间的推移会发生改变，但是每个实体的标识始终保持不变。相应的，对象的部分（或全部）属性、对象的方法会随着时间的推移发生变化，但对象标识不会改变。两个对象即使属性值和方法都完全相同，但如果它们的对象标识不同，则认为两个对象不同，只是它们的值相同而已。对象标识的概念比程序设计语言或传统数据模型中所用到的标识概念更强。

下面是常用的几种对象标识：

1）值标识。值标识是用值来表示的。关系数据库中使用的就是值标识，在关系数据库中，码值是一个关系的元组唯一标识。例如，学号“20010301”唯一标识了计算机系的学生张三。

2）名标识。名标识是用一个名字来表示标识。例如，程序变量使用的就是名标识，程序中的每个变量被赋了一个名字，变量名唯一标识每个变量。

3）内标识。上面两种标识是由用户建立的，内标识是建立在数据模型或程序设计语言中，不要求用户给出标识。面向对象数据库系统使用的就是内标识。

不同的标识，其持久性程度是不同的。若标识只能在程序或查询的执行期间保持不变，则称该标识具有程序内持久性。例如，程序设计语言中的变量名和 SQL 语句的元组标识符，就是具有程序内持久性的标识。若标识在从一个程序的执行到另一个程序的执行期间能保持不变，则称该标识具有程序间持久性，例如，在 SQL 语言中的关系名是具有程序间持久性的标识。若表示不仅在程序执行过程中而且在数据的重组重构过程中一直保持不变，则称该标识具有永久持久性。例如，面向对象数据库系统中对象标识具有永久持久性，而 SQL 语言中的关系名不具有永久持久性，因为数据的重构可能修改关系名。

对象表示具有永久持久性的含义是，一个对象一经产生，系统就给它赋予一个在全系统中唯一的对象标识符，直到它被删除。对象标识是由系统统一分配的，用户不能对对象标识符进行修改。对象标识是稳定的，它不会因为对象中的某个值的修改而改变。

面向对象的数据库系统在逻辑上和物理上从面向记录（或元组）上升为面向对象、面向可具有复杂结构的一个逻辑整体。它允许用自然的方法并结合数据抽象机制在结构和行为上对复杂对象建立模型，从而大幅度提高管理效率，降低用户使用复杂度，并为版本管理、动态模式修改等功能的实现创造了条件。

3. 封装

封装是面向对象数据模型的一个非常关键的概念。每一个对象是其状态与行为的封装。对象的通信只能通过消息，这是面向对象模型的主要特征之一。

（1）封装可以提高数据的独立性

由于对象的实现与对象应用相互隔离，这样当对操作的实现算法和数据结构进行修改时就不会影响接口，因而，也就不必修改使用它们的应用。由于封装，对用户而言，对象的实现是不可见的，这就隐蔽了在实现中使用的数据结构与程序代码等细节。

（2）封装可以提高应用程序的可靠性

由于对象封装后成为一个自含的单元，对象只接受已定义好的操作，其他程序不能直接访问对象中的属性，从而提高了程序的可靠性。

（3）封装会影响到数据查询功能

对象封装后也带来了另一个问题，即如果用户要查询某个对象的属性值，就必须通过调用方法，而不能像关系数据库系统那样进行随机的、按内容的查询，所以不够方便、灵活，失去了关系数据库的重要优点。因此，在面向对象数据库中必须在对象封装方面作必要的修改或妥协。

12.1.3　面向对象的数据库模式结构

画向对象的关键技术之一是其数据抽象机制，类和类层次结构、对象和对象层次结构是构成面向对象数据库模式的主要因素，类和对象的特性是面向对象数据库模式的主要特性。

1. 类的概念

在面向对象数据库中，相似对象的集合称为类。类的一个实例称为一个对象。一个类所有对象的定义是相同的，不同对象的区别在于属性的取值不同。类和关系模式非常相似，类的属性类似关系模式的属性，对象类似元组。

实际上，类本身也可以看作是一个对象，称为类对象（class object）。面向对象数据库模式是类的集合。

面向对象的数据库模式中存在着多种相似但有所不同的类。例如，构造一个有关学校应用的面向对象数据库，教工和学生是其中的两个类。这两个类有一些属性是相同的，如两者都有身份证号、姓名、年龄、性别、住址等属性，也有一些相同的方法。当然，两者也有自己特殊的属性，如学生有学号、专业、年级等属性，而教工有工龄、工资、单位、电话号码等属性，有自己独特的方法。用户希望统一定义教员和学生的公共属性、方法和消息部分，分别定义各自的特殊属性、方法和消息部分。面向对象的数据模型提供的类层次结构可以实现上述要求。

2. 类的层次结构

在面向对象的数据库模式中，一组类可形成一个类层次。一个面向对象数据库模式可能有多个层次。在一个类层次中，一个类继承它的所有超类的全部属性、方法和消息。

例如，教工和学生可以分别定义成教工类和学生类，而教工类和学生类又都属于人这个类；教工又可定义教师、行政人员两个子类，学生类又可以定义本科生和研究生两个子类。图 12.1 表示了这种学校数据库的类层次关系。

需要指出的是，一个类可以从一个或多个已有的类中导出。

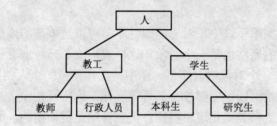

图 12.1　学校数据库的类层次结构图

3. 类的继承性

继承（inherit）是面向对象数据库的重要特征。如果一个子类只能继承一个超类的特性（包括属性、方法和消息），这种继承称为单继承；如果一个子类能继承多个超类的特性，这种继承称为多重继承。单继承是因为子类是从一个类导出的，它只能继承这个类的特性；而多重继承是因为一个子类是从多个类导出的，它可以继承这多个类的所有特性。例如，本科生是从学生这个类导出的，因而它只继承了学生的所有特性，是单继承。在学校中还有在职研究生，他们既是教工，又是学生，所以在职研究生既继承了教工的特性，又继承了学生的特性，它具有多重继承性。

继承性有两个优点：

1）继承性是建模的有力工具，提供了对现实世界简明而精确的描述。

2）继承性提供了信息重用机制。

由于子类可以继承超类的特性，因此，可以避免许多重复定义。当然，子类还可以定义自己的属性、方法和消息。子类对父类既有继承，又有发展，继承的部分就是重用的部分。

4. 滞后联编

子类可以定义自己特殊的属性、方法和消息，但是当子类定义的方法与父类的方法相同时，即发生同名冲突时，应用程序中的同名操作该执行哪种操作呢？究竟是执行父类中的操作还是子类中的操作呢？面向对象的数据库管理系统采用滞后联编（late binding）技术来解决这种冲突，具体方法为：系统不是在编译时就把操作名联编到程序上，而在运行时根据实际请求中的对象类型和操作来选择相应的程序，把操作名与它联编上，即把操作名转换成该程序的地址。

例如，图 12.1 的学校数据库系统中，假设在学生类中定义了一个操作"打印"，主要功能是打印学生的基本信息。而在研究生子类中，也定义了一个操作"打印"，这个操作不但打印学生的基本信息，还需要打印研究成果等研究生特有的信息。这样，在父类（学生）和子类（研究生）中都有一个"打印"操作，但是实际上这两个操作是不同的。在面向对象的数据库管理系统中，采用滞后联编的方法来解决操作名相同而内容不同的问题，即在编译时并不把"打印"操作联编到应用程序上，而是在应用程序执行时根据实际的对象类型和操作选择相应的程序。如果对象是学生，就选择学生类的打印方法来执行，如果对象是研究生，就选择研究生类的打印方法来执行。

5. 对象的嵌套

在面向对象的数据库模式中，对象的属性不但可以是单值的或值的集合，还可以是一个对象。由于对象的属性也是一个对象，这样就形成了一种嵌套的层次结构。

图 12.2 所示的是一个对象嵌套实例。图中，工作单位的个人档案包括姓名、性别、出生日期、籍贯、政治面貌、主要社会关系等属性，这些属性中，姓名和籍贯的数据类型是字符串，性别的数据类型是逻辑型的，出生日期是日期型的，而社会关系则是一个对象，包括父亲、母亲、配偶等属性，而父亲、母亲、配偶等属性又是对象，它们的属性又包括：姓名、年龄、工作单位、政治面貌等。

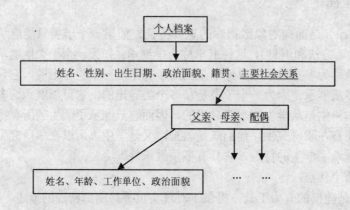

图 12.2　个人档案的嵌套层图

对象嵌套形成的层次结构和类层次结构形成了横向和纵向的复杂结构。不仅各种类之间具有层次结构，而且一个类内部也具有嵌套层次结构，这种结构不同于关系模式的平面结构，更能准确地反映现实世界的各种事物。

12.1.4　面向对象数据库语言

如同关系数据库的标准查询语言 SQL 一样，面向对象数据库也需要自己的语言。由于面向对象数据库中包括类、对象和方法三种要素，所以面向对象数据库语言可以分为类的定义和操纵语言、对象的定义和操纵语言、方法的定义和操纵语言三类。

1. 类的定义和操纵语言

类的定义和操纵语言包括定义、生成、存取、修改和撤销类的功能。类的定义包括定义类的属性、操作特征、继承性与约束性等。

2. 对象的定义和操纵语言

对象的定义和操纵语言用于描述对象和实例的结构，并实现对对象和实例的生成、存取、修改以及删除操作。

3. 方法的定义和操纵语言

方法的定义和操纵语言用于定义并实现对象（类）的操作方法。方法的定义和操纵语言可用于描述操作对象的局部数据结构、操作过程和引用条件。由于对象模型具有封装性，因而，对象的操作方法允许由不同的程序设计语言来实现。

12.1.5　面向对象数据库模式的一致性和模式演进

面向对象数据库模式是类的集合。模式为适应需求而随时间的变化称为模式演进。模式演进主要包括创建新的类、删除旧的类、修改类的属性和操作等。面向对象的数据库模式应当提供相应的操作以支持这些模式演进。

1. 模式的一致性

在进行模式演进的过程中必须保持模式的一致性。所谓模式的一致性，指的是模式自身内部不能出现矛盾和错误。模式一致性主要由模式一致性约束来描述。模式的一致性约束可分为唯一性约束、存在性约束和子类性约束，如果模式能满足这些一致性约束，则称它是一致的。

（1）唯一性约束

唯一性约束包括两方面的内容：

1）在同一个模式中，所有类的名字必须是唯一的。

2）类中的属性和方法名字必须是唯一的，包括从超类中继承的属性和方法。但模式中不同种类的成分可以同名，同一个类中的属性和方法不能有相同的名字。

（2）存在性约束

存在性约束指的是显式引用的某些成分必须存在。例如，每一个被引用的类必须在模式中定义；某操作代码中调用的操作必须给出说明；每个定义的操作必须存在一个实现的程序等。

（3）子类性约束

1）子类和超类的联系不能形成环。

2）如果子类是从通过多继承形成的，则这种多继承不得造成冲突。

3）如果模式只支持单继承，则必须标明子类的超类。

2. 面向对象模式演进的实现

在实现模式演进的过程中很难保证模式的一致性。如何保证模式一致性的问题是实现模式演进的关键问题。面向对象中类集的改变比关系数据库中关系模式的改变要复杂得多。例如，增加一个新类时不能违背类名唯一性约束；如果增加的类不是类层次中的叶结点，则新增加类的子类需要继承新类的属性和方法，要避免存在继承冲突的问题。又如，在删除一个类时，对于单继承的子类，可以直接删除其子类；对于存在着多重继承性的子类，需要检查所有子类继承的属性和方法，撤销从被删除类继承的属性和方法；对于类的对象，要进行删除对象或其他处理。因此，在面向对象数据库模式演进的实现中，必须具有模式一致性验证的功能。

数据库模式修改操作不但要修改有关类的定义，而且要修改相关类的所有对象，使之与修改后的类定义一致。在面向对象数据库中，采用转换方法来修改对象。所谓转换方法，就是指在面向对象数据库中，将已有的对象根据新的模式结构进行转换，以适应新的模式。例如，给某类增加一个属性时，可以将这个类的所有实例都增加这个属性。又如，删除某类中的一个属性，就将这个类的所有实例的这个属性都删除。

根据发生时间的不同，模式转换方式分为两种：

1）立即转换方式，即一旦发生变化，立即执行所有变换。

2）延迟转换方式，即模式发生变化后并不立即进行转换，等到低层数据库载入时，或该对象被存取时才执行转换。

立即转换方式的缺点是系统为了执行转换操作要占用一些时间；延迟转换方式的缺点在于以后应用程序存取一个对象时，要把它的结构与其所属类的定义比较，完成必需的修改，这样就会影响到程序运行的效率。

12.2　分布式数据库系统

到目前为止，我们所介绍的数据库系统都是集中式数据库系统。所谓集中式数据库，就是集中在一个中心场地的电子计算机上，以统一处理方式所支持的数据库。这类数据库无论是逻辑上还是物理上，都是集中存储在一个容量足够大的外存储器上，其基本特点是：

1）集中控制处理效率高，可靠性好。

2）数据冗余少，数据独立性高。

3）易于支持复杂的物理结构，去获得对数据的有效访问。

但是随着数据库应用的不断发展，人们逐渐感觉到过分集中化的系统在处理数据时有许多局限性。例如，不在同一地点的数据无法共享；系统过于庞大、复杂，显得不灵活且安全性较差；存储容量有限，不能完全适应信息资源存储要求等。

正是为了克服这种系统的缺点，人们采用数据分散的办法，即把数据库分成多个，建立在多台计算机上，这种系统称为分布式数据库系统。

由于计算机网络技术的发展，才有可能使并排分散在各处的数据库系统通过网络通信技术连接起来，这样形成的系统称为分布式数据库系统。

分布式数据库系统是近十几年来发展的一门新技术，它是数据库技术和计算机网络相结合的产物。现在市场上已经存在许多分布式数据库系统的产品，如 Oracle 公司的 SQL

*STAR 和 INFORMIX 公司的 INFORMIX_STAR 等。

12.2.1　分布式数据库系统简介

分布式数据库（distributed database）是分布在计算机网络上的多个逻辑相关的数据集合，其中"分布在计算机网络上"和"逻辑相关"是分布式数据库的两个基本要点，它既指出分布式数据库是分布在计算机网络的不同结点上，又强调这些分布的数据集合在逻辑上是一个整体。

分布式数据库系统是建立在计算机网络基础上管理分布式数据库的数据库系统。它是由多个局部数据库系统组成的，即在计算机网络的每个结点有一个局部数据库系统。每个结点可以处理那些只对本结点数据进行存取的局部事务，每个结点也可以通过结点之间参与全局事务的处理。

1. 分布式数据库的特点

由于分布式数据库系统是在成熟的集中式数据库技术的基础上发展起来的，它除了具有集中式数据库的一些特点（例如数据的逻辑独立性和物理独立性）以外，还有很多其他的性质和特点。

（1）网络透明性

用户在访问分布式数据库中的数据时，没有必要知道数据分布在网络的哪个节点上，即用户可以像访问集中式数据库一样访问数据库。网络透明性又称为分布透明性。具体包括以下内容：

1）逻辑数据透明性。某些用户的逻辑数据文件改变时，或者增加新的应用使全局逻辑结构改变时，对其他用户的应用程序没有或只有尽量少的影响。

2）物理数据透明性。数据在节点上的存储格式或组织方式改变时，数据的全局结构与应用程序无需改变。

（2）数据冗余和冗余透明性

共享数据和减少数据冗余是集中式数据库系统的目标之一，这样才能节省存储空间，减少额外的开销。而分布式数据库系统则通过保留一定程度的冗余数据，以适应分布处理的特点。这种数据冗余对用户是透明的，即用户并不需要知道冗余数据的存在。

（3）数据片段透明性

分布式数据库中一般都把关系划分成若干个子集，其中每个子集称为一个数据片段。分布式数据库就是以数据片段为单位分布到各个节点的，但是这些划分和分布的细节对用户也是透明的。

（4）局部自治性

分布式数据库有集中式数据库的共享性与集成性，但它更强调自治及可控制的共享。这里的自治是指局部数据库可以是专用资源，也可以是共享资源，这种共享资源体现了物理上的分散性，这是由按一定的约束条件被划分而形成的。因此，要由一定的协调机制来控制以实现共享，同时可以构成很灵活的分布式数据库。

（5）数据库的安全性和一致性

由于数据是分布在各个节点上，而且存在一定的冗余，所以各个结点之间数据副本的一致性必须得到保证，否则出现数据存取错误。对于每个局部的数据库，需要保证其安全性，同时对整个全局数据库也要保证其安全性。

　　2. 分布式数据库与集中式数据相比的优缺点

　　由于分布式数据库有以上的一些特点，所以它与传统的集中式数据库相比有如下几个优点和缺点。

　　（1）优点

　　1）分布式控制。由于分布式数据库的局部自治性，即每个结点都能独立处理仅涉及本节点数据的存取，所以我们可以将用户常用的数据放在用户所在的节点上，以减少通信的开销。这样，多个用户可以在不同的计算机上对分布式数据库系统进行操作，而且互相干扰很少。

　　2）增强数据共享。在同一节点的用户可以共享这个节点中的数据，称为局部共享。而不同节点上的用户可以共享网络中所有局部节点中的数据，称为全局共享。每个用户既可以访问自己所在节点的数据，也可以访问其他节点的数据。这大大提高了数据库中数据的共享性。

　　3）系统可靠性。由于分布式数据库系统的各个结点之间存在数据冗余，所以当一个节点出现故障时，可以通过其他节点中的数据对其进行数据恢复。

　　4）提高系统性能。由于数据库中的数据分布在多个结点上，所以各个节点可以并行地处理所需要的数据存取，这样可以提高整个系统的性能。

　　5）可扩充性好。由于分布式数据库系统本身的特点，它要比传统的集中式数据库更容易扩展。集中式数据库扩展时只能增加或者升级计算机配置，这往往比较复杂，而且有一定的局限，而分布式数据库则只需要增加计算机节点。

　　（2）缺点

　　1）系统实现复杂。由于分布式数据库分布在各个节点上，它要比集中式数据库复杂得多。在协调各个结点来完成用户的数据处理操作时，需要进行很多复杂的工作。

　　2）开销增大。分布式数据库与集中式数据库相比，增加了很多额外的开销，这些开销主要体现在硬件开销、通信开销和冗余数据处理等开销上。

　　一个完全分布式数据库系统在站点分散实现共享时，其利用率高，有站点自治性，能随意扩充逐步增生，可靠性和可用性好，有效且灵活，用户完全像使用本地的集中式数据库一样。

　　分布式数据库已广泛应用于企业人事、财务、库存等管理系统，百货公司、销售店的经营信息系统，电子银行、民航订票、铁路订票等在线处理系统，国家政府部门的经济信息系统，大规模数据资源如人口普查、气象预报、环境污染、水文资源、地震监测等信息系统。

　　此外，随着数据库技术深入各应用领域，除了商业性、事务性应用以外，在以计算机作为辅助工具的各个信息领域，如 CAD、CAM、CASE、OA、AI、军事科学等，同样适用分布式数据库技术，而且对数据库的集成共享、安全可靠等特性有更多的要求。

　　为了适应新的应用，一方面要研究克服关系数据模型的局限性，增加更多面向对象的语义模型，研究基于分布式数据库的知识处理技术；另一方面，可以研究如何弱化完全分布、完全透明的概念，组成松散的联邦型分布式数据库系统。这种系统不一定保持全局逻辑一致，而仅提供一种协商谈判机制，使各个数据库维持其独立性，但能支持部分有控制的数据共享，这对 OA 等信息处理领域很有吸引力。

总之，分布式数据库技术有广阔的应用前景。随着计算机软、硬件技术的不断发展和计算机网络技术的发展，分布式数据库技术也将不断地向前发展。

12.2.2　分布式数据库系统举例

假设一个银行系统由三个分布在不同城市的支行系统组成，每个支行是这个系统中的一个结点，它存放其所在城市的所有账户的数据库，而各个支行之间通过网络连接可以互相进行通信，组成一个整体的银行系统。

当用户只存取当地账户的现金时，这时只是一个局部事务，由当地的支行系统独立解决，如图 12.3 所示。

当用户需要进行异地存取时，就成为一个全局事务，需要各个结点进行通信来解决。例如，用户在乙城市开了账户并存了 1000 元钱，则此用户的账户存放在乙城市计算机的数据库中，当此用户在甲城市取钱时，甲城市的计算机就要将这一全局事务通过各个结点的通信来进行处理，如图 12.4 所示。

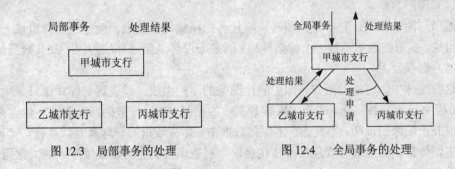

图 12.3　局部事务的处理　　　　图 12.4　全局事务的处理

12.3　多媒体数据库

"多媒体"译自 20 世纪 80 年代初产生的英文词"multimedia"。多媒体是在计算机控制下把文字、声音、图形、图像、视频等多种类型数据的有机组集成。其中数字、字符等称为非格式化数据，文本、声音、图形、图像、视频等称为非格式化数据。现在计算机所处理的数据已经远远超出早先数字、文字的范围，而是包括各种媒体的数据。这种多样化的数据称为多媒体数据(multimedia data)。多媒体数据库就是为了存取这些多媒体数据而产生的一种新型数据库。

12.3.1　多媒体数据及其特点

1. 多媒体数据的类别

多媒体数据按其特征可以分为六种：文本数据、声音数据、图像数据、图形数据、影视数据和生成媒体数据。

（1）文本数据

文本数据由文本、数字、符号组成，是应用最早、最普遍的一种数据。它可以记载各种文章、数字数据等信息。

（2）声音数据

声音是常用的信息媒体。声音的模拟信号是随时间变化的波形，经数字化后就成为声音数据。不同的应用所需要的声音质量不同，所以声音数据的大小也就不同，例如，电话，一般按 8kHz / s 频率采样，每个采样点用 8 位二进制数据表示其大小，这样生成的声音数据为 64Kb/s。对于音质要求特别高的应用，例如，立体声音乐采样频率为 44.1kHz/s，每个采样点用 16 位二进制数据表示其大小，加之立体声需要双声道，则所产生的声音数据约为 1.4Mb/s。

（3）图像数据

图像是指图画、照片之类的静止画面。在数字化时，把图像分成若干个像素（pixel）。在黑白图像中，每个像素以其灰度表示；在彩色图像中，每个像素用红、绿、蓝三个分量表示其颜色。颜色分得愈细，表示其灰度或颜色的位数越多，则图像的质量越好。由于图像数据量比较大，给存储和传输都带来问题。因此，一般需对图像进行压缩。压缩的算法有多种，常用的标准为 JPEG（joint photographic expert group，联合影像专家组）。

（4）图形数据

图形与图像不同，它不是由图画、照片等扫描输入计算机，而是由计算机按一定的算法组成。图形的表示不是一个像素阵列，而是一段体现绘图算法的程序及其数据结构。

（5）影视数据

这类媒体中都有活动图像，即由静止图像的序列组成。过去这类媒体都只采用模拟信号，近来已逐步数字化，成为多媒体数据中的重要一员。一般的活动图像中包含声音、文字或静止图像的说明。因此，在多媒体数据中，影视数据的管理具有综合性、代表性。一些多媒体数据的处理和管理技术往往是以影视数据为典型对象发展起来的。常用的压缩标准为 MPEG（motion picture experts group，运动图像专家组）。

（6）生成媒体数据

有些媒体不是以其本身的表示形式直接输入计算机，而以某种形式的描述输入计算机，由计算机根据这种描述自动生成该媒体，因而被称为生成媒体。例如，在乐器数字接口（musical instrument digital interface，MIDI）数据中，输入的不是音乐的数字化信号，而是发生在各种乐器上的各种事件，例如，按下某个琴键、按下的速度等。

在上述六类媒体数据中，按其与时间的关系可分为两大类：一类是独立于时间的数据，包括文本数据、图像数据、图形数据，这类数据也称不连续数据；另一类是依赖于时间的数据，包括声音数据、影视数据，这类数据也称连续数据。生成媒体数据库究竟属于哪一类，视生成的媒体而定。如果生成的媒体是音乐、动画，则显然是依赖于时间的数据。当然，也可以生成独立于时间的数据，例如，根据硬件描述语言描述的逻辑结构，生成逻辑框图。

2. 多媒体数据的特点

从数据管理的角度来看，多媒体数据主要有下列四个特点。

（1）数据量大

多媒体数据量一般都很庞大。虽然采取了数据压缩措施，但压缩后数据量还是很大。以声音和影视为例，放 5 分钟的音乐，压缩后的数据约 7MB 左右；放 1 小时的录像，压缩后的数据约 700MB 左右。这样大的数据，全部放在磁盘里是不现实的。一般都要采用内存、磁盘、光盘三级存储器系统来存放。

（2）等时性和同步性

多媒体数据中的连续数据在播放时必须按一定的稳定速率传送数据，称为等时性。例如，播放音乐或讲话时，数据必须按规定速度连续传递，速率快了、慢了或抖动，就会引起声音的失真，更不能中断或发生较长时间的丢失。在播放电视时，每帧必须按时、按序列播放，不能前后混淆。此外，影视数据、配音数据和字幕数据必须同步，发音与口型在时间上必须对准。当然，这些等时性和同步性并不一定要求十分准确，应以人的感觉器官不易觉察为准。

（3）非结构化数据

声音、图像、影视等数据基本上都是二进制串，这些数据从其本身看不出任何结构，因此称为非结构化数据。多媒体数据如果不另加一些描述和解释，很难利用。对数据的描述、解释不是数据本身，而是关于数据的数据，也就是元数据。元数据有些很简单，例如，标识媒体类型（是声音，还是图像等）、编码和压缩方法、制作日期、所有者等，可以很方便地获得。有些则与数据内容有关，例如，图像的统计表、图中的物体从其位置、电视镜头的背景及活动对象等，需要到数据中提取，很费时间。而且这些元数据与多媒体数据类型以及应用有关，不可能事先生成所有元数据，有些还要在使用时生成。因此，元数据的生成是多媒体数据管理中的一个重要而突出的问题。

（4）特殊的用户接口及操作

对于声音、影视数据，除了应提供一般数据都有的增、删、改、等操作外，还应该提供与媒体有关的接口和操作，例如，播放、倒退、快进，按内容、字号或时间选播等接口和操作。

12.3.2　多媒体数据库简介

多媒体数据库一词早在 20 世纪 80 年代初就已经提出，但限于当时的技术条件，还不可能实现有实用价值的多媒体数据库系统。直到光盘普及以后，多媒体数据有了合适的存储载体，多媒体数据库技术才得到较快发展。早期的多媒体数据库都是建立在文件系统上。多媒体数据实际上是一个服务器系统存储和传输，称为多媒体服务器。多媒体服务器实际上是一个面向多媒体数据的文件系统，只是存储容量和存取数据的带宽比较大。有关多媒体数据的处理和查询仍由应用软件或工具软件进行，其用途也比较单一。

多媒体数据库目前有三种结构：

1）由单独一个多媒体数据库管理系统来管理不同媒体的数据库以及对象空间。

2）主辅 DBMS 体系结构。每一个媒体数据库由一个辅 DBMS 管理。另外有一个主 DBMS 来一体化所有的辅 DBMS。用户在 DBMS 上使用多媒体数据库。对象空间由主 DBMS 来管理。

3）协作 DBMS 体系结构。每个媒体数据库对应一个 DBMS，称为成员 DBMS，每个成员放到外部软件模型中，外部软件模型提供通信、查询和修改的界面。用户可以在任一点上使用数据库。

目前，大部分关系型数据库管理系统（rational database management system，RDBMS）都增加了二进制的大容量数据类型：BLOB（binary large object，大容量二进制对象），这为在通用 DBMS 上建立多媒体数据库系统创造了条件。但如前所述，BLOB 仅仅是 DBMS 管理下的文件系统，有关多媒体数据的处理和查询仍主要由应用程序和工具进行，只是增加了演示系统和相应的用户接口。要真正实现多媒体数据库，主要需解决如下问题：

1）多媒体数据模型应提供统一的概念。在使用时可屏蔽各种媒体之间的差别，而在实现时对不同媒体又能区别对待。

2）大容量、高带宽的存储器系统。多媒体数据量相当庞大，而输入/输出又相当频繁，从而对存储系统提出更高的要求。

3）查询和索引技术。查询语言应能表达复杂的时空概念，而信息检索可能引入基于内容的检索方法，也可能基于模糊的条件。

4）等时、同步和演示管理。多种媒体数据在播放时应保持良好的协调关系。

多媒体数据库的应用领域主要有：电视点播、数字图书馆、电子商务、教学和培训、远程医疗、多媒体信息系统和多媒体文档系统等。

12.4　主动数据库

主动数据库是相对传统数据库的被动性而言的。在传统数据库中，当用户要对数据库中的数据进行存取时，只能通过执行相应的数据库命令或应用程序来实现。数据库本身不会根据数据库的状态主动做些什么，因而是被动的。

然而在许多实际应用领域中，例如，计算机集成制造系统、管理信息系统、办公自动化中常常希望数据库系统在紧急情况下能够根据数据库的当前状态，主动、适时地作出反应，执行某些操作，向用户提供某些信息，自动维护用户定义的数据库完整性约束，或者根据库存不足、证券市场波动、生产过程异常等事件主动发出警告或调用相应的处理程序等。主动数据库因此成为数据库的重要研究方向之一。这类应用的特点是事件驱动数据库操作以及要求数据库系统支持涉及时间方面的约束条件。

为此，人们在传统数据库的基础上，结合人工智能技术研制和开发了主动数据库。

主动数据库的目标旨在提供对紧急情形及时反应的功能，同时又提高数据库管理系统的模块化程度。一般的方法是在传统数据库系统中嵌入 ECA 规则，即事件—条件—动作（event—conditon—action，ECA）。

ECA 规则可以表示为以下形式：

```
WHEN  <事件>
IF  <条件>  THEN  <动作> （或后跟一组 IF-THEN 规则）
```

系统提供一个"自动监视"机构（一般可以是一个直接由操作系统控制的独立进程或某种硬件设施等），它主动地、不时地检查这些规则中包含的各种事件是否已经发生，一旦某事件被发现，系统就主动触发执行相应的 IF-THEN 规则（或规则组）。

显然，此时 DBMS 本身就可主动履行一些预先由用户设定的动作，可把诸如完整性约束、存取控制、例外处理、触发警告、主动服务、状态开关切换乃至复杂的演绎推理功能等以一种统一的机制得以实现。

为了有效地支持 ECA 规则，在主动数据库中需要有以下实现技术的支持。

1. 知识模型

所谓知识模型，是指在主动数据库管理系统中描述、存储、管理 ECA 规则的方法。为此，必须扩充传统的数据模型，使之能支持对 ECA 规则的定义、操作及规则本身的一致性保证。此外，知识模型还应支持有关时间的约束条件。

传统数据库系统中，数据模型的描述能力有限，尽管为了实现完整性机制而引入了触发器机制，但触发器和主动数据库中规则相比表达能力低。只能描述"更新单个关系"这类事件，也不区分事件和条件。条件的检查、动作的执行总是在触发之后立即执行或事务提交前执行，执行方式简单。因此，主动数据库必须扩充传统的数据模型，增加规则部分，即知识模型。

2. 执行模型

执行模型指 ECA 规则的处理、执行方式，包括 ECA 规则中事件—条件、条件—动作之间各种耦合方式及其语义描述，规则的动作和用户事务的关系。执行模型是对传统事务模型的发展和扩充。

在主动数据库中研究并提出了立即执行、延时执行、紧耦合/松耦合等多种多样的执行 ECA 规则的方式。

丰富多样的执行模型使用户可以灵活地定义主动数据库的行为，克服了传统数据库管理系统中触发器事务只能顺序执行其规则的不足。

3. 条件检测

主动数据库中条件检测是系统的关键技术之一。主动数据库中条件复杂，可以是动态的条件、多重条件、交叉条件。

所谓交叉，是指条件可以互相覆盖，即其中某些子条件可以属于其他主条件。因此，高效地对条件求值是系统的目标之一。

4. 事务调度

一般地，事务调度是指如何控制事务的执行次序，使事务满足一定的约束条件。

在传统 DBMS 中并发事务的调度执行应满足可串行化要求以保证数据库的一致性。

在主动数据库中，对事务的调度不仅要满足并发环境下的可串行化要求，而且要满足对事务时间方面的要求。例如，事务中操作的开始时间、终止时间、所需的执行时间等。要同时满足两方面要求的调度是一个困难的技术问题。它要综合传统数据库的并发控制技术和实时操作系统中与时间要求有关的调度技术。

由于主动数据库中执行模型的复杂性更增加事务调度的技术难度。为此，要研究一种新的框架或新的调度模型，以此为基础来建立调度策略、调度算法。

由于事务调度要满足时间方面的要求，因而调度机制常常是执行时间的谓词，而对执行时间估计的代价模型同样是尚未解决的难题。

5. 体系结构

主动数据库系统的体系结构应该是具有高度的模块性和灵活性。由于目前大部分主动数据库是在传统 DBMS 或面向对象数据库管理系统上研制的,其体系结构大多是扩充 DBMS 的事务管理部件、对象管理部件以支持执行模型和知识模型。

6. 系统效率

对主动数据库的研究必须包括对不同体系结构、算法运行效率的比较和评价。

为了提高系统效率,正在研究的课题有如:把条件计算和动作执行从触发事务中分离出来、启发式事务调度算法、条件检测方法,以及在分布环境和多处理机环境下的系统资源分布策略、负载平衡的研究等。

系统效率是主动数据库研究中的一个重要问题。由上面讨论中可以发现,在设计各种算法和在体系结构的选择方面,系统效率是主要的设计目标。

主动数据库是一个正在研究探索的新领域,许多概念尚不成熟,不少技术难题尚未解决。

12.5　数 据 仓 库

12.5.1　数据仓库

传统的数据库技术是单一的数据资源,它以数据库为中心,进行从事务处理、批处理到决策分析等各种类型的数据处理工作。然而,不同类型的数据处理有着不同的处理特点,以单一的数据组织方式进行组织的数据库并不能反映这种差别,满足不了数据处理多样化的要求。随着对数据处理认识的逐步加深,人们认识到计算机系统的数据处理应当分为两类,即以操作为主要内容的操作性处理和以分析决策为主要内容的分析型处理。

操作型处理也称为事务处理,它是指对数据库联机的日常操作,通常是对记录的查询、修改、插入、删除等操作;分析型处理主要用于决策分析,为管理人员提供决策信息,例如:决策支持系统和多维分析等。分析型处理与事务型处理不同,它不但要访问现有的数据,而且要访问大量历史数据,甚至需要提供企业外部、竞争对手的相关数据。

显然,传统数据库技术不能反映这种差异,它满足不了数据处理多样化的要求。事务型与分析型处理的分离,划清了数据处理的分析型环境和操作型环境之间的界限,从而由原来的单一数据库为中心的数据环境(即事务处理环境)发展为一种新环境——体系化环境。体系化环境由操作型环境和分析型环境(包括全局级数据仓库、部门级数据仓库和个人级数据仓库)构成。数据仓库是体系化环境的核心,它是建立决策支持系统(DSS)的基础。

1. 事务处理环境不适合运行分析型的应用系统

传统的决策支持系统一般是建立在事务处理环境上的。虽然数据库技术在事务处理方面的应用是成功的，但它对分析处理的支持一直不能令人满意。特别是当以事务处理为主的联机事务处理（OLTP）应用与以分析处理为主的 DSS 应用共存于同一个数据库系统中时，这两种类型的处理就发生了明显的冲突。其原因在于事务处理和分析处理具有极不相同的性质，直接使用事务处理环境来支持 DSS 是不合适的。下列原因说明了事务处理环境不适宜决策支持系统应用。

（1）事务处理和分析处理的性能特性不同

一般情况下，在事务处理环境中用户的行为主要是数据的存取以及维护操作，其特点是操作频率高且处理时间短，系统允许多个用户同时使用系统资源。由于采用了分时方式，用户操作的响应时间是比较短的。而在分析处理环境中，一个 DSS 应用程序往往会连续运行几个小时甚至更长的时间，占用大量的系统资源。具有如此不同处理性能的两种应用放在同一个环境中运行显然是不合适的。

（2）数据集成问题

决策支持系统需要集成的数据，全面而正确的数据是进行有效分析和决策的首要前提，相关数据收集得越完整，得到的结果就越可靠。DSS 不仅需要企业内部各部门的相关数据，还需要企业外部甚至竞争对手的相关数据。而事务处理一般只需要与本部门业务有关的当前数据，对于整个企业范围内的集成应用考虑很少，绝大多数企业内数据的真正状况是分散而不是集成的，虽然每个单独的事务处理可能是高效的，但这些数据却不能成为一个统一的整体。

决策支持系统应用需要集成的数据，必须在自己的应用程序中对这些复杂的数据进行集成。数据集成是一件非常繁杂的工作，如果由应用程序来完成，无疑会大大增加程序员的工作量，而且每一次分析都需要一次集成，会使处理效率极低。DSS 对数据集成的迫切需要也许是数据仓库技术出现的最主要的原因。

（3）数据的动态集成问题

如果每次分析都对数据进行集成，这样无疑会使开销太大。一些应用仅在开始对所需的数据进行集成，以后就一直以这部分集成的数据作为分析的基础，不再与数据源发生联系，这种方式的集成称为静态集成。静态集成的缺点是非常明显的，当数据源中的数据发生了变化，而数据集成一直保持不变，决策者就不能得到更新的数据。虽然决策者并不要求随时准确地掌握数据的任何变化，但也不希望所分析的是很久以前的数据。因此，集成系统必须以一定的周期（例如几天或一周）进行刷新，这种方式称为动态集成。很显然，事务处理系统是不能进行动态集成的。

（4）历史数据问题

事务处理一般只需要当前的数据，数据库中一般也只存放短期的数据，即使存放历史数据，也不经常使用。但对于决策分析来说，历史数据是非常重要的，许多分析方法还必须以大量的历史数据为依据来进行分析，分析历史数据对于把握企业的发展方向是很重要的。事务处理难以满足上述要求。

（5）数据的综合问题

事务处理系统中积累了大量的细节数据，这些细节往往需要综合后才能被决策支持系统所利用，而事务处理系统是不具备这种综合能力的。

综上所述，在事务型环境中直接构造分析型应用是不合适的。建立在事务处理环境上的分析系统并不能有效地进行决策分析。要提高分析和决策的效率，就必须将分析型处理及其数据与操作型处理及其数据分离开来，必须把分析数据从事务处理环境中提取出来，按照处理的需要重新组织数据，建立单独的分析处理环境。数据仓库技术正是为了构造这种分析处理环境而产生的一种数据存储和数据组织技术。

2. 数据仓库的定义及特点

数据仓库是面向主题的、集成的、不可更新的、随时间不断变化的数据的集合。数据仓库用来支持企业或组织的决策分析处理。数据仓库的定义实际上包含了数据仓库的以下 4 个特点。

（1）数据仓库是面向主题的

主题是一个抽象的概念，是在较高层次上将信息系统中的数据综合、归类并进行分析利用的抽象。较高层次是相对面向应用的数据组织而言的。按照主题进行数据组织的方式具有更高的数据抽象级别，主题对应企业或组织中某一宏观分析领域所涉及的分析对象。

传统的数据组织方式是面向处理具体的应用的，对于数据内容的划分并不适合分析的需要。比如，一个企业，应用的主题包括零件、供应商、产品、顾客等，它们往往被划分为各自独立的领域，每个领域有着自己的逻辑内涵。

"主题"在数据仓库中是由一系列表来实现的。基于一个主题的所有表都含有一个称为公共码键的属性，该属性作为主码的一部分。公共码键将一个主题的各个表联系起来，主题下面的表可以按数据的综合内容或数据所属时间进行划分。由于数据仓库中的数据都是某一时刻联系在一起的，所以每个表除了公共码键外，在其主码键中还应包括时间成分。

（2）数据仓库是集成的

由于操作型数据与分析型数据存在着很大的差别，而数据仓库的数据又来自于分散的操作型数据，因此，必须先将所需数据从原来的数据库数据中抽取出来，进行加工与集成、统一与综合之后才能进入数据仓库。原始数据中会有许多矛盾之处，如字段的同名异义、异名同义、单位不一致、长度不一致等，入库的第一步就是要统一这些矛盾的数据。另外，原始的数据结构主要是面向应用的，要使它们成为面向主题的，还需要进行数据综合和计算。数据仓库中的数据综合工作可以在抽取数据时生成，也可以在进入数据仓库以后再综合生成。

（3）数据仓库是不可更新的

数据仓库主要是为了决策分析提供数据，所涉及的操作主要是数据的查询，一般情况下，并不需要对数据进行修改操作。历史数据在数据仓库中是必不可少的，数据仓库存储的是相当长一段时间内的历史数据，是不同时间点数据库的结合，以及基于这些数据进行统计、综合和重组导出的数据，不是联机处理的数据。因而，数据在进入数据仓库以后一般是不更新的，是稳定的。

（4）数据仓库是随时间而变化的

虽然数据仓库中的数据一般是不更新的，但是数据仓库的整个生存周期中的数据集合却是随着时间的变化而变化的。主要表现在三个方面：首先，数据仓库随着时间的变化会不断增加新的数据内容。数据仓库系统必须不断捕捉联机处理数据库中新的数据，追加到数据仓库中去，但新增加的变化数据不会覆盖原有的数据。其次，数据仓库随着时间的变化要不断删去旧的数据内容。数据仓库中的数据也有存储期限，一旦超过了这一期限，过期的数据就要被删除。数据仓库中的数据并不是永远保存的，只是保存时间更长而已。最后，数据仓库中包含大量的综合数据，这些综合数据很多与时间有关，如数据按照某一时间段进行综合，或每隔一定时间进行抽样等，这些数据会随着时间的不断变化而不断地重新综合。

12.5.2　数据挖掘技术

数据仓库如同一座巨大的宝藏，有了矿藏而没有高效的开采工具是不能把矿藏充分开采出来的。数据仓库需要高效的分析工具来对它进行挖掘。20 世纪 80 年代，数据库技术得到了长足的发展，出现了一整套以数据库管理系统为核心的数据库开发工具，如 FORMS、REPORTS、MEHUS 等，这些工具有效地帮助数据库应用程序开发人员开发出了一些优秀的数据库应用系统，使数据库技术得到了广泛的应用和普及。人们认识到，仅有引擎是不够的，工具同样重要，近年来发展起来的数据挖掘技术及其产品已经成为数据仓库矿藏开采的有效工具。

数据挖掘（data mining，DM）是从超大型数据库或数据仓库中发现并提取隐藏在内部的信息的一种新技术，其目的是帮助决策者寻找数据间潜在的关联，发现被经营者忽略的要素，而这些要素对预测趋势、决策行为可能是非常有用的信息。数据挖掘技术涉及数据库技术、人工智能技术、机器学习、统计分析等多种技术，它使决策支持系统跨入了一个新的阶段。传统的决策支持系统通常是在某个假设的前提下，通过数据查询和分析来验证或否定这个假设。而数据挖掘技术则能够自动分析数据，进行归纳性推理，从中发掘出数据间潜在的模式，数据挖掘技术可以产生联想，建立新的业务模型帮助决策者调整市场策略，找到正确的决策。

总之，数据仓库系统是多种技术的综合体，它由数据仓库、数据仓库管理系统和数据仓库工具三部分组成。在整个系统中，数据仓库居于核心地位，是信息挖掘的基础；数据仓库管理系统是整个系统的引擎，负责管理整个系统的运转；而数据仓库工具则是整个系统发挥作用的关键，只有通过有效的工具，数据仓库才能真正发挥出数据宝库的作用。

小　　结

本章的目的是介绍数据库技术的发展动态，分别介绍了面向对象数据库、分布式数据库、多媒体数据库、主动数据库和数据仓库这五种新的数据库技术。

习　　题

一、选择题

1. 下面选项属于数据仓库的基本特征的是_____。

　A. 数据仓库是面向主题的

  B. 数据仓库的数据是集成的

  C. 数据仓库的数据是相对稳定的

  D. 数据仓库的数据是反映历史变化的

2. 下列关于"分布式数据库系统"的叙述中，正确的是_____。

  A. 分散在各结点的数据是不相关的

  B. 用户可以对远程数据进行访问，但必须指明数据的存储结点

  C. 每一个结点是一个独立的数据库系统，既能完成局部应用，也支持全局应用

  D. 数据可以分散在不同结点的计算机上，但必须在同一台计算机上进行数据处理

3. 对象关系数据库是从传统的 RDB 技术引入_____。

  A. 网络技术演变而来的

  B. 虚拟技术演变而来的

  C. 对象共享技术演变而来的

  D. 面向对象技术演变而来的

二、简答题

1. 什么是单继承？什么是多重继承？ 继承性有什么优点？

2. 什么是分布式的数据库系统?分布式的数据库特点有哪些特点？

3. 什么是操作的重载?在 OODB 中为什么要滞后联编？

4. 简述分布透明性的内容。

5. 主动数据库中需要有哪些技术支持？

6. 什么是数据挖掘？

参 考 文 献

陈宝贤. 2004. 数据库应用与设计教程. 北京：人民邮电出版社

高容芳. 2003. 数据库原理. 西安：西安电子大学出版社

苗雪兰，刘瑞新，宋会群. 2004. 数据库系统原理及应用教程（第二版），北京：机械工业出版社

萨师煊，王珊. 1991. 数据库系统概论. 第2版. 北京：高等教育出版社

萨师煊，王珊. 2000. 数据库系统概论. 第3版. 北京：高等教育出版社

施伯乐，丁宝康等. 1999. 数据库系统教程. 北京：高等教育出版社

史嘉权. 2002. 数据库系统基础教程. 北京：清华大学出版社

王珊，陈红. 2002. 数据库系统原理教程. 北京：清华大学出版社